L: Hinweis auf Lösungsteil
Du findest die Lösung dieser Aufgabe oder eines Aufgabenteils im Anhang des Buches.

Teste dich!

Ein Blick in die Geschichte

5 L

Übertrage die Aufgaben ins Heft und rechne.

a) $4^2 + 2^3$; $4^2 \cdot 2^3$; $3 \cdot 2^4$
b) $4 \cdot 3^4$; $4^3 \cdot 4$; $5^2 \cdot 8$
c) $81 - 3^4$; $19 - 4^2$; $3 \cdot 3^3 + 2^9$
d) $5^3 - 5^2 \cdot 5$; $10^3 - 3 \cdot 10 + 10^2$; $3 \cdot 2^5 + 4^3 \cdot 4$
e) $1^5 \cdot 5^1$; $2 \cdot 5^2$; $(2 \cdot 5)^2$
f) $6^3 - 6^2$; $2 \cdot (3 \cdot 4)^2$; $2 \cdot (3 \cdot 4^2)$
g) $7 \cdot 1^8 + 4^3 \cdot 3$; $4 \cdot (8 + 2^3)$; $5 \cdot (10 - 2^3)^4$
h) $100 - 3 \cdot 2^5 + 4 \cdot 5^2$; $1^4 + 7^2 \cdot (3^4 - 3^3)$; $0^3 \cdot (100^2 - 2^{10}) + 1$

6

Zeichne drei Figuren ähnlich denen im Bild auf ein Stück Pappe. An den eingezeichneten Linien sollen die Figuren gleich breit sein. Zerschneide die Pappen entlang der Linien in jeweils drei Teilstücke.
a) Bilde neue Figuren durch Zusammenlegen eines Kopf-, Bauch- und Beinteils.
b) Wie viele verschiedene Figuren lassen sich insgesamt darstellen?

Hinweis auf Online-/CD-Projekt

7

Zum 10. Geburtstag schenkt Onkel Gustav seiner Nichte Melanie einen Cent. Er verspricht diesen Betrag fortlaufend zu jedem Geburtstag zu verdoppeln. Die Gäste finden das äußerst dürftig. Nicht so Melanie; sie sagt: „Da werde ich ja später einmal eine reiche Frau sein." Was sagst du dazu?

www.mathe-plus.de

Teste dich!
Hier kannst du deinen Wissensstand selbst überprüfen.

AUFGABEN ZUR WIEDERHOLUNG

1. Das Streifendiagramm informiert über den täglichen durchschnittlichen Wasserverbrauch einer Person in Deutschland. Was kannst du aus dem Diagramm ablesen?

2. Fertige ein Streifendiagramm zu Fakten über deine Wohnung an: Anzahl der Zimmer, der in der Wohnung lebenden Personen, der Kinder, der Schlafgelegenheiten, der Lampen, der Radios.

3. Das Liniendiagramm zeigt die Entwicklung des Wasserpreises in Neuendorf.
a) Was liest du aus dem Diagramm ab?
b) Fertige ein Liniendiagramm zur Entwicklung eurer Wohnungsmiete an.

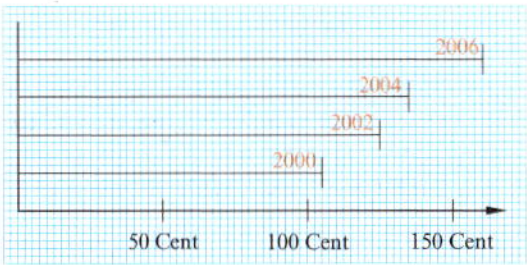

Fächerübergreifende Themenseite

Themenfeld, dem der Inhalt dieser Seite zuzuordnen ist.

oter Balken:
:hwierige Aufgabe

uer Balken:
rmale Übungsaufgabe

Aufgaben zur Wiederholung
Die Aufgaben unter dieser Überschrift gehören nicht zum gerade behandelten Stoff. Hier kannst du früher Gelerntes wiederholen und üben.

Mathematik *plus*

Grundschule Klasse 5
Berlin/Brandenburg

Herausgegeben von StD Dietrich Pohlmann
und Prof. Dr. Werner Stoye

Cornelsen
Volk und Wissen Verlag

Autoren:
Steffen Böhlke, StD Karl Udo Bromm, OStR Robert Domine, Angela Eggers, Dr. Ronald Elstermann, Antje Erle, Prof. Dr. Marianne Grassmann, Erika Hellwig, StRn Ingrid Kasten, Dr. Gerhard Koenig, StD Jochen Leßmann, StD Dietrich Pohlmann, StD Dieter Rüthing, Dr. Uwe Sonnemann, Prof. Dr. Werner Stoye unter Mitarbeit der Verlagsredaktion Mathematik

Herausgeber:
StD Dietrich Pohlmann, Prof. Dr. Werner Stoye

Redaktion: Grit Weber

Technische Zeichnungen: Rita Schüler
Illustrationen: Roland Beier
Typographie: Manfred Behrendt, Wolfgang Lorenz
Einband: Wolfgang Lorenz
Herstellung: Bärbel Simon
Technische Umsetzung: Stürtz AG, Würzburg

Dieses Schulbuch Mathematik plus, Grundschule Klasse 5, Berlin/Brandenburg, wurde bearbeitet für den neuen Rahmenlehrplan Grundschule Mathematik (erschienen 2004).

http://www.cornelsen.de

http://www.vwv.de

1. Auflage Druck 5 4 3 2 1 Jahr 08 07 06 05 04

Alle Drucke dieser Auflage sind inhaltlich unverändert und können im Unterricht nebeneinander verwendet werden.

Druck: CS-Druck CornelsenStürtz, Berlin

ISBN 3-06-000575-3

Bestellnummer 575

Gedruckt auf säurefreiem Papier,
umweltschonend hergestellt aus chlorfrei gebleichten Faserstoffen.

Inhalt

Große natürliche Zahlen

Die Sonne ist ein gewaltiger Himmelskörper von etwa einer Million vierhunderttausend

1 400 000

Kilometer Durchmesser. Nur wegen der großen Entfernung zur Erde von rund einhundertfünfzig Millionen

150 000 000

Kilometer erscheint sie uns so klein. In ihrem Inneren herrschen Temperaturen bis zu fünfzehn Millionen

15 000 000

Grad Celsius, an der Oberfläche immer noch sechstausend

6 000

Grad Celsius. Immer wieder kommt es zu gewaltigen Gasausbrüchen, die wie helle Fackeln aufleuchten.

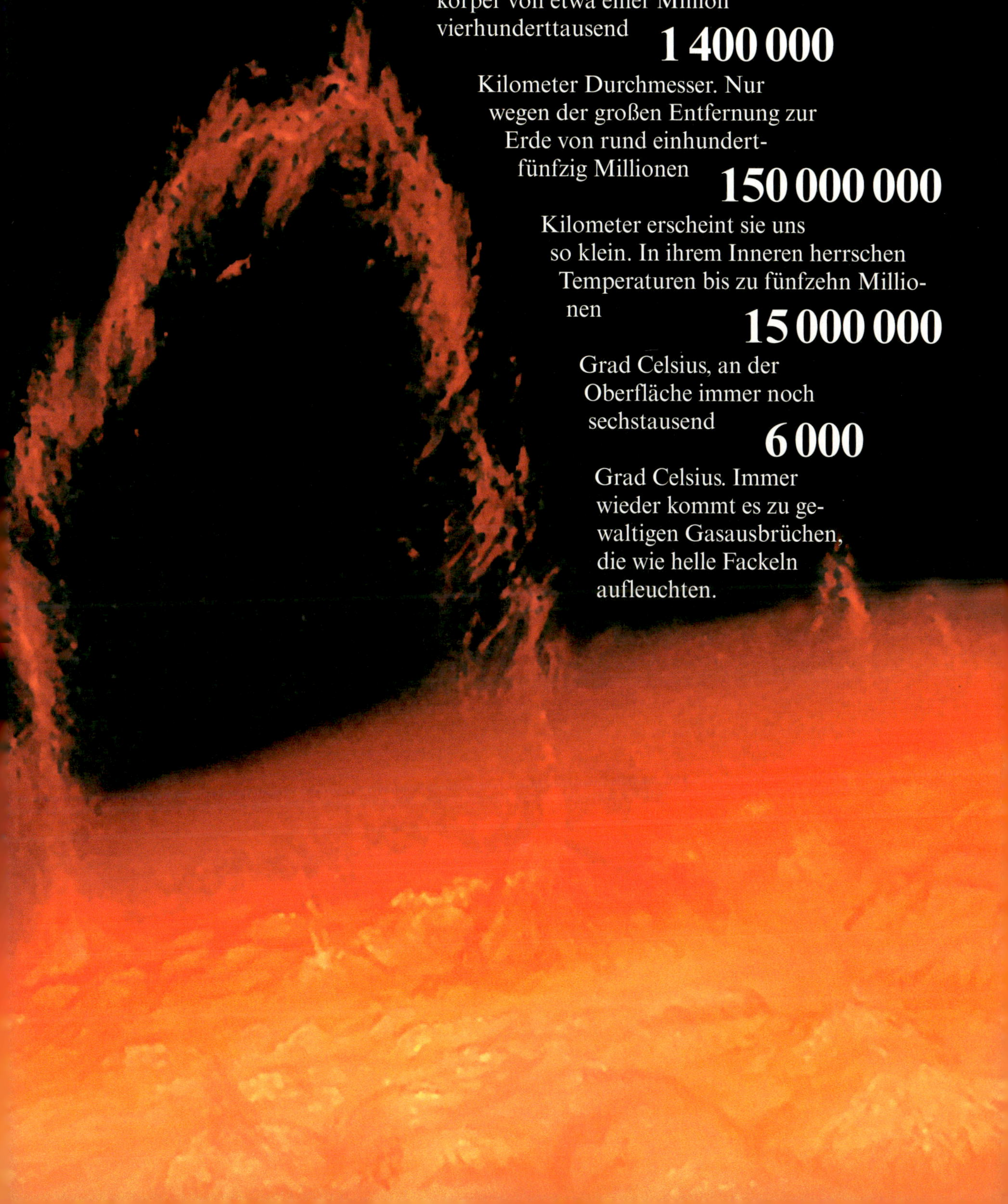

Große Zahlen

1

Am Beispiel der Sonne kann man schon sehen, dass zur Beschreibung des Weltalls sehr große Zahlen benötigt werden.

	Durchmesser	Abstand zur Sonne
Sonne	1 391 600 km	
Venus	12 100 km	110 000 000 km
Erde	12 760 km	150 000 000 km
Mars	6 790 km	230 000 000 km
Jupiter	143 640 km	780 000 000 km

Welcher der Planeten aus der Tabelle ist am weitesten von der Sonne entfernt, welcher ist ihr am nächsten?

Die Planeten umkreisen die Sonne

2

a) Zeichne einen Zahlenstrahl wie hier im Bild in dein Heft und markiere die Planeten aus der Tabelle als farbige Punkte an den zugehörigen Stellen. *Beachte:* 2 Kästchen entsprechen 100 Millionen Kilometer.

b) Überprüfe deine Ergebnisse aus Aufgabe 1 anhand deines Zahlenstrahles.

BEACHTE
In dem Projekt „Forschungsreise“ bei www.mathe-plus.de kannst du viel über große Zahlen im Weltall erfahren. Auch den Umgang mit einem Zahlenstrahl kannst du dort üben.

3

a) Der Planet Saturn ist noch weiter von der Sonne entfernt, als der Jupiter: Eintausendvierhundertdreißig Millionen Kilometer.
Schreibe die Entfernung Sonne–Saturn mit Zahlen und markiere sie auf dem Zahlenstrahl aus Aufgabe 2.

b) Noch viel riesiger ist die Entfernung zu dem uns nächsten Stern Alpha Centauri: 40 042 000 000 000 Kilometer.
Wie heißt diese Zahl? Kannst du auch diese Zahl auf dem Zahlenstrahl aus Aufgabe 2 markieren?

WISSEN

1 000 Millionen bezeichnet man als 1 Milliarde (abgekürzt: 1 Mrd.).

Man liest z. B. 2 520 000 000 als zwei Milliarden fünfhundertzwanzig Millionen.

1 000 Milliarden bezeichnet man als 1 Billion (abgekürzt: 1 Bio.).

20 250 000 000 000 liest man als zwanzig Billionen zweihundertfünfzig Milliarden.

4

Schreibe die folgenden Zahlen mit Worten.

a)	1 000 000 000	**b)**	610 000 000 000	**c)**	82 000 000 000 000
	45 000 000 000		61 000 000 000		82 000 000 000
	2 000 000 000 000		6 100 000 000		8 200 000 000 000

BEISPIEL

in Ziffern	in Worten
19.287.112.984	neunzehn Milliarden zweihundertsiebenundachtzig Millionen einhundertzwölftausendneunhundertvierundachtzig
123 456 080 012 345	hundertdreiundzwanzig Billionen vierhundertsechsundfünfzig Milliarden achtzig Millionen zwölftausenddreihundertfünfundvierzig

Beim Erfassen großer Zahlen kann eine **Stellentafel** helfen.

Billionen			Milliarden			Millionen			Tausender					
H	Z	E	H	Z	E	H	Z	E	H	Z	E	H	Z	E
				1	9	2	8	7	1	1	2	9	8	4
1	2	3	4	5	6	0	8	0	0	1	2	3	4	5

Im Weltall gibt es so viele Sterne, dass man sie gar nicht mehr zählen kann.

5

Zeichne eine Stellentafel ins Heft und trage die folgenden Zahlen ein.

a) einunddreißig Milliarden achthundertdreiundsiebzigtausendfünfhundertvier

b) acht Milliarden sechs Millionen fünfhunderttausendsiebzig

c) achtzehn Billionen dreihundertsieben Milliarden einhundertdreizehn Millionen siebenhundertdreiundsechzigtausendachthundertneunzehn

6

Schreibe die Zahlen mit Worten in dein Heft.

a)	2 307	**b)**	8 948 023	**c)**	102 203 070	**d)**	29 008 076
	85 400		53 204 500		400 300 800		23 009 234 107
	149 901		6 780 033		18 025 030 671		9 200 034 130 098

7[L]

Schreibe in Ziffern.

a) zwanzig Millionen fünfzig

b) eine Million eins

c) fünf Milliarden einhundertelf

d) neunhundertneun Billionen acht

e) einhundert Milliarden dreihunderttausend

f) neunzig Billionen siebzehn Millionen

HINWEIS
Große Zahlen merkt man sich am besten im „Dreierpack“. Deshalb setzt man – von rechts nach links – jeweils nach drei Stellen einen Punkt oder einen kleinen Zwischenraum.

8

Eine Zahl beginnt mit „eins", gefolgt von 3 (bzw. von 5, 4, 11, 13) Nullen.
a) Schreibe die Zahlen in Ziffern auf.
b) Schreibe die Zahlen in Wortform auf.

HINWEIS
Die Aufgabe wird leichter lösbar, wenn man die Zahlen erst in eine Stellentafel einträgt.

9

Zerlege die Zahlen nach folgendem Muster:
7 012 060 541 007 = 7 Bio. + 12 Mrd. + 60 Mio. + 541 Tsd. + 7 Einer

a)	b)	c)	d)
23 018	7 891 000	1 890 001	1 230 400 009
872 007	999 000 200	897 200 650	90 000 012 090
700 510	123 456 789	234 946 763	18 025 234 671
999 999	4 020 008	45 001 002 001	900 000 123 040 310
3 030 303	56 756 756	7 777 777 777	12 012 012 012 012

10

Welche Zahlen stecken hinter folgenden Summen?
Schreibe die Zahlen sowohl in Ziffern als auch in Wortform auf.
a) 15 Bio. + 738 Mrd. + 600 Tsd. + 716 Einer
b) 6 Mrd. + 501 Mio. + 18 Tsd. + 5 Zehner + 5 Einer
c) 1 Mrd. + 1 Mio. + 1 Tsd. + 1 Hunderter + 1 Einer
d) 555 Bio. + 555 Mio. + 555 Einer
e) 9 Bio. + 876 Mrd. + 543 Mio. + 210 Tsd.
f) 909 Bio. + 90 Mrd. + 909 Mio. + 90 Tsd. + 909

11

Auf der Erde leben ungefähr 6 Milliarden Menschen. Stell dir vor, sie reichen einander die Hände und bilden eine Kette, wobei sie einen Abstand von 1 m voneinander einhalten.
a) Wie viel Kilometer wäre die „Menschenkette" lang?
b) Vergleiche die Länge der Kette mit der Länge des Äquators (etwa 40 000 km) und mit der Entfernung Erde–Mond (fast 400 000 km).

HINWEIS
Die Anzahl der Menschen auf der Erde wächst ständig.
Aber wie kann es gelingen, dass alle Menschen vernünftig leben können?
In dem Projekt „Megastädte" unter
www.mathe-plus.de
kannst du viel darüber erfahren, wie schwer es ist, so viele Menschen zu organisieren.

12

Ein Wasserhahn ist undicht. Er tropft zweimal pro Sekunde.
a) Wie viel Liter Wasser werden pro Tag nutzlos vergeudet, wenn etwa 7 200 Tropfen einen Liter Wasser ergeben?
b) Wie viel Liter Wasser tropfen pro Woche (bzw. pro Monat, pro Jahr) aus dem Hahn, wenn er nicht repariert wird?
c) 1 000 Liter Wasser kosten etwa 5 €. Wie viel Euro müssen pro Tag (bzw. Woche, Monat, Jahr) unnötig bezahlt werden, wenn der Wasserhahn nicht repariert wird?

13

In einem Computerladen wird eine 600 Megabyte umfassende CD-ROM angeboten. Von wie vielen Büchern könnte man den Text darauf unterbringen, wenn ein Buch 500 Seiten enthält?
Erläuterungen: Ein Byte ist der Platz für einen Buchstaben oder eine Ziffer oder ein sonstiges Zeichen. Mega ist die Abkürzung für eine Million. Auf eine Seite passen etwa 2 000 Zeichen.

INFORMATION
Wir sehen hier davon ab, dass beim Computer 1 Megabyte sogar 1 048 576 Byte sind.

14

In Deutschland raucht jeder der 65 Millionen Erwachsenen im Durchschnitt 2 000 Zigaretten im Jahr. In jeder Zigarette befindet sich ein bisschen Teer; bei 50 000 Zigaretten kommt ein ganzer Liter Teer zusammen. Zigaretten kosten auch viel Geld – 10 Zigaretten etwa 1 Euro.

a) Wie viele Zigaretten werden in Deutschland in einem Jahr geraucht und wie viel Geld wird dafür ausgegeben?

b) Begründe, dass ein starker Raucher (ca. 20 Zigaretten am Tag) in etwa 7 Jahren tatsächlich 1 Liter Teer in seiner Lunge verarbeiten muss.

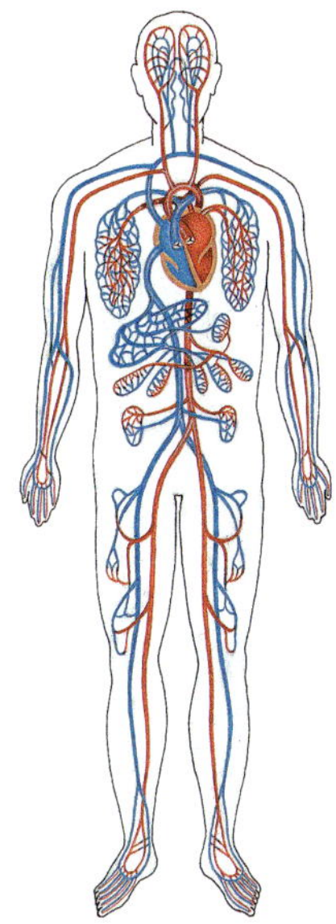
Blutkreislauf

15

Unser Blut sieht rot aus, weil es aus einer Vielzahl von winzigen roten Blutkörperchen besteht, die in einer farblosen Flüssigkeit schweben. Ein winziger Tropfen Blut von der Größe eines Stecknadelkopfes enthält bereits rund 5 Millionen solcher Blutkörperchen.
Wie viele rote Blutkörperchen sind insgesamt in deinen Adern, wenn dort 4 Liter Blut fließen und jeder Liter Blut ungefähr 1 Million winzige Blutströpfchen von Stecknadelkopfgröße enthält?

METHODE

Frei nach Fermi

Professor Enrico Fermi (1901–1954) war ein berühmter Physiker. Er stellte seinen Studenten seltsame Aufgaben, die sie kaum genau lösen konnten. Wichtig war ihm die Art, wie sie versuchten, ein möglichst genaues Ergebnis zu finden. Eine solche Aufgabe wäre: „Wie viele Stühle gibt es in deiner Schule?“
Es gibt verschiedene Wege, diese Aufgabe zu lösen:

- Man könnte z. B. alle Stühle zählen. Das dauert sehr lange.
- Man könnte z. B. alle Schüler der Schule zählen, weil ja alle einen Stuhl brauchen. Aber was ist mit den Fachräumen?
- Man käme aber auch zu einem ungefähren Ergebnis, wenn man die Anzahl der Stühle im Klassenraum mit der Anzahl aller Unterrichtsräume multiplizieren würde.

Weitere Aufgaben frei nach Fermi sind zum Beispiel:

a) Wie oft atmest du in deinem ganzen Leben?
b) Wie oft schlägt dein Herz in deinem ganzen Leben?
c) Wie viele Stunden „verschläfst“ du in deinem Leben?
d) Wie viele Haare hast du auf dem Kopf?

Enrico Fermi

Runden und Schätzen großer Zahlen

Deutschland besteht aus 16 Bundesländern.
Die Einwohnerzahlen der Bundesländer sind verschieden groß und verändern sich ständig durch Geburten, Todesfälle oder Umzüge. In einer Zeitung konnte man kürzlich folgende Werte finden:

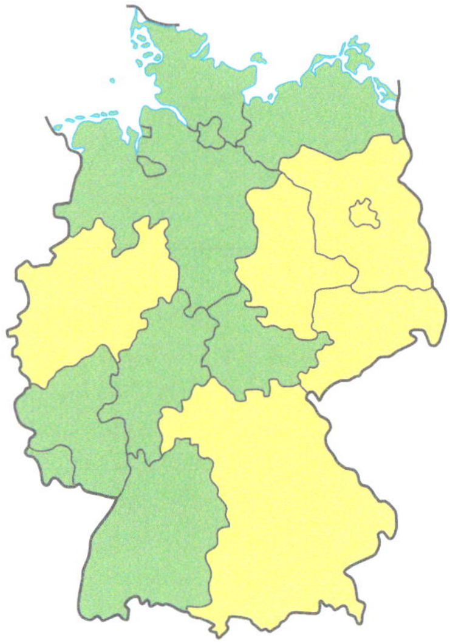

Bundesland	Einwohnerzahl
Bayern	11 863 324
Berlin	3 475 457
Brandenburg	2 537 711
Nordrhein-Westfalen	17 759 309
Sachsen	4 607 743
Sachsen-Anhalt	2 777 984

Will man die Einwohnerzahlen vergleichen oder der Größe nach sortieren, muss man nicht diese genauen Angaben nehmen, Hauptsache, die Größenordnung stimmt.
Man kann diese Zahlen **runden**.

BEISPIEL

Es gibt mehrere Möglichkeiten eine Zahl zu runden:

5 442 918 ≈ 5 442 920 auf Zehner gerundet
5 442 918 ≈ 5 442 900 auf Hunderter gerundet
5 442 918 ≈ 5 443 000 auf Tausender gerundet
5 442 918 ≈ 5 440 000 auf Zehntausender gerundet

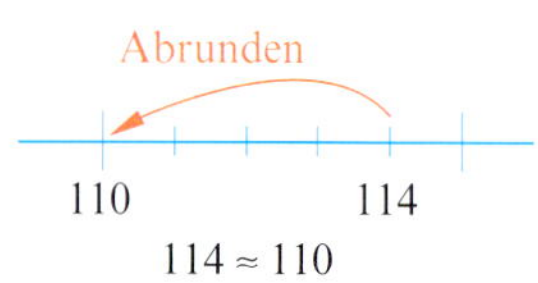

1

Auf welche Stelle sollten die Einwohnerzahlen gerundet werden?
Bedenke dabei: Durch das Runden dürfen die Unterschiede zwischen den Ländern nicht verloren gehen. Runde die Einwohnerzahlen entsprechend.

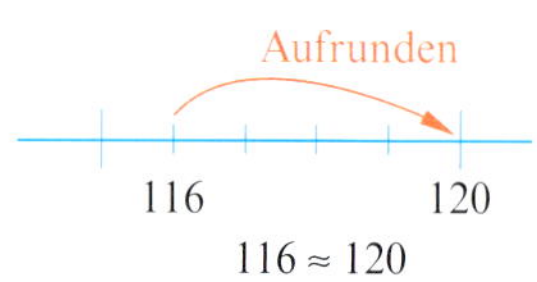

WISSEN

Wähle beim Runden zuerst die gewünschte Rundungsstelle.
- Folgt der Rundungsstelle eine 0, 1, 2, 3 oder 4, so wird **abgerundet**: Die Rundungsstelle bleibt, wie sie ist, alle folgenden Ziffern entfallen.
- Folgt der Rundungsstelle eine 5, 6, 7, 8 oder 9, so wird **aufgerundet**: Die Rundungsstelle wird um 1 erhöht, alle folgenden Ziffern entfallen.

BEACHTE
Ist die Rundungsstelle eine 9 und wird aufgerundet, so kommt es zu „Kettenreaktionen“. Runden von 1 297 auf Zehner: 1 300. Runden von 7 999 953 auf Hunderter: 8 000 000

2

Runde auf
a) Zehner: 86; 175; 2 134; 98; 5 397; 43 567; 8; 4;
b) Hunderter: 56 327; 141 794; 5 674 399; 27; 43 987 455;
c) Tausender: 24 500; 127 417; 57 624 449; 233 853 500; 501 499;
d) Millionen: 84 406 716; 150 219 650; 168 198 700; 199 022 600.

3

Runde auf
a) Zehntausender: 137 342; 54 675 000; 2 778 049; 99 876;
b) Hunderttausender: 1 642 717; 54 500 650; 137 500 998; 42 768;
c) Millionen: 22 376 894; 423 860 538; 11 398 889 476.

4

Runde und notiere die dabei entstehende Abweichung (Beispiel rechts).
a) Auf Zehner: 23; 185; 2 097; 1004
b) Auf Hunderter: 3 456; 43 423; 13 009; 9 995
c) Auf Tausender: 10 499; 999 987; 287 655; 3 788 449

BEISPIEL
2 749 auf Hunderter runden: 2 749 ≈ 2 700
Abweichung: 49 zu wenig

5

Runde auf Vielfache von 1 000.

a)	b)	c)	d)	e)
3 827	8 178	3 290	6 702	708
694	12	53 468	125	500
23 500	17 499	38 516	41 500	4 144

6

Runde die Zahlen 6 248; 6 473; 1 157; 1 929; 8 053; 4 125 auf volle Zehner (bzw. auf volle Hunderter). Gib jeweils den Unterschied zwischen Ausgangszahl und gerundeter Zahl an.

NACHGEDACHT
Wie viele Zahlen ergeben beim Runden auf volle Hunderter die Zahl 800?

7

Nenne alle Zahlen, die beim Runden auf volle Zehner auf die Zahl
a) 6350; **b)** 6240; **c)** 2630; **d)** 3000 führen.

8[L]

Runde nacheinander auf Zehner, Hunderter, Tausender usw.
Hinweis: Gehe immer wieder von der angegebenen Zahl aus.
Was passiert im Fall c), wenn du den Hinweis nicht beachtest und anstelle der Ausgangszahl die bereits gerundete Zahl weiterrundest?
a) 83 764; 276 862 **b)** 45 555; 999 987 **c)** 1 247; 34 445

9

Die folgenden Zahlen sind bereits gerundet worden, und zwar auf:

a) Zehner	b) Hunderter	c) Tausender
20	700	17 000
340	4 700	634 000
4 090	347 000	8 999 000

Gib im Fall a) alle Zahlen an, die durch Runden auf den angegebenen Wert gebracht werden können.
Bei b) und c) genügt die Angabe der kleinsten und der größten möglichen Ausgangszahl, die auf die angegebene Zahl gerundet wird.

BEISPIEL
30 könnte durch Runden aus 25, 26, 27, 28, 29, (30), 31, 32, 33 oder 34 entstanden sein.

Im Leben spielen immer wieder Zahlen eine Rolle. Ob und wie man diese Zahlen **sinnvoll rundet**, hängt oft vom Zweck ab, wozu man rundet.

BEISPIEL

1. Frau Müller hat für 14137 Euro ein neues Auto erworben. Die neugierigen Nachbarn wollen von Frau Müller den Preis erfahren. Hier ist es sinnvoll, auf Tausender zu runden, also auf 14000 Euro.
2. Um zu prüfen, ob ein Möbelstück durch die Tür passt, wird zuvor die Breite der Tür gemessen. Es ergab sich ein Wert von 847 mm. Um keine Fehlentscheidung zu treffen, ist es in diesem Falle besser – entgegen der Regel – abzurunden: 847 mm ≈ 840 mm = 84 cm.
3. Die Weitsprungsiegerin ist 6 m 98 cm gesprungen. Im Ergebnisprotokoll oder bei der Berichterstattung in Zeitungen und Fernsehen wird dieser Wert nicht gerundet.
4. Inge möchte sich die Telefonnummer 20 01 97 ihres Freundes merken. Runden der Telefonnummer wäre völlig sinnlos.

10

Runde die folgenden Werte sinnvoll.

a) Ein Liebling der Zoobesucher ist Jumbo, ein Elefant aus Afrika. Neulich wurde er gewogen, die Waage zeigte 4 795 kg.
b) Egon hat die Schuhgröße 41.
c) Felix feiert Geburtstag, er ist 11 Jahre alt geworden. Dazu hat er auch Annika eingeladen, die schon 169 cm groß ist.
d) 5 934 567 Fernsehzuschauer haben ein Fußballspiel verfolgt.
e) Die Nummer von Utes Sparbuch ist 73 456 319.
f) In Berlin werden pro Jahr im Durchschnitt 34 567 Geburten registriert.

11

Runde die Höhen folgender bekannter Berge
a) auf Zehner,
b) auf Hunderter.

Mont Blanc (franz. Alpen)	4 807 m
Aconcagua (Südamerika)	6 958 m
Kilimandscharo (Afrika)	5 963 m
Mount Everest (Asien)	8 882 m

Kilimandscharo

12

Die Tabelle enthält die Längen einiger Flüsse. Runde sinnvoll.

Rhein	1326 km	Warnow	155 km
Elbe	1165 km	Spree	403 km
Saale	427 km	Havel	343 km
Werra	292 km	Recknitz	72 km

BEISPIEL

Johanna möchte eine Wand ihres Zimmers tapezieren. Dafür benötigt sie sieben 3,11 m lange Tapetenbahnen. Sie überlegt, ob dafür eine Rolle Tapete von 30 m Länge ausreicht.
Johanna **rundet** die Länge einer Tapetenbahn **auf**: 3,11 m ≈ 4 m.
Dann rechnet sie: $7 \cdot 4\text{ m} = 28\text{ m}$.
Sie stellt fest, dass eine Rolle ausreicht.

BEACHTE
Zur Beantwortung interessierender Fragen reicht manchmal bereits eine **Überschlagsrechnung** aus.

13

Begründe, warum Johanna die Länge einer Tapetenbahn aufrundet und nicht entsprechend der Regel abrundet.

14

Beantworte die folgenden Fragen mithilfe einer Überschlagsrechnung.
a) Reichen 10 € aus, um vier Eisbecher zum Preis von je 2,35 € zu kaufen?
b) Die Geschwister Frank und Flavia möchten sich gemeinsam eine ihrer zwei Lieblings-CDs kaufen. Eine kostet 16,89 €, die andere 19,99 €. Reichen ihre Ersparnisse von 8,75 € und 9,17 € aus?

15

Beim **Schätzen** entstehen meist gerundete Zahlen.
a) Schätze Länge, Breite und Höhe deines Mathematikbuches. Ermittle dann durch Messen die drei Zahlenwerte. Stelle die Abweichungen fest. Wer von euch hat am besten geschätzt?
b) Schätze, wie schwer dein Mathematikbuch ist.
c) Schätze die Anzahl der Blätter deines Mathematikbuches.

16

Schätzt die Maße eures Klassenzimmers und eures Schulhofes.
Wer von euch kann besonders gut schätzen?

17

Schätzt die Temperatur, die zurzeit in eurem Klassenzimmer herrscht.
Stellt eine Tabelle der Schätzergebnisse auf.
Messt die wirkliche Temparatur im Klassenzimmer und vergleicht mit euren Schätzergebnissen.

18

Schätze folgende Angaben und überprüfe anschließend deine Schätzungen durch Messungen oder mithilfe von Nachschlagewerken.
a) Höhe des Berliner Fernsehturmes
b) Alter der ältesten Menschen der Welt
c) Entfernung Berlin – Amsterdam
d) Breite eures Schulhauses
e) Höhe des Eiffelturmes
f) Länge des größten Menschen
g) Entfernung Berlin – Rom
h) Länge des Schulhauses

Berliner Fernsehturm

19

Im Alltag begegnen dir immer wieder Ansammlungen großer Mengen: zum Beispiel als Tierschwarm oder als Menschenauflauf.
Solche Mengen zu zählen ist nicht einfach. Nicht immer stehen sie nämlich in Reih und Glied …

a) Wie viele Soldaten siehst du im linken Bild?
b) Schätze die Anzahl der Bienen im Bienenstock.

METHODE

Die Raster-Methode

Die Schüler einer 5. Klasse aus Potsdam besuchen mit ihrer Klasse eine Mathematikausstellung. Eine Aufgabe ist, die Anzahl bunter Bonbons auf einem Poster zu ermitteln.
Sicherlich wäre es schwer, die genaue Menge durch Abzählen herauszufinden.
Aber es gibt eine gute Möglichkeit, diese Menge zu Schätzen.

Cindi und Jasmin zählen die Bonbons in einem einzigen Rasterfeld:
Es sind 22 Bonbons.
Jetzt schauen sie, wie oft das Rasterfeld in die Gesamtfläche passt.
Sie kommen auf 48 Rasterfelder und rechnen:
$48 \cdot 22$ Bonbons = 1056 Bonbons. Sie runden ihr Ergebnis auf 1000 Bonbons.

20

a) Schätze die Anzahl der Reißzwecken im folgenden Foto.
b) Wie viele der Reißzwecken sind auf dem „Rücken“ gelandet?

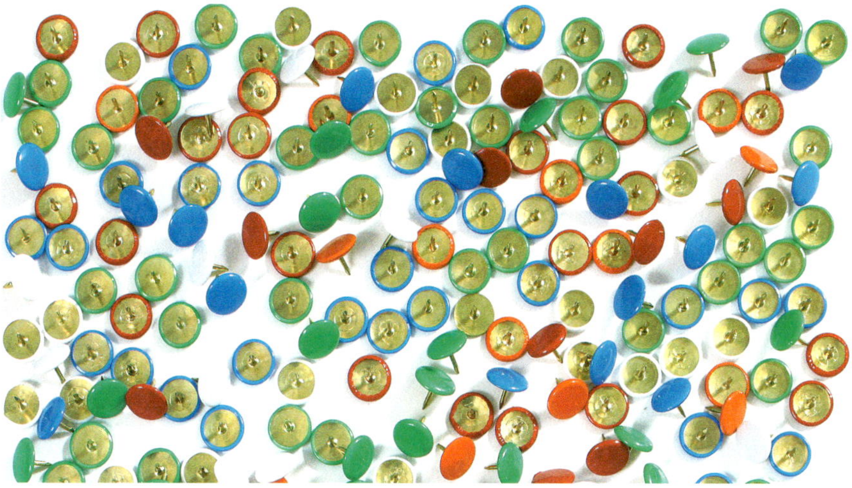

21

a) Alle Sonnenblumen haben sich zur Sonne gedreht. Wie viele sind es?
b) Das rechte Bild zeigt einen Teil der Zuschauerinnen und Zuschauer bei einer Sportveranstaltung. Schätze die Anzahl der Menschen auf dem Bild.

22

Kannst du gut schätzen?
a) Wie viele Blütenblätter hat eine Sonnenblume?
b) Wie hoch fliegt ein Flugzeug?
c) Wie viele Nadeln hat ein Tannenbaum, der 2 m hoch ist?
d) Wie alt ist unser Planet Erde?

Vergleichen und Ordnen großer Zahlen

1

Bei einer Ziehung der Lottozahlen wurden der Reihe nach folgende Kugeln gezogen: 7, 38, 19, 28, 3, 14 sowie die Zusatzzahl 43.
Ordne die Zahlen der Größe nach in aufsteigender Reihenfolge.

Kugeln mit aufgedruckten (Lotto-) Zahlen

WISSEN

Die **aufsteigende Anordnung** der Zahlen 1, 2, 3, 4, … veranschaulicht der Zahlenstrahl.

2

Zeichne einen Zahlenstrahl ins Heft, wobei der Abstand zweier benachbarter Zahlen 1 Kästchen betragen soll. Markiere auf dem Strahl mit einem Farbstift folgende Zahlen: 14, 3, 7, 18, 5, 29, 12, 19, 4, 20.

3

a) Ordne die folgenden Zahlen in aufsteigender Reihenfolge.
112, 49, 4, 78, 32, 77, 20, 3, 97, 111, 39, 10

b) Trage die Zahlen auf einem Zahlenstrahl wie im Bild (nur länger) ein.

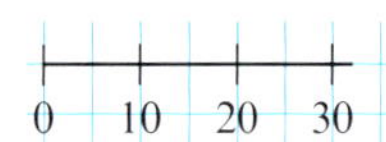

4

a) Ordne die folgenden Zahlen in aufsteigender Reihenfolge.
273, 9 021, 345, 6 654, 23 900 000, 17 999, 160 000, 21 415 000, 87 998

b) Ordne die folgenden Zahlen in absteigender Reihenfolge.
9 872, 17 002 999, 9 899, 10 001, 735 401, 9 876 543, 17, 1 230 456 000

BEISPIEL
Absteigend geordnet sind beispielsweise 13, 8, 7, 4, 2.

5

Die folgenden Flüsse gehören zu den längsten Flüssen der Welt.

Amazonas (Südamerika)	6 510 km	Kongo (Afrika)	4 374 km
Donau	2 750 km	Mississippi (USA)	6 055 km
Elbe	1 165 km	Nil (Afrika)	6 370 km
Ganges (Indien)	2 810 km	Rhein	1 325 km
Jangtsekiang (China)	5 630 km	Wolga (Russland)	3 695 km

a) Ordne die Flüsse der Länge nach in absteigender Reihenfolge.

b) Runde die Zahlenangaben auf volle Hunderter.

c) Vervollständige die folgende Darstellung.

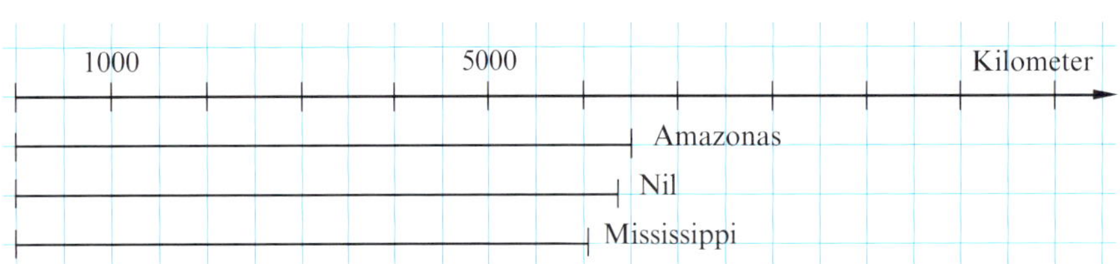

Donau

WISSEN

Auf dem Zahlenstrahl steht die kleinere Zahl immer links von der größeren Zahl.

BEISPIEL

Vergleichen der Zahlen 3 und 5:

Man schreibt:
3 < 5 oder 5 > 3.
Man liest:
„3 ist kleiner als 5."
„5 ist größer als 3."

6

Übertrage die Zahlen in dein Heft und ersetze ☐ durch < oder >.

a) 12 ☐ 7	**b)** 734 ☐ 743	**c)** 2 345 ☐ 2 445	**d)** 10 111 ☐ 9 999
67 ☐ 89	1 281 ☐ 1 279	6 708 ☐ 6 078	67 501 ☐ 59 999
100 ☐ 99	1 011 ☐ 1 101	1 234 ☐ 1 240	80 999 ☐ 81 000

7

a) Gib jeweils den Nachfolger der Zahl an: 89, 517, 309, 9 999, 100 000.
b) Wie heißt die nächste ungerade Zahl nach: 19, 177, 1 999, 34 567?
c) Gib den Vorgänger und den Nachfolger zu den folgenden Zahlen an.
30, 899, 500 000, 7 635 419, 1 234 567 890, 1 000 000 000 000

BEISPIEL

Beim Vergleich größerer Zahlen kann eine Stellentafel hilfreich sein. Man vergleicht stellenweise von links.
1 007 653 > 715 640
715 632 < 715 640

Millionen			Tausender					
H	Z	E	H	Z	E	H	Z	E
			7	1	5	6	3	2
			7	1	5	6	4	0
		1	0	0	7	5	6	3

AUFGABE

Ordne die Schülerinnen und Schüler steigend nach ihrem Alter.

Jan	*6. 7. 93
Silke	*19. 4. 94
René	*23. 2. 93
Sophie	*1. 2. 92
Mike	*22. 3. 91
Sara	*10. 6. 93
Ali	*17. 12. 94
Tibor	*8. 9. 91

8

Übertrage die Zahlen in dein Heft und ersetze ☐ durch < oder >.

a) 23 976 ☐ 23 969	**b)** 654 887 ☐ 654 789	**c)** 465 783 445 ☐ 454 783 445
798 028 ☐ 788 028	234 678 ☐ 234 678	7 652 265 123 ☐ 7 652 365 123
534 341 ☐ 600 129	6 559 487 ☐ 6 549 487	9 803 876 809 ☐ 9 802 876 809

9[L]

Übertrage ins Heft und ersetze ☐ durch < oder = oder >.

a) 85 695 271 901 ☐ 85 695 281 900	**b)** 13 622 103 440 ☐ 14 623 104 400
117 001 392 599 ☐ 117 002 393 600	5 000 666 776 ☐ 6 000 666 775
6 333 343 516 ☐ 6 343 333 516	999 999 999 999 ☐ 100 000 000 000

10

Vergleiche die jeweils angegebenen Zahlen.
a) zwei Milliarden fünfhunderttausend sechshundertsiebzehn; 2 500 617
b) neunhundertelf Billionen fünfzehn; 911 000 000 050
c) zwanzig Millionen dreihunderttausendundsieben; 2 000 000 307

Ein Blick in die Geschichte

Die Entwicklung unserer Zahlen

Die Ägypter
Die ältesten mathematischen Texte, die wir kennen, stammen aus Ägypten und sind fast 4 000 Jahre alt. Wahrscheinlich handelt es sich um ein „Lehrbuch“ für Beamte, Baumeister und Landvermesser. Die alljährlichen Überschwemmungen des Nils machten nämlich neue Vermessungen und Aufteilungen der Felder nötig.

Ägyptische Landvermesser

Die Ägypter hatten eine Bilderschrift, die Hieroglyphen. Das Zahlensystem war einfach: Wie später die Römer hatten die Ägypter ein Additionssystem mit 7 Zeichen.

1		Strich	1 000		Lotosblüte	1 000 000 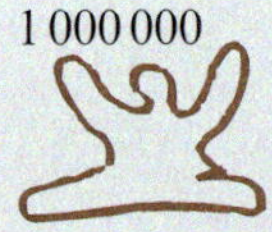
10		Bügel	10 000		gekrümmter Finger	
100		Messschnur	100 000		Kaulquappe	Gott der Unendlichkeit

Die Zahlen wurden von rechts nach links geschrieben.

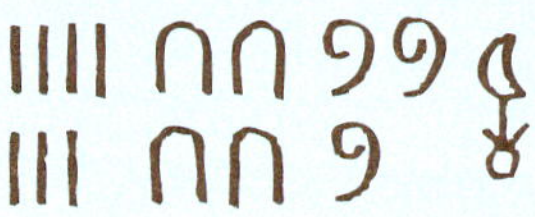

1 347

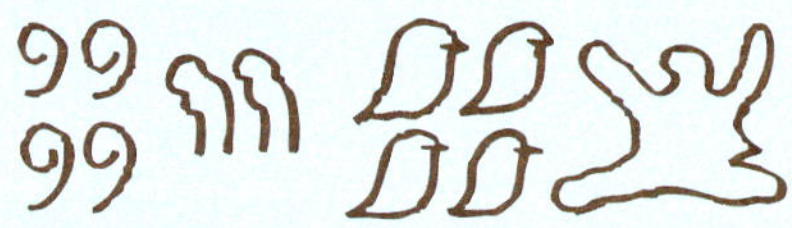

1 420 400

BEISPIEL

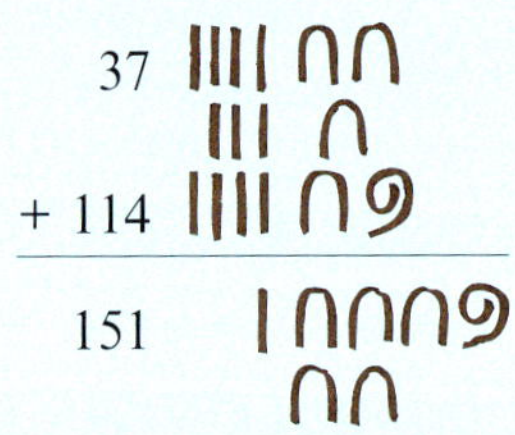

Beim Addieren wurden gleiche Zeichen zusammengefasst. Dabei ersetzte man 10 gleiche Zeichen durch das nächstgrößere Zeichen. Das nebenstehende Beispiel demonstriert die Addition 37 + 114.
Die Ägypter kannten und brauchten wie später die Römer keine Null.

AUFGABEN

1. **a)** Stelle mit ägyptischen Zahlzeichen dar: 82, 528, 14 136
   b) Welche Zahlen werden dargestellt?

   (1) 

   (2) 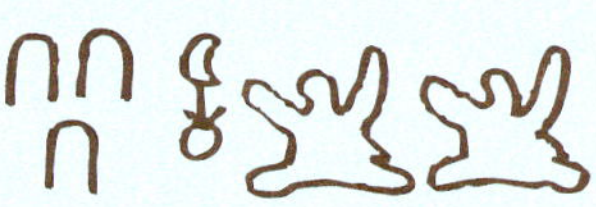

2. **a)** Addiere 90 + 412 sowie 259 + 964 mit ägyptischen Zeichen.
   b) Addiere die beiden Zahlen.

Die Babylonier

Das Land zwischen Euphrat und Tigris (Mesopotamien) ist die Heimat der babylonischen Kultur. Man hat dort etwa 3 000 Jahre alte Tontafeln gefunden, auf denen man sehen kann, wie die Babylonier gerechnet haben.

Babylonische Tontafel

Das babylonische Zahlensystem hat zwei Zeichen:

𒁹 spitzer Keil für 1 𒌋 stumpfer Keil für 10

Zum Beispiel sahen die Zahlen 12 und 59 so aus:

𒌋𒁹𒁹 12 𒌋𒌋𒌋𒌋𒌋 𒁹𒁹𒁹𒁹𒁹𒁹𒁹𒁹𒁹 59

Zur Darstellung größerer Zahlen benutzten die Babylonier ein Stellenwertsystem mit der Basis 60 (Sexagesimalsystem): Zahlen über 59 wurden zu 60er-Bündeln zusammengefasst, wie es die folgende Stellentafel zeigt.

Zerlegung	60er-System 3 600 (60 · 60)	 60	 1	Babylonisches Zeichen
$72 = 1 \cdot 60 + 12$		1	12	𒁹 𒌋𒁹𒁹
$201 = 3 \cdot 60 + 21$		3	21	𒁹𒁹𒁹𒌋𒌋𒁹
$70 = 1 \cdot 60 + 10$		1	10	𒁹𒌋
$3\,610 = 1 \cdot 3\,600 + 0 \cdot 60 + 10$	1		10	𒁹 𒌋
$8\,000 = 2 \cdot 3\,600 + 13 \cdot 60 + 20$	2	13	20	𒁹𒁹𒌋𒁹𒁹𒁹𒌋𒌋

INFORMATION
Das 60er-System liegt unseren Zeiteinheiten zugrunde.

Die Erfinder der Null

Ägypter und Römer kamen in ihrem Zahlensystem ohne Null aus. Bei den Babyloniern aber konnte man z. B. 𒁹𒌋 (70) und 𒁹 𒌋 (3 610) verwechseln. Manchmal ließ man deshalb bei 3 610 eine größere Lücke.
Erst vor knapp 2000 Jahren „erfanden" die Inder unser Zehnersystem und verwendeten dabei die Null als „Platzhalter".
Fast gleichzeitig wurde auch in Mittelamerika und in Babylonien die Null erfunden.

WEITERE AUFGABEN

3. **a)** Stelle 663 und 4 201 mit babylonischen Zahlzeichen dar.
   b) Schreibe die Zahl 1|23|19 aus dem 60er-System mit babylonischen Zeichen und berechne sie im Zehnersystem.
4. Möchtest du mehr wissen, wie man früher rechnete? Sieh dich einmal in einer Bibliothek oder im Internet um, ob du etwas darüber findest. Lies und berichte evtl. in der Klasse darüber.

Römische Zahlzeichen

Portal eines Rathauses

Uhr eines Schlossturmes

Adam Ries

1

a) Auf den Bildern sind Zahlen durch römische Zahlzeichen dargestellt. Welche Bedeutung haben die Zeichen?
b) Gib Beispiele an, wo noch heute römische Zahlzeichen benutzt werden.

WUSSTEST DU SCHON?
Die Römer kannten keine Null, sie brauchten diese auch nicht.

2

Lies die folgenden Namen: König Ludwig XIV, Papst Johannes XXIII, Kaiser Karl V, König Heinrich VIII.

WISSEN

Die Römer benutzten nur 7 Zeichen:

I = 1, V = 5, X = 10, L = 50, C = 100, D = 500, M = 1000

Regeln für das Lesen und Schreiben römischer Zahlzeichen:

Regel 1: Nebeneinander stehende Zahlen werden addiert.
Ausnahme: Steht eine kleine Zahl links von einer größeren, wird diese von der größeren subtrahiert.
Regel 2: Die Zeichen I, X, C und M treten pro Zahl höchstens dreimal, die Zeichen V, L und D höchstens einmal auf.

Beispiele:
LXXVIII = 78 (= 50 + 20 + 5 + 3)
DCCLII = 752 (= 500 + 200 + 50 + 2)
XIV = 14 (= 10 + (5 – 1))
XC = 90 (= 100 – 10)
MCMXC = 1990 (= 1000 + (1000 – 100) + (100 – 10)

HINWEIS
Das römische Zahlensystem nennt man auch **Additionssystem** (wegen Regel 1).

BEACHTE
Die Regel 2 wurde nicht immer streng beachtet (z. B. auf der Uhr des Schlossturmes, Foto oben).

3

Welche Zahlen stecken hinter den folgenden römischen Zahlzeichen?

a) III	**b)** IV	**c)** IX	**d)** VI	**e)** LX
f) XX	**g)** XXII	**h)** IXX	**i)** CD	**j)** XL

4

Lies die Jahreszahlen.

Kolumbus entdeckt Amerika:	MCDXCII
Die 1. Olympischen Spiele der Neuzeit:	MDCCCXCVI
Erster Mensch im Weltall:	MCMLXI
Karl der Große wird gekrönt:	DCCC

5[L]

Schreibe mit arabischen Ziffern.

a) XII; LXI; XCII; CIV; CCCXL; DC; MMXX
b) XXI; LXX; XCIX; CXII; CCLVII; MDCC; MMCCII
c) LXXXIX; CCXIX; DXCVII; MCCXXXIV
d) LXXIII; CXCIV; DCXXIX; MCLXIV
e) MDXCII; MDCCLXII; MCMXLVII; MMCCCLIV
f) MCCCXLIV; MDCXXXVI; MCMXIV; MMMCLXI

WUSSTEST DU SCHON?
Früher schrieb man das U als V. Dies ließ sich leicht fälschen und in ein X verwandeln. Daher stammt der Ausdruck „jemandem ein X für ein U vormachen".

6[L]

Schreibe mit römischen Zahlzeichen.

a) 18; 57; 88; 161; 553; 1 223; 1 875
b) 27; 68; 83; 272; 613; 1 318
c) 348; 474; 892; 944; 1 019; 1 988
d) 247; 447; 793; 1 248; 1 899
e) 1 423; 1 543; 1 789; 1 815; 1 934
f) 1 326; 1 476; 1 658; 1 829; 1 944

7[L]

Wie lautet der Vorgänger (Nachfolger) von

a) XCIX; CXXIV; DC; MCCXLIX; MD; MMCIX
b) CXXXIV; CXCIX; D; MCCCIX; MDCC; MMCCCIV

8

a) Vergleiche die arabische Ziffer 51 mit dem römischen Zahlzeichen VI.
b) Welche Zahlen haben in der arabischen und römischen Darstellung gleich viele Ziffern (Zeichen)?

9

Spaß mit Streichhölzern

a) Wie kannst du aus zwei Streichhölzern 50 machen?
b) Verwandle die linke Gleichung durch Umlegen eines Streichholzes in eine richtige Gleichung. (Es gibt zwei Möglichkeiten.)

c) Lässt sich auch die rechte Gleichung durch Umlegen eines Streichholzes korrigieren?

ZUM KNOBELN
Die Gleichung

kann man **ohne** Umlegen eines Streichholzes in eine richtige Gleichung verwandeln. Das geht auch wenn man sich auf den Kopf stellt.

Das Zehnersystem

Unser **Zehnersystem** hat sich im Laufe von Jahrhunderten entwickelt. Es stammt aus dem alten Indien und ist vor etwa 500 Jahren durch die Araber nach Europa gekommen.

1

a) Schreibe alle Ziffern (Zahlzeichen) des Zehnersystems auf. Stelle zum Vergleich die römischen Ziffern daneben.

b) Notiere die Zahlen fünf, fünfzig, fünfhundert und fünf Millionen sowohl im Zehnersystem als auch auf römische Weise.

Im Gegensatz zum römischen System ist unser System ein **Stellenwertsystem**: Jede Ziffer besitzt außer ihrem Ziffernwert noch einen **Stellenwert**. Das lässt sich mit der Stellentafel verdeutlichen.

BEISPIEL

$\cdot 10$ $\cdot 10$ $\cdot 10$

1000 Tausender	100 Hunderter	10 Zehner	1 Einer	**Die Ziffer 5 bedeutet hier:**
		5		5 Zehner, also fünfzig
			5	5 Einer, also fünf
5				5 Tausender, also fünftausend

Will man diese Zahlen ohne Stellentafel notieren, benötigt man die „0" als Zeichen für unbesetzte Stellen: 50, 5 000.

In **5** 0**55** hat jede 5 demnach eine andere Bedeutung:
5 bedeutet **5 · 1 000**, **5** bedeutet **5 · 10**, **5** bedeutet **5 · 1**.
Wir können schreiben: $5055 = 5 \cdot 1000 + 5 \cdot 10 + 5 \cdot 1$.

BEACHTE
Der Wert der durch die Ziffer dargestellten Zahl steigt auf das Zehnfache, wenn man sie um eine Stelle nach links verschiebt.

Die Idee des Stellenwertes, zusammen mit der Erfindung der Null, ermöglichen uns erst die Darstellung beliebig großer Zahlen.

WISSEN

Unser Zehnersystem ist ein **Stellenwertsystem**.
Das Zehnersystem verwendet 10 Ziffern: 0, 1, 2, 3, 4, 5, 6, 7, 8, 9.

Jede Ziffer kann den Stellenwert 1, 10, 100, 1000 usw. haben.
Im Zehnersystem kann jede natürliche Zahl geschrieben werden.

WUSSTEST DU SCHON?
Für 1 000 kann man auch 10^3 schreiben (sprich: 10 hoch 3). 10^3 ist eine **Zehnerpotenz** und bedeutet $10 \cdot 10 \cdot 10$, also 1 000. Tipp: Die kleine Hochzahl gibt an, wie viele Nullen hinter der 1 stehen, z. B.:
$10^2 = 100$
$10^6 = 1\,000\,000$

2

Welche Bedeutung haben die einzelnen Ziffern in folgenden Zahlen?

a) 123 **b)** 10001 **c)** 123456
d) 12 000 440 021 **e)** 2 987 654 321 098 **f)** 10101010101

Teste dich!

1

Trage in eine Stellentafel ein und schreibe in Worten.

a) 127 345 **b)** 45 678 527 **c)** 23 963 650 000

2

Schreibe mit Ziffern.

a) zweihunderteinundsiebzigtausendsechshundertfünfundzwanzig
b) dreizehn Milliarden fünf Millionen vierhundertachtzig
c) sechsundsiebzig Billionen fünfzig Millionen sechzigtausend

3

Nenne Vorgänger und Nachfolger der angegebenen Zahl.

a) 99 999 000 999 **b)** 99 999 000 **c)** 9 Bio. 999 Mrd. 999

4

Schreibe die Zahl und runde sie auf Millionen.

a) kleinste 9-stellige Zahl **b)** größte 9-stellige Zahl

5

Gib die Zahlen an, die an dem Zahlenstrahl markiert wurden.

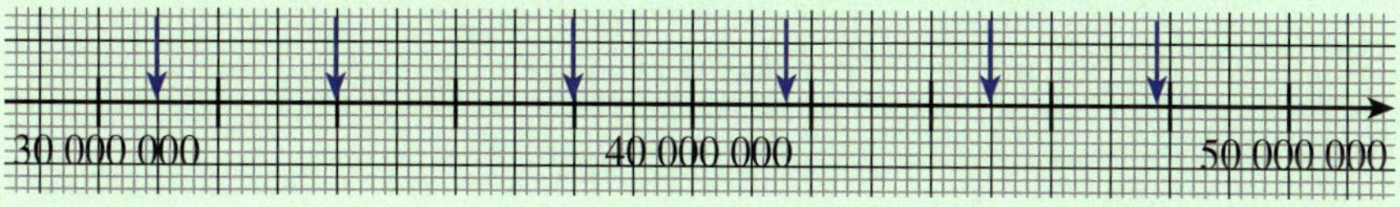

6

Zeichne einen Zahlenstrahl und markiere dort folgende Zahlen.

a) 42 Mrd. **b)** 50 Mrd. 500 Mio **c)** 38 750 000 000

7

Welche der beiden Zahlen ist die größere?

a) 246 357 789 oder 2 463 577 899
b) 345 789 670 000 oder 345 789 760 000
c) 25 235 467 589 865 oder 25 235 467 589 865

8

Ordne die angegebenen Zahlen, beginne jeweils mit der kleinsten.

a) 23 400 999; 23 040 999; 23 004 999
b) 6 789 000 100; 6 798 000 200; 6 789 000 300

HINWEISE

1) Versuche zunächst, die Aufgaben ohne Hilfestellung zu lösen.

2) Wenn du doch Hilfe benötigst, findest du auf der angegebenen Seite ein Beispiel oder eine Anregung zum Lösen der Aufgabe.

Aufgabe	Seite
1	7
2	7
3	7
4	10
5	16
6	16
7	17
8	17

3) Im Anhang ab Seite 218 findest du die Lösungen der Aufgaben. Vergleiche deine Ergebnisse mit diesen Lösungen und überprüfe so deinen Lernstand.

ZUSAMMENFASSUNG

Die natürlichen Zahlen

Unser Zahlensystem ist ein Stellenwertsystem,
d. h. jede Ziffer in einer Zahl besitzt neben ihrem Ziffernwert auch noch einen Stellenwert.

Das Zehnersystem verwendet 10 Ziffern: 0, 1, 2, 3, 4, 5, 6, 7, 8, 9.
Jede Ziffer kann den Stellenwert 1, 10, 100, 1 000 usw. haben.

Es gibt sehr große natürliche Zahlen, weit über die 1 Millionen hinaus:
1 000 Millionen bezeichnet man als 1 Milliarde.
1 000 Milliarden, das sind 1 000 mal 1 000 Millionen, bezeichnet man als 1 Billion.

Um große Zahlen schnell erfassen zu können, kann man sie in eine Stellentafel eintragen.

Billionen			Milliarden			Millionen			Tausender					
H	Z	E	H	Z	E	H	Z	E	H	Z	E	H	Z	E
	1	2	5	0	0	2	3	0	5	6	0	0	0	0
					4	5	0	7	8	9	0	1	2	3

Im obigen Beispiel stehen die Zahlen
zwölf Billionen fünfhundert Milliarden zweihundertdreißig Millionen fünfhundertsechzigtausend
und
vier Milliarden fünfhundertsieben Millionen achthundertneunzigtausend einhundertdreiundzwanzig.

Runden natürlicher Zahlen

- Zuerst die Rundungsstelle festlegen.
- Folgt der Rundungsstelle eine 0, 1, 2, 3 oder 4, so wird abgerundet (d. h. alle folgenden Ziffern fallen weg).
- Folgt der Rundungsstelle eine 5, 6, 7, 8 oder 9, so wird aufgerundet (d. h. die Rundungsstelle wird um 1 erhöht, alle folgenden Ziffern fallen weg).

Beispiele: 6 435 auf Zehner gerundet ergibt 6 440
6 435 auf Hunderter gerundet ergibt 6 400

Vergleichen und Ordnen natürlicher Zahlen

Die aufsteigende Ordnung natürlicher Zahlen verdeutlicht der Zahlenstrahl.
Auf dem Zahlenstrahl steht die kleine Zahl immer links von der größeren.

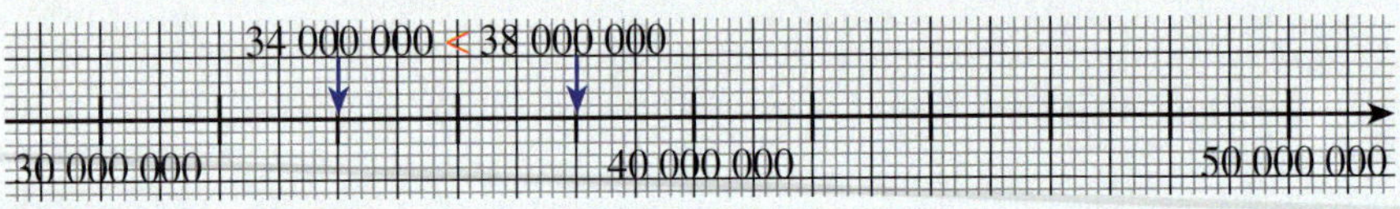

Die römischen Zahlzeichen

I = 1 V = 5 X = 10 L = 50 C = 100 D = 500 M = 1 000

Beispiele: II = 2, IV = 4, XI = 11, XL = (50 – 10) = 40
MDCCXXIII = 1 000 + 500 + 10 + 10 + 1 + 1 + 1 = 1723
MCMLXI = 1 000 + (1 000 – 100) + 50 + 10 + 1 = 1961

Rechnen mit natürlichen Zahlen

Zauberquadrate

Der abgebildete Kupferstich „Melancolia“ stammt von Albrecht Dürer aus dem Jahre 1514. Das Entstehungsjahr hat er im Bild gut versteckt. Kannst du es finden?
Rechts oben im Bild befindet sich ein Zahlenquadrat mit einer besonderen Eigenschaft: Die Summe der Zahlen in einer Zeile ist stets 34.

Albrecht Dürer
Maler und Grafiker
* 1471 in Nürnberg
† 1528 in Nürnberg

16	3	2	13
5	10	11	8
9	6	7	12
4	15	14	1

Zeile
Spalte
Diagonalen

1

Berechne die Summe der Zahlen von jeder Spalte und jeder Diagonalen.

2

Findest du im Quadrat von Dürer weitere Anordnungen von vier Zahlen, deren Summe 34 ist?

WISSEN

Sind auf einem Quadrat Zahlen so angeordnet, dass in jeder Zeile und in jeder Spalte gleich viele Zahlen stehen, spricht man von einem **Zahlenquadrat.**
Wenn die Summe der Zahlen in jeder Zeile, in jeder Spalte und in jeder Diagonalen gleich groß ist, ist es ein **Zauberquadrat** oder auch **Magisches Quadrat**.
Die stets gleiche Summe heißt **Zauberzahl**.

Zauberquadrat mit der Zauberzahl 30:

12	13	5
3	10	17
15	7	8

3

Übertrage die Zahlenquadrate ins Heft.
Sind es Zauberquadrate?

a)

1	1	1
1	1	1
1	1	1

b)

66	73	68
71	69	67
70	65	72

c)

101	5	71
29	59	89
47	113	17

d)

29	1 061	179	227
269	137	1 019	71
1 049	101	239	107
149	197	59	1 091

4

Stelle aus dem Zahlenquadrat der Aufgabe 3d) ein neues Zahlenquadrat her: Addiere zu jeder Zahl die Zahl 2.
Untersuche, ob das neue Zahlenquadrat auch ein Zauberquadrat ist.

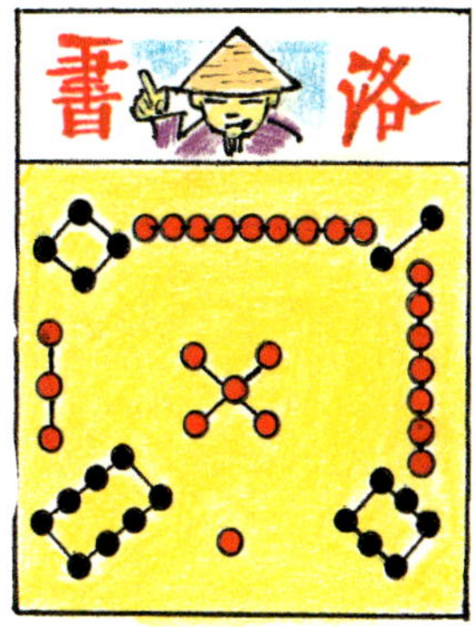

LO-SHU

5

In der Randspalte ist das seit 2200 v. Chr. aus China bekannte Zauberquadrat LO-SHU abgebildet. Darunter ist es – noch unvollständig – mit arabischen Ziffern wiedergegeben. Es hat die Zauberzahl 15.
Die noch fehlenden Zahlen (Leerstellen) kann man berechnen.

3 + 5 + ■ = 15, also ■ = 15 – 8 = 7

4 + 3 + ■ = 15, also ■ = 15 – 7 = 8

Berechne die beiden noch fehlenden Zahlen.

4	9	2
3	5	

Unvollständige Angabe des LO-SHU mit arabischen Ziffern

6[L]

Übertrage die folgenden Quadrate mit Leerstellen in dein Heft und ergänze sie zu Zauberquadraten.

a)

2		4
	5	
		8

b)

3		
	6	
4	5	9

c)

7		7
		5
3		3

d)

1		4	15
12			6
		16	
8	11	5	10

e)

13	2		
	11	10	
12	7	6	
		15	4

f)

	7		17
	14		
	10	11	16
8	19	18	

7

Übertrage die folgenden Quadrate mit Leerstellen in dein Heft.

Ergänze sie so, dass sowohl das innere als auch das gesamte Quadrat zu Zauberquadraten werden.

a)

	29		11	10
	23		25	27
		22		
13	19			
	15	16		12

b)

	4		22	
20				
23	13	15	17	
			12	6
			8	27

AUFTRAG
Versuche selbst Zauberquadrate zu entwerfen.

Addieren und Subtrahieren

1

	Rostock	10.33
34 km	Güstrow	11.02
85 km	Waren	11.37
121 km	Neustrelitz	11.58
	Neustrelitz	12.00
192 km	Oranienburg	12.45
230 km	Berlin-Lichtenberg	13.08
	Berlin-Lichtenberg	13.22
249 km	Berlin-Schönefeld	13.41
342 km	Doberlug-Kirchhain	14.30
362 km	Elsterwerda	14.40
	Elsterwerda	14.41
386 km	Riesa	14.59
412 km	Döbeln	15.19
422 km	Waldheim	15.27
435 km	Mittweida	15.37
453 km	Chemnitz	15.52

Interregio

Der Interregio (IR) 2275 fährt jeden Tag die Strecke Rostock – Chemnitz nach oben stehendem Fahrplan. Zusätzlich sind die Fahrstrecken angegeben. Ermittle für die folgenden Fahrstrecken jeweils die Gesamtlänge und die Fahrzeit.

a) Rostock – Neustrelitz
Oranienburg – Riesa
Waren – Waldheim

b) Berlin-Lichtenberg – Döbeln
Güstrow – Mittweida
Neustrelitz – Berlin-Schönefeld

AUFGABE
Suche in einem Atlas die Städte Rostock und Chemnitz heraus. Erkundige dich an einem Bahnhof nach Zugverbindungen von Berlin nach Rostock und Chemnitz.

2

Rechne im Kopf und notiere das Ergebnis ins Heft.

a) 24 km + 16 km
19 km + 81 km
217 km + 153 km

b) 708 km + 101 km
555 km + 225 km
444 km + 196 km

c) 121 km + 89 km + 10 km
111 km + 222 km + 333 km
55 km + 555 km + 5 km

3

Berechne die Längen.

a) 89 km + 107 km + 31 km
6 dm + 28 dm + 517 dm + 73 dm
35 km + 56 km + 42 km + 16 km

b) 243 m + 213 m + 191 m + 456 m
22 mm + 31 mm + 78 mm + 9 mm
4 km + 18 km + 17 km + 37 km

4^L

Wandle in die kleinste Längeneinheit um und berechne.

a) 6 m + 32 cm + 5 m
81 km – 39 km + 400 m
65 km – 4 500 m + 350 m

b) 1 m – 1 dm + 1 cm – 1 mm
5 m – 5 dm – 5 cm – 5 mm
20 mm + 30 cm + 40 dm + 50 m

ERINNERE DICH
1 km = 1 000 m
1 m = 10 dm = 100 cm
1 dm = 10 cm
1 cm = 10 mm

5

Löse die Aufgaben.

a)	260 + 157 260 – 157 94 + 328	**b)**	333 + 444 444 – 333 408 + 78	**c)**	79 + 267 267 – 79 989 + 216	**d)**	517 + 134 785 – 92 813 + 356
e)	328 – 94 599 + 299 599 – 299	**f)**	408 – 78 726 + 47 726 – 47	**g)**	989 – 216 555 + 555 555 – 555	**h)**	253 + 967 999 – 111 777 – 88

WISSEN

Fachworte zum **Addieren** bzw. zur **Addition**

3 + 2 = 5

1. Summand plus 2. Summand gleich Summe

Fachworte zum **Subtrahieren** bzw. zur **Subtraktion**

7 – 4 = 3

Minuend minus Subtrahend gleich Differenz

BEACHTE
Auch 3 + 2 nennt man eine Summe.
Auch 7 – 4 nennt man eine Differenz.

6L

Übertrage die Tabellen ins Heft und fülle die Leerstellen aus.

1. Summand	2. Summand	Summe
567	835	
781		1 024
	139	584
0		0
1		1

Minuend	Subtrahend	Differenz
981	357	
781		294
	243	621
0		0
1		1

HINWEIS
summa (lat.) die Gesamtzahl
differentia (lat.) der Unterschied
addere (lat.) hinzugeben, zusammenzählen
subtrahere (lat.) abziehen

7L

Bilde die Summe und die Differenz aus den beiden Zahlen. Addiere dann die beiden Ergebnisse. Was fällt dir auf?

a) 390 und 131 **b)** 663 und 288 **c)** 546 und 310 **d)** 786 und 455
e) 250 und 15 **f)** 1300 und 150 **g)** 6000 und 123 **h)** 127 und 2

8

Bilde die Summe und die Differenz aus den beiden Zahlen. Subtrahiere danach von der Summe die Differenz der beiden Zahlen. Was fällt dir auf?

a) 431 und 190 **b)** 757 und 220 **c)** 1513 und 685 **d)** 375 und 144
e) 6780 und 5 **f)** 1230 und 56 **g)** 13 und 2 **h)** 777 und 222

9

Übertrage die Additionstafeln ins Heft und berechne die Zahlen, die in die Leerstellen eingesetzt werden müssen.

+	168	656			712	316
217			481			
129						
211						
388				585		
					885	
	537					685

+	66	44	77	33	55	22
	999					
		888				
			777			
				666		
					555	
						444

BEISPIELE
217 + 168 = ▢,
also ▢ = 385
217 + ▢ = 481,
also ▢ = 264
▢ + 712 = 885,
also ▢ = 173

10

Übertrage die Additionstürme ins Heft und berechne die fehlenden Zahlen. Dabei ergibt sich die Zahl in einem Kästchen durch Addition der beiden Zahlen in den darunter stehenden Kästchen.

BEISPIELE
▢ = 29 + 38 = 67
▢ = 38 + 47 = 85

a)

29	38	47	56

b)

2 227			
111	223	334	445

c)

362	458		
128		224	
75			43

11

Übertrage die Subtraktionstafeln ins Heft und berechne die Zahlen, die in die Leerstellen eingesetzt werden müssen.
(Rechne stets: Zahl vorn minus Zahl oben.)

–	144	214	319	288	382	257
583	439					
382						
883						
832						
823						
803						

–						
726	327					
581		233				
634			516			
897				723		
772					191	
612						265

BEISPIEL
726 – ▢ = 327,
also ▢ = 399

12^L

Übertrage die Subtraktionstürme ins Heft und berechne die Zahlen, die in die Leerstellen eingesetzt werden müssen. Dabei ergibt sich die Zahl in einem Kästchen durch Subtraktion der rechten Zahl von der linken Zahl in den beiden darüber stehenden Kästchen.

BEISPIEL
[rosa] = 394 – 221 = 173
[blau] = 134 – 53 = 81

a)

394	221	134	53
[rosa]		[blau]	

(Reihen: 394, 221, 134, 53 / [rosa], ___, [blau] / ___, ___ / ___)

b)
418, ___, ___, 53
212, ___, 58
___, ___
___

c)
377, ___, 178, ___
___, 94, ___
___, 10
1

13

Berechne das Ergebnis der Aufgaben.

a)	300 + 217 +83	**b)**	436 – 15 – 136	**c)**	846 + 23 +154	**d)**	1000 – 100 – 10
	267 + 109 + 33		142 – 65 + 123		623 – 287 –336		1010 – 101 – 10
	39 + 734 – 73		531 – 215 + 24		348 – 135 + 232		1111 – 111 – 11

14

Übertrage die Aufgaben ins Heft und setze in die Leerstellen die richtigen Rechenzeichen (+ oder –) ein.

a)	125 ▢ 105 = 230	**b)**	756 ▢ 501 = 255
	120 ▢ 360 ▢ 180 = 300		658 ▢ 236 ▢ 112 = 310
	492 ▢ 217 ▢ 275 = 550		981 ▢ 492 ▢ 189 = 300

15

Berechne zuerst die Summe aus 167 und 128.
Berechne danach die neue Summe, wenn

a) vorher zu beiden Summanden jeweils 100 addiert wurde,
b) vorher von beiden Summanden jeweils 25 subtrahiert wurde,
c) vorher von dem 1. Summanden 19 subtrahiert und zu dem 2. Summanden 19 addiert wurde,
d) vorher zu dem 1. Summanden 87 addiert und vom 2. Summanden 87 subtrahiert wurde.

16

Berechne zuerst die Differenz aus 223 (Minuend) und 78 (Subtrahend).
Berechne danach die neue Differenz, wenn

a) zu dem Minuenden und dem Subtrahenden jeweils 50 addiert werden,
b) von dem Minuenden und dem Subtrahenden jeweils 25 subtrahiert werden,
c) zu dem Minuenden 75 addiert und von dem Subtrahenden 75 subtrahiert werden.
d) von dem Minuenden 30 subtrahiert und zu dem Subtrahenden 30 addiert werden.

WAS MEINST DU DAZU?
Aus einer Zeitung:

Einer geht durch die Stadt …

… und sieht in der City eine Bäckerei, die auf Werbetafeln ihre frischen „Berliner“ anpreist. Das Einzelexemplar kostet 0,53 Euro. Wer aber gleich drei Berliner kauft, zahlt „nur“ 1,59 Euro.

Rechengesetze für Addition und Subtraktion

In den bisherigen Aufgaben wurden manchmal Kästchen als Zeichen für Leerstellen (Platzhalter) benutzt. In diese Leerstellen können Zahlen, Größen oder Rechenzeichen eingesetzt werden. Das finden wir nicht nur in der Mathematik, sondern auch im Alltag.

Überweisung/Zahlschein
Name und Sitz des überweisenden Kreditinstituts
Bankleitzahl
Begünstigter: AKTION MENSCH
Konto-Nr. des Begünstigten: 360008
Bankleitzahl: 500 500 00
JAHRESLOS
Aktion Mensch LOTTERIE
EUR
Betrag: Euro, Cent: 18,00
Losnummer: 256333783994
Name des Lotterieteilnehmers
PLZ und Straße des Lotterieteilnehmers
Kontoinhaber/Einzahler: Name, Ort
Konto-Nr. des Kontoinhabers
19
Bitte geben Sie für die Gewinnbenachrichtigung Ihren Namen und Anschrift an.
Datum, Unterschrift

Leeres Los

Überweisung/Zahlschein
SPARKASSE BERLIN
Name und Sitz des überweisenden Kreditinstituts
10050000
Bankleitzahl
Begünstigter: AKTION MENSCH
Konto-Nr. des Begünstigten: 1193036
Bankleitzahl: 300 400 00
JAHRESLOS
Aktion Mensch LOTTERIE
EUR
Betrag: Euro, Cent: 18,00
Losnummer: 242008114312
Name des Lotterieteilnehmers
PLZ und Straße des Lotterieteilnehmers
LINDENSTRASSE 54
Kontoinhaber/Einzahler: Name, Ort
HERZ, MARION, BERLIN
Konto-Nr. des Kontoinhabers
0091788605
19
Bitte geben Sie für die Gewinnbenachrichtigung Ihren Namen und Anschrift an.
15.7.04
Datum, Unterschrift

Ausgefülltes Los

WISSEN

In der Mathematik nennt man eine Leerstelle, in die z. B. Zahlen oder Größen eingesetzt werden dürfen, **Variable**.
Statt Zeichen wie ■, □ oder △ verwendet man für Variablen häufig kleine Buchstaben: z. B. a, b, c oder auch x, y, z.

HINWEIS
variabilis (lat.) veränderlich

1

Setze für die Variable nacheinander die gegebenen Zahlen ein und berechne jeweils das Ergebnis.

a) $3 \cdot a - 12$ 4, 7, 21, 97, 110 **b)** $5 \cdot x + 7$ 1, 9, 18, 36, 99
c) $8 \cdot c - 56$ 7, 8, 9, 10, 11 **d)** $4 \cdot z + 5$ 1, 9, 41, 169, 681

BEISPIEL
In $2 \cdot b + 6$ werden für die Variable b die Zahlen 4 und 21 eingesetzt:
$2 \cdot 4 + 6 = 8 + 6 = 14$
$2 \cdot 21 + 6 = 42 + 6 = 48$

2

Es sei n eine natürliche Zahl. Überprüfe an selbst gewählten Zahlen für n,
a) dass $2 \cdot n$ immer eine gerade Zahl ergibt;
b) dass $2 \cdot n + 1$ immer eine ungerade Zahl ergibt;
c) dass $2 \cdot n + 12$ immer eine gerade Zahl ergibt;
d) dass $2 \cdot n + 15$ immer eine ungerade Zahl ergibt;
e) dass $n + 1$ der Nachfolger von n ist;
f) dass $n - 1$ der Vorgänger von n ($n > 0$) ist.

3

Wähle jeweils für a sieben verschiedene natürliche Zahlen und berechne. Was stellst du fest?
a) $a + 0$ **b)** $a - 0$ **c)** $a - a$ **d)** $3 \cdot a + 0$ **e)** $7 \cdot a - 0$ **f)** $5 \cdot a - 5 \cdot a$

Die Besonderheiten des Rechnens mit der Zahl Null, wie sie bei der Aufgabe 3 deutlich wurden, lassen sich mithilfe von Variablen kurz formulieren:

WISSEN

Für jede natürliche Zahl a gilt:

Kurzformulierung	Wortformulierung	Zahlenbeispiele
$a + 0 = a$	Addiert man zu einer natürlichen Zahl a die Zahl Null, so erhält man als Summe die Zahl a.	$54 + 0 = 54$ $1 + 0 = 1$ $0 + 0 = 0$
$a - 0 = a$	Subtrahiert man von einer natürlichen Zahl a die Zahl Null, so erhält man als Differenz die Zahl a.	$28 - 0 = 28$ $1 - 0 = 1$ $0 - 0 = 0$
$a - a = 0$	Subtrahiert man von einer natürlichen Zahl a die Zahl a, so erhält man als Differenz die Zahl Null.	$87 - 87 = 0$ $1 - 1 = 0$ $0 - 0 = 0$

4

Notiere jeweils zwei Additionsaufgaben, die Variablen enthalten:

a) mit zwei Summanden, die jedesmal 2 als Ergebnis haben,

b) mit drei Summanden, die jedesmal 2 als Ergebnis haben,

c) mit fünf Summanden, die jedesmal 3 als Ergebnis haben.

5

Übertrage die Additionstürme und fülle sie aus. Gibt es mehrere Lösungen?

a)

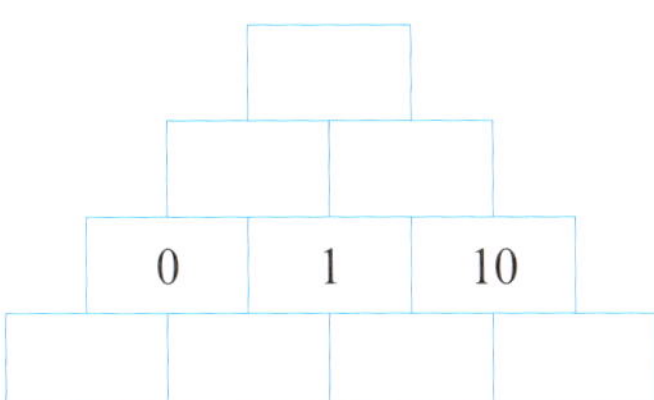

b)

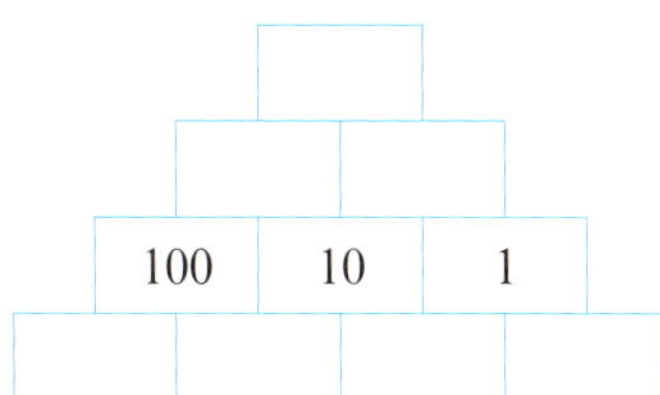

6^L

Fülle die folgenden Subtraktionstürme im Heft aus. Gibt es mehrere Lösungen?

a)

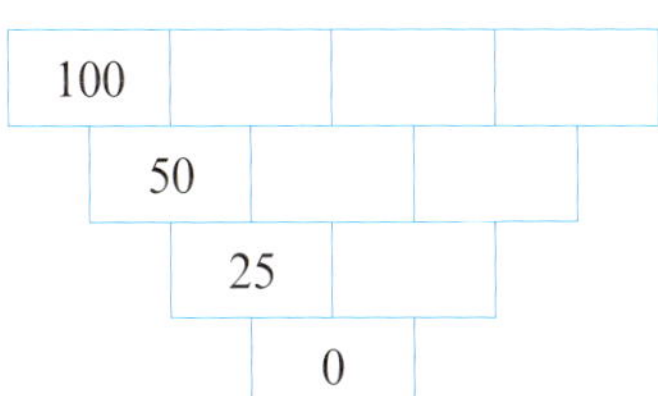

b)

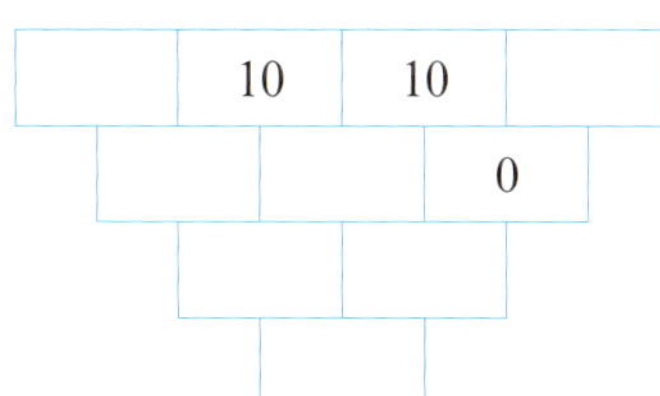

7

Gib jeweils zwei Beispiele an

a) für Additionstürme, an deren Spitze die Zahl 100 steht,

b) für Subtraktionstürme, an deren Spitze die Zahl 100 steht.

NACHGEDACHT

Die folgenden Aufgaben lassen sich bei etwas Nachdenken ganz leicht im Kopf lösen. Versuche es.

$78 - 13 + 13 - 78$

$112 + 47 - 12 - 47$

$77 - 55 + 33 + 55 - 77$

$48 + 11 - 9 - 48$

8

Begründe ohne zu rechnen, dass mindestens eine der beiden folgenden Aufgaben falsch gelöst sein muss.
27283 + 46477 = 73760 und 73760 – 46477 = 26773

BEISPIELE
57 + 23 = 80
80 – 23 = 57
Zusammengefasst:
(57 + 23) – 23 = 57

64 – 38 = 26
26 + 38 = 64
Zusammengefasst:
(64 – 38) + 38 = 64

WISSEN

Addition und Subtraktion sind **zueinander umgekehrte Rechenarten**.

Sind a und b natürliche Zahlen, so gilt stets:
$\mathbf{(a + b) - b = a}$ und $\mathbf{(a - b) + b = a}$ (für $a > b$).

9

Überprüfe die Gleichungen im Merksatz an drei selbst gewählten Beispielen. Setze dazu für a und b verschiedene Zahlen ein.

10[L]

Kontrolliere die Ergebnisse der folgenden Additionsaufgaben mithilfe der umgekehrten Rechenart.
Löse falsch gerechnete Aufgaben richtig.

a) 256 + 127 = 383	**b)** 493 + 208 = 711	**c)** 164 + 389 = 563
d) 444 + 199 = 653	**e)** 128 + 135 = 263	**f)** 481 + 247 = 728
g) 387 + 436 = 823	**h)** 286 + 321 = 627	**i)** 513 + 129 = 632

BEISPIELE
81 + 111 = 292?
Kontrolle:
292 – 111 = 81
Ergebnis ist richtig.

11

Kontrolliere die Ergebnisse der folgenden Subtraktionsaufgaben mithilfe der umgekehrten Rechenart.
Löse falsch gerechnete Aufgaben richtig.

a) 320 – 64 = 266	**b)** 334 – 175 = 159	**c)** 666 – 77 = 589
d) 121 – 82 = 39	**e)** 246 – 148 = 89	**f)** 555 – 99 = 455
g) 153 – 46 = 107	**h)** 252 – 183 = 79	**i)** 867 – 88 = 779

BEISPIELE
451 – 83 = 358?
Kontrolle:
358 + 83 = 441
Ergebnis ist falsch.

12

Kontrolliere die Ergebnisse der folgenden Aufgaben mithilfe der jeweiligen umgekehrten Rechenart.
Löse falsch gerechnete Aufgaben richtig.

a) 87 – 52 = 35	**b)** 193 + 198 = 381	**c)** 543 – 288 = 255
d) 198 + 157 = 345	**e)** 822 – 134 = 688	**f)** 543 + 288 = 821
g) 486 + 167 = 663	**h)** 452 – 269 = 182	**i)** 921 – 288 = 633

13

Überprüfe, ob bei den Aufgabenpaaren jeweils richtig gerechnet wurde.

a) 18526 + 526 = 19152	und	19152 – 526 = 18626
b) 9876 – 1234 = 8642	und	8652 + 1234 = 9876
c) 12176000 – 25990 = 12151001	und	12151001 + 25980 = 12176000

BEISPIEL

Anna und Eva wollen kontrollieren, ob das nebenstehende Zahlenquadrat ein Zauberquadrat ist. Sie berechnen die Summe der ersten Zeile.
Anna: **31 + 13** + 67 = **44** + 67 = 111
Eva: 31 + **13 + 67** = 31 + **80** = 111
Beide berechnen dieselbe Zahl. Evas Rechnung ist aber günstiger, da sie erst 13 + 67 rechnet und es sich mit 80 leicht weiterrechnen lässt.

31	13	67
7	61	43
73	37	1

AUFGABE
Überprüfe, ob das nebenstehende Zahlenquadrat ein Zauberquadrat mit der Zauberzahl 111 ist. Rechne möglichst günstig.

14

Rechne möglichst vorteilhaft. Erläutere, wie du gerechnet hast.

a) 12 + 8 + 29 **b)** 39 + 24 + 56 **c)** 657 + 135 + 77
d) 77 + 88 + 12 **e)** 111 + 99 + 101 **f)** 33 + 66 + 99

WISSEN

Assoziativgesetz (Verbindungsgesetz) der Addition

Das Ergebnis einer Summe ist unabhängig davon, welche Summanden man einklammert oder ob man die Klammern weglässt.

Für alle natürlichen Zahlen a, b, c gilt:
$\boldsymbol{a + b + c = (a + b) + c = a + (b + c)}$

Zum Beispiel ist 1 + 2 + 3 = (1 + 2) + 3 = 3 + 3 = 6
und 1 + 2 + 3 = 1 + (2 + 3) = 1 + 5 = 6

HINWEIS
associare (lat.) verbinden

Für die Subtraktion gilt **kein** Assoziativgesetz. Beispielsweise ist (6 – 3) – 2 = 3 – 2 = 1, aber 6 – (3 – 2) = 6 – 1 = 5.

15

Rechne günstig unter Benutzung des Assoziativgesetzes.

a) 90 + 273 + 187 **b)** 762 + 68 + 125 **c)** 690 + 183 + 97
d) 546 + 129 + 211 **e)** 237 + 158 + 145 **f)** 326 + 149 + 105
g) 916 + 84 + 126 **h)** 66 + 44 + 56 **i)** 237 + 13 + 50

HINWEIS
Im Projekt „Ein eigenes Pferd“ unter www.mathe-plus.de kann man z. B. eine Reitausrüstung zusammenstellen. Dazu müssen viele Einzelpreise addiert werden.

16

Rechne möglichst vorteilhaft.

a) 8 + 32 + 27 **b)** 18 + 33 + 27 **c)** 16 + 34 + 16
d) 58 + 32 + 47 **e)** 12 + 47 + 53 **f)** 44 + 28 + 22
g) 7 + 53 + 13 **h)** 39 + 21 + 11 **i)** 24 + 31 + 45

17

Rechne möglichst vorteilhaft.

a) 149 + 551 + 43 **b)** 135 + 182 + 518 **c)** 210 + 327 + 173
d) 54 + 16 + 12 + 38 **e)** 113 + 37 + 116 + 44 **f)** 153 + 87 + 86 + 25
g) 100 + 87 + 13 + 200 **h)** 126 + 224 + 376 **i)** 977 + 23 + 55 + 55

18

Versuche die folgenden Aufgaben möglichst günstig zu rechnen.

a) 125 + 37 + 75 **b)** 467 + 219 + 33 **c)** 231 + 119 + 69
d) 458 + 237 + 72 **e)** 93 + 827 + 107 **f)** 26 + 44 + 74

WISSEN

Kommutativgesetz (Vertauschungsgesetz) der Addition

Beim Addieren darf man Summanden miteinander vertauschen.
Die Summe ändert sich dabei nicht.

Für alle natürlichen Zahlen a, b gilt: $\boldsymbol{a + b = b + a}$

Zum Beispiel ist 3 + 4 = 7 und 4 + 3 = 7, also 3 + 4 = 4 + 3.

HINWEIS
commutare (lat.)
vertauschen

Für die Subtraktion gilt ebenfalls **kein** Kommutativgesetz.
So ist z. B. 10 – 4 = 6, aber 4 – 10 ergibt keine natürliche Zahl.

19

Vertausche jeweils zwei Zahlen und rechne vorteilhaft.

a) 17 + 33 + 8 **b)** 17 + 32 + 8 **c)** 16 + 33 + 14
d) 47 + 43 + 12 **e)** 52 + 44 + 38 **f)** 51 + 23 + 27
g) 11 + 29 + 81 **h)** 58 + 37 + 42 **i)** 44 + 43 + 46

20

Vertausche die Zahlen so, dass du günstig rechnen kannst.

a) 123 + 210 + 377 **b)** 518 + 182 + 235 **c)** 243 + 551 + 149
d) 246 + 33 + 154 **e)** 666 + 333 + 334 **f)** 718 + 1 003 + 22
g) 720 + 130 + 580 **h)** 570 + 86 + 134 **i)** 199 + 198 + 1 001

21

Rechne vorteilhaft.

a) 24 + 7 + 6 + 13 **b)** 37 + 39 + 13 + 11 **c)** 15 + 7 + 5 + 23 + 6
d) 54 + 28 + 12 + 16 **e)** 116 + 37 + 14 + 43 **f)** 254 + 87 + 53 + 46
g) 3 + 25 + 17 + 4 **h)** 77 + 14 + 23 + 33 **i)** 24 + 31 + 46 + 19

22

Die nebenstehende Tabelle gibt für einige deutsche Städte die Einwohnerzahlen an. Für welche Städte gilt jeweils die folgende Aussage?

a) Die Städte haben zusammen 83 000 Einwohner.
b) Die Stadt hat genauso viele Einwohner wie zwei andere Städte zusammen.
c) Zwei Städte haben zusammen genauso viele Einwohner wie zwei andere zusammen.
d) Einige dieser Städte haben zusammen 136 000 Einwohner.
e) Drei Städte haben zusammen 60 000 Einwohner.

INFORMATION

Einwohnerzahlen	
Bergen	18 000
Greifswald	62 000
Güstrow	35 000
Neustrelitz	25 000
Parchim	21 000
Pasewalk	14 000

BEISPIEL

für vorteilhaftes Rechnen unter Anwendung der Rechengesetze

$25 + 67 + 35 = 25 + 35 + 67 = (25 + 35) + 67 = 60 + 67 = 127$ oder
$25 + 67 + 35 = 67 + 25 + 35 = 67 + (25 + 35) = 67 + 60 = 127$

AUFGABE
Erläutere das Vorgehen im Beispiel und gib an, welches Rechengesetz bei den einzelnen Schritten benutzt wurde.

23

Rechne vorteilhaft im Kopf und notiere das Ergebnis im Heft.

a) $21 + 45 + 9$; $42 + 29 + 38$ **b)** $124 + 30 + 71$; $744 + 69 + 356$ **c)** $132 + 234 + 336$; $521 + 622 + 727$ **d)** $112 + 78 + 22$; $137 + 93 + 57$

e) $65 + 47 + 123$; $111 + 47 + 39$ **f)** $621 + 75 + 174$; $72 + 316 + 144$ **g)** $375 + 700 + 355$; $587 + 912 + 313$ **h)** $376 + 24 + 76$; $245 + 63 + 95$

24

Rechne vorteilhaft und notiere das Ergebnis im Heft.

a) $34 + 17 + 16 + 83$; $27 + 29 + 33 + 31$; $128 + 65 + 62 + 75$
b) $39 + 38 + 37 + 36$; $11 + 12 + 13 + 14$; $11 + 13 + 15 + 17$
c) $212 + 323 + 434 + 31$; $111 + 222 + 333 + 444$; $555 + 666 + 777 + 888$

25[L]

Übertrage die Aufgaben ins Heft und berechne die Summe möglichst vorteilhaft.

a) $1 + 2 + 3 + 4$; $1 + 2 + ... + 5 + 6$; $1 + 2 + ... + 99 + 100$
b) $1 + 3 + 5 + 7$; $1 + 3 + ... + 9 + 11$; $1 + 3 + ... + 97 + 99$
c) $2 + 4 + 6 + 8$; $2 + 4 + ... + 10 + 12$; $2 + 4 + ... + 98 + 100$

TIPP
für Aufgabe 25
$1 + 2 + 3 + 4 + 5 + 6$

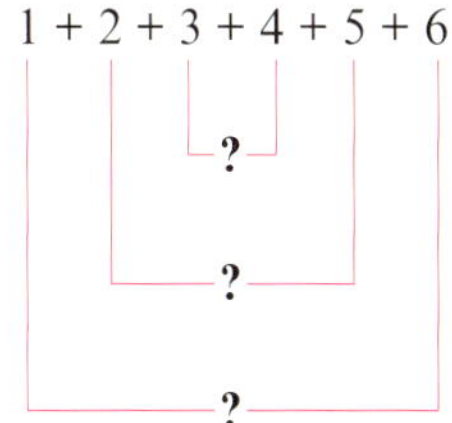

AUFGABEN ZUR WIEDERHOLUNG

1. Ermittle jeweils x.
   a) $119 + 33 = x$ **b)** $34 + x = 78$
   c) $13 \cdot x = 65$ **d)** $125 : x = 5$
   e) $x : 16 = 8$ **f)** $x \cdot x = 36$
   g) $x : 2 = 8$ **h)** $x \cdot 1 = 17$
   i) $x \cdot 0 = 0$ **j)** $x \cdot 0 = 2$

2. Wie lang ist die Strecke x?

a)
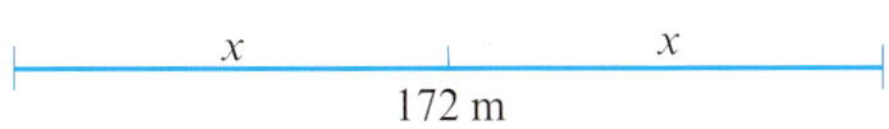

b)
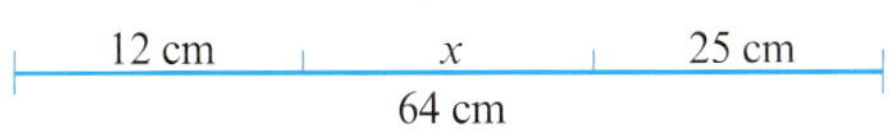

c)
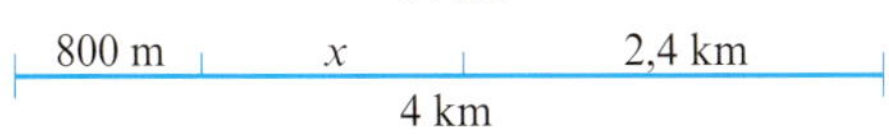

d)
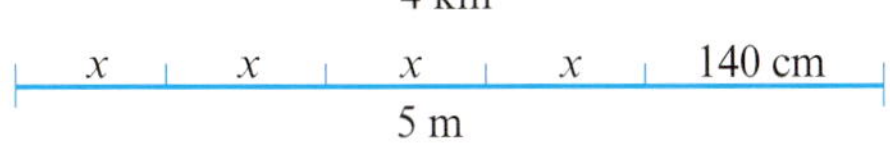

3. Welche Zahl ist x?
   a) Das Doppelte von x ist 72.
   b) Die Hälfte von x ist 35.
   c) Das Dreifache von 18 ist x.

4. Finde eine Zahl x.
   a) 640 vermindert um x ist 31.
   b) 369 vermehrt um x ist 802.
   c) Das x-fache von 12 ist 48.

5. Denk dir eine Zahl. Addiere zu dieser Zahl 2, multipliziere das Ergebnis mit 10, subtrahiere dann 10, dividiere anschließend durch 2. Vom Ergebnis subtrahiere dann 5 und dividiere anschließend noch durch 5.
   Hast du die Zahl erhalten, die du dir gedacht hast? Erkläre, woran das liegt.

Schriftliches Addieren und Subtrahieren

Die Bundesrepublik Deutschland laut Statistischem Jahrbuch 2000

Bundesland	Fläche in km²	Einwohner	Hauptstadt	Einwohner
Baden-Württemberg	35 751	10 234 000	Stuttgart	598 000
Bayern	70 547	11 863 000	München	1 256 000
Berlin	889	3 475 000	Berlin	3 475 000
Brandenburg	29 481	2 538 000	Potsdam	140 000
Bremen	404	683 000	Bremen	553 000
Hamburg	755	1 703 000	Hamburg	1 703 000
Hessen	21 114	5 967 000	Wiesbaden	270 000
Mecklenburg-Vorpommern	23 169	1 843 000	Schwerin	124 000
Niedersachsen	47 606	7 648 000	Hannover	525 000
Nordrhein-Westfalen	34 072	17 759 000	Düsseldorf	578 000
Rheinland-Pfalz	19 845	3 926 000	Mainz	185 000
Saarland	2 570	1 085 000	Saarbrücken	191 000
Sachsen	18 409	4 608 000	Dresden	481 000
Sachsen-Anhalt	20 446	2 778 000	Magdeburg	272 000
Schleswig-Holstein	15 739	2 695 000	Kiel	249 000
Thüringen	16 175	2 533 000	Erfurt	202 000

AUFGABEN

Welches Bundesland hat die größte (kleinste) Fläche? Welches Bundesland hat die meisten (wenigsten) Einwohner? Ordne die Bundesländer nach ihrer Flächengröße (Einwohnerzahl).

INFORMATION

Ein Quadrat von 100 km Kantenlänge hat einen Flächeninhalt von 10 000 km².

1

Finde zwei Bundesländer, die zusammen etwa die gleiche Fläche wie Bayern haben.

BEISPIEL

Wir berechnen die gemeinsame Fläche von Sachsen und Thüringen.

Überschlag (ohne Einheiten): 18 000 + 16 000 = 34 000.

Schriftliche Rechnung:

	1	8	4	0	9
+	1	6	1	7	5
	1			1	
	3	4	5	8	4

Beachte:
- Zahlen stellengerecht untereinander schreiben
- von rechts nach links: Ziffern pro Stelle addieren
- Einer der Summe aufschreiben
- Zehner der Summe (Übertrag) zur nächsten Stelle addieren

ERINNERE DICH

Die Kurzdarstellung ist eine Vereinfachung der Darstellung in einer Stellenwerttafel.

ZT	T	H	Z	E
1	8	4	0	9
+ 1	6	1	7	5
1			1	
3	4	5	8	4

Man rechnet:
9 E + 5 E = **14** E
oder
1 Z (Übertrag) + 4 E
0 Z + 7 Z + 1 Z = 8 Z
usw.

2

Überschlage und addiere anschließend schriftlich.

a) 247 + 332	**b)** 226 + 513	**c)** 2 652 + 1 235	**d)** 8 222 + 2 888
136 + 463	641 + 533	5 344 + 3 819	4 250 + 1 776
436 + 255	345 + 169	7 255 + 4 468	6 234 + 2 826

3

Überschlage und addiere anschließend schriftlich.

a) 632 + 154
476 + 379
675 + 286
165 + 168

b) 335 + 286
554 + 381
738 + 164
473 + 638

c) 3 400 + 883
496 + 2 063
5 302 + 129
1 436 + 786

4

Vergleiche die Summe **a)** der Flächen und **b)** der Einwohnerzahlen der folgenden Bundesländer mit deinem Bundesland. Überschlage erst und rechne dann schriftlich.

Berlin und Brandenburg
Bremen und Hamburg
Sachsen und Sachsen-Anhalt
Thüringen und Niedersachsen
Hessen und Rheinland-Pfalz
Saarland und Baden-Württemberg
Bayern und Nordrhein-Westfalen
Mecklenburg-Vorpommern und Hessen

HINWEIS
Die unterschiedlichen Flächengrößen werden auf einer Deutschlandkarte sehr anschaulich.

5

Addiere schriftlich.

a) 26 718 + 18
1 017 + 56 702
58 796 + 33

b) 721 + 123 456
5 132 + 999
29 + 568 738

c) 10 001 + 101
16 + 85 687
81 729 + 85

6

Überschlage erst das Ergebnis, rechne dann schriftlich.

a)
```
    7 689
+      85
+     161
```

b)
```
  123 567
+  87 654
+   4 321
```

c)
```
   76 982
+   1 032
+  54 315
```

7L

Überschlage und addiere anschließend schriftlich.

a) 223 + 135 + 437
541 + 239 + 126
308 + 206 + 410
111 + 333 + 555
167 + 240 + 23 + 267
307 + 508 + 706 + 62

b) 335 + 296 + 123
789 + 45 + 211
79 + 399 + 407
222 + 444 + 666
345 + 275 + 45 + 96
206 + 21 + 760 + 47

c) 4 400 + 231 + 407
3 004 + 59 + 206
6 090 + 248 + 69
1 010 + 202 + 30
3 077 + 508 + 37 + 41
33 + 107 + 69 + 990

8

Suche zu den angegebenen drei Bundesländern jeweils ein anderes Bundesland heraus, das etwa gleich viele Einwohner hat, wie die drei Bundesländer zusammen. Rechne anschließend schriftlich.

a) Berlin, Hessen, Mecklenburg-Vorpommern

b) Sachsen, Brandenburg, Sachsen-Anhalt

c) Bremen, Hamburg, Schleswig-Holstein

d) Sachsen, Bayern, Nordrhein-Westfalen

BEISPIEL

Wir berechnen den Unterschied der Flächen Sachsen-Anhalts (20 446 km^2) und Sachsens (18 409 km^2).

Überschlag: 20 400 – 18 400 = 2 000.

Schriftliche Rechnung:

	2	0	4	4	6
–	1	8	4	0	9
	1			1	
		2	0	3	7

Beachte:
- Zahlen stellengerecht untereinander schreiben
- von rechts nach links: Ziffern pro Stelle subtrahieren
- ist die obere Ziffer kleiner als die untere, dann denkt man sich eine 1 davor
- diese gedachte 1 muss in der nächsten Spalte wieder abgezogen werden

Die schriftliche Rechnung zeigt, dass Sachsen-Anhalt um 2 037 km^2 größer ist als Sachsen.

ERINNERE DICH

Die Kurzdarstellung ist eine Vereinfachung der Darstellung in einer Stellenwerttafel.

	ZT	T	H	Z	E
	2	0	4	4	6
–	1	8	4	0	9
	1			1	
		2	0	3	7

Man rechnet:
9 E + 7 E = 16 E
1 Z (Übertrag)
1 Z + 0 Z + 3 Z = 4 Z
4 H + 0 H = 4 H
8 T + 2 T = 10 T
1 ZT (Übertrag)
1 ZT + 1 ZT + 0 ZT = 2 ZT

9

Überschlage und subtrahiere anschließend schriftlich.

a) 847 – 332
536 – 479
436 – 258

b) 728 – 513
641 – 333
345 – 169

c) 2 578 – 1 235
5 344 – 3 819
7 225 – 4 468

d) 8 222 – 2 888
4 250 – 1 734
6 234 – 2 826

10

Überschlage und berechne dann schriftlich den Unterschied.

a) Fläche von
- Saarland und Berlin
- Brandenburg und Berlin
- Sachsen-Anhalt und Thüringen
- Sachsen und Mecklenburg-Vorpommern

b) Einwohnerzahlen von
- Saarbrücken und Berlin
- Potsdam und Berlin
- Magdeburg und Erfurt
- Dresden und Schwerin

11

Berechne nach einem Überschlag schriftlich den Unterschied
a) zwischen 2 073 und der Summe von 976 und 584,
b) zwischen 3 003 und der Summe von 1 506 und 809,
c) zwischen 2 073 und der Differenz von 976 und 584,
d) zwischen 3 003 und der Differenz von 1 506 und 809.

12

Bilde selbst Additions- oder Subtraktionsaufgaben und rechne schriftlich.

a) 8 005, 347
503, 817
286, 288

b) 8 040, 519
347, 639
459, 392

c) 1 706, 401
993, 599
382, 1 060

BEISPIEL
437, 264
437 + 264
437 – 264

13

Berlin hat mehr Einwohner als die Millionenstädte Hamburg und München zusammen. Wie viele Einwohner hat Berlin mehr?

Wenn in einer Subtraktionsaufgabe mehrere Zahlen zu subtrahieren sind, dann gibt es zwei mögliche Rechenwege.

BEISPIEL

Es ist die Aufgabe 791 – 156 – 387 zu lösen.

1. Rechenweg

791	635
– 156	– 387
635	248

2. Rechenweg

156	791
+ 387	– 543
543	248

791 – 156 – 387 = 248

HINWEIS

In nebenstehendem Beispiel erfolgte jeder Rechenweg in zwei Schritten.

1. Weg
- ersten Subtrahenden subtrahieren
- zweiten Subtrahenden subtrahieren

2. Weg
- die beiden Subtrahenden addieren
- die erhaltene Summe subtrahieren

Die beiden Schritte des 2. Weges lassen sich beim schriftlichen Rechnen auch gemeinsam ausführen:

	7	9	1
–	1	5	6
–	3	8	7
	1	2	
	2	4	8

14L

Überschlage und rechne anschließend schriftlich.

a) 923 – 434 – 378
536 – 99 – 408
3 584 – 1 703 – 987
4 709 – 2 083 – 2 338

b) 867 – 491 – 325
621 – 386 – 233
6 045 – 2 189 – 3 457
9 527 – 666 – 2 109

15

Kontrolliere durch schriftliches Nachrechnen, ob bei den folgenden Aufgaben die richtigen Ergebnisse angegeben sind. Ergänze die Überträge.

a)	b)	c)	d)	e)
469	787	8 053	5 030	3 650
+ 136	+ 236	+ 631	– 2 408	– 1 209
+ 587	+ 469	+ 406	– 703	– 490
1 192	82	9 080	3 335	2 051

16L

Untersuche durch schriftliches Nachrechnen im Heft, welche der Ergebnisse 1 330, 123 454 321, 107, 96 969, 150, 1 332, 2 350, 2 424, 17 280, 3 600 zu welchen Aufgaben gehören.

a)	b)	c)	d)	e)
34	652	790	695	111
970	– 125	– 166	49	222
759	– 49	– 288	373	333
+ 587	– 371	– 186	+ 213	+ 666

f)	g)	h)	i)	j)
10 101	9 999	1 234	90 000	1 123 454 320
2 020	– 101	2 345	– 23 650	– 999 999 999
30 303	– 2 020	3 456	– 47 209	
4 040	– 404	4 567	– 10 490	
+ 50 505	– 5 050	+ 5 678	– 5 051	

BEACHTE

Wenn nur addiert werden soll, braucht man das Rechenzeichen nur einmal zu schreiben.

ausführlich	kurz
34	34
+ 970	970
+ 759	759
+ 578	+ 578

17

Schreibe dem Stellenwert entsprechend untereinander und rechne dann aus.

a) 10 + 101 + 1 010 + 10 101
1 + 12 + 123 + 1 234 + 12 345
9 090 – 11 – 112 – 1 122 – 1 123

b) 9 999 – 888 – 777 – 666
4 321 – 1 234 – 2 345 + 5 432
24 679 – 7 890 – 6 342 + 664

WISSEN

Eine **Überschlagsrechnung** wird genutzt, um Sachverhalte abzuschätzen oder Rechenergebnisse zu kontrollieren. Auf welche Stelle man dabei rundet, hängt vom Zweck dieser Rechnung ab.

18

Überschlagsrechnung

Additionsaufgabe: 4 607 + 1 328	Subtraktionsaufgabe: 4 607 – 1 328
4 607 + 1 328 ≈ 4 000 + 1 000 = 5 000	4 607 – 1 328 ≈ 5 000 – 1 000 = 4 000
4 607 + 1 328 ≈ 5 000 + 2 000 = 7 000	4 607 – 1 328 ≈ 4 000 – 1 000 = 3 000
4 607 + 1 328 ≈ 5 000 + 1 000 = 6 000	4 607 – 1 328 ≈ 5 000 – 2 000 = 3 000

Das Tafelbild zeigt für eine Additions- und für eine Subtraktionsaufgabe jeweils drei Überschlagsrechnungen.

a) Erläutere, wie jeweils gerundet wurde.

b) Vergleiche die Überschlagsergebnisse mit den genauen Ergebnissen:
4 607 + 1 328 = 5 935 und 4 607 – 1 328 = 3 279.
Bei welchen Überschlagsrechnungen weicht das Überschlagsergebnis am wenigsten vom genauen Ergebnis ab?

BEACHTE

Die Abweichung zwischen dem Ergebnis einer Überschlagsrechnung und dem genauen Ergebnis kann man klein halten. Dazu:
Bei der Addition eine Zahl nach unten und die andere Zahl nach oben runden.
Bei der Subtraktion beide Zahlen nach oben oder beide Zahlen nach unten runden.

19

Führe zuerst eine Überschlagsrechnung durch, rechne dann schriftlich genau aus und vergleiche die Ergebnisse.

a) 4 320 + 8 521
2 471 – 1 939
5 062 – 3 987

b) 2 218 + 2 095 + 2 490
5 038 – 3 209 – 801
1 203 – 307 – 789

c) 5 936 – 498 + 3 029
2 068 + 835 – 2 804
2 804 – 1 270 – 835

20[L]

Welche der angegebenen Ergebnisse könnten richtig sein, welche müssen aufgrund einer Überschlagsrechnung falsch sein. Berechne auch das richtige Ergebnis.

a) 3 531 + 489 + 2 107 (Ergebnisse: 7 127, 6 127, 5 127)
b) 5 279 + 2 037 + 6 731 (Ergebnisse: 13 098, 20 107, 14 047)
c) 15 643 + 42 115 – 11 529 (Ergebnisse: 46 229, 38 119, 39 799)
d) 57 568 – 43 126 – 5 493 (Ergebnisse: 5 149, 9 049, 8 949)
e) 87 431 – 17 642 + 10 569 (Ergebnisse: 75 058, 81 358, 86 558)
f) 94 117 – 27 621 – 62 936 (Ergebnisse: 1 560, 2 560, 3 230)
g) 50 048 – 25 111 + 5 011 (Ergebnisse: 30 500, 30 000, 29 500)

21[L]

Übertrage die Aufgaben ins Heft und fülle die Leerstellen aus.

a)	b)	c)	d)	e)
2 5 4 3	7 3 4 5	1 ▢ ▢ 7	1 7 6 1 3	3 ▢ 6 5
▢ ▢ ▢ ▢	− ▢ ▢ ▢ ▢	4 3 2 1	− ▢ ▢ ▢ ▢	8 3 ▢ 7
+ 9 4 1 7	3 4 7 7	+ ▢ ▢ ▢ ▢	9 0 3 7	+ 5 9 6 ▢
1 8 7 4 9		9 9 9 9		▢ ▢ 3 0 8

22

Wie viele Jahre ist es her, dass folgende Erfindungen gemacht bzw. Höchstleistungen vollbracht wurden?

a) 1969 Erste Mondlandung
b) 1957 Erster künstlicher Satellit (Sputnik) im Weltall
c) 1941 Erster programmgesteuerter Rechenautomat Z3 von Konrad Zuse
d) 1928 Erfindung des Penicillin durch Alexander Fleming
e) 1903 Erster Motorflug durch Wilbur und Orville Wright
f) 1876 Erfindung des Viertaktmotors durch Nikolaus Otto
g) 1854 Erfindung der elektrischen Glühlampe durch Heinrich Goebel
h) 1765 Erfindung der Dampfmaschine durch James G. Watt
i) 1623 Erste Vierspeziesrechenmaschine von W. Schickhardt (vgl. S. 64)
j) 1445 Erfindung des Buchdrucks durch Johannes Gutenberg

23

Wie alt sind die folgenden Personen geworden?
Finde mithilfe eines Lexikons etwas über ihre Lebensgeschichte heraus.

	Name	geboren	gestorben
a)	Albrecht Dürer	* 21.05.1471 Nürnberg	† 06.04.1528 Nürnberg
b)	Nikolaus Kopernikus	* 19.02.1472 Thorn	† 24.05.1543 Frauenburg
c)	Gottfried W. Leibniz	* 01.07.1646 Leipzig	† 14.11.1716 Hannover
d)	Leonhard Euler	* 15.04.1707 Basel	† 18.09.1783 St. Petersburg
e)	Carl Friedrich Gauß	* 30.04.1777 Braunschweig	† 23.02.1855 Göttingen
f)	Sofja Kowalewskaja	* 03.01.1850 Moskau	† 10.02.1891 Stockholm
g)	Marie Curie	* 07.11.1867 Warschau	† 04.07.1934 Sancellmoz
h)	Emmy Noether	* 23.03.1882 Erlangen	† 14.04.1935 Bryn Mawr
i)	David Hilbert	* 23.01.1862 Königsberg	† 14.02.1934 Göttingen
j)	Albert Einstein	* 14.03.1879 Ulm	† 18.04.1955 Princeton

Emmy Noether

24

Ein Schulgebäude wird an den 5 Unterrichtstagen einer Woche jeweils von 7.50 Uhr bis 13.00 Uhr und von 14.00 Uhr bis 15.35 Uhr für den Unterricht genutzt. Es ist jeden Unterrichtstag 30 Minuten vor Unterrichtsbeginn, 1 Stunde über Mittag und 45 Minuten nach Unterrichtsschluss geöffnet.

a) Wie viele Stunden und Minuten ist das Schulgebäude an einem Unterrichtstag geöffnet?
b) Wie viele Stunden und Minuten ist das Schulgebäude in einer Unterrichtswoche geschlossen (Zeit des Unterrichts)?
c) Erkundige dich nach den genauen Öffnungszeiten deines Schulgebäudes an einem Unterrichtstag.

Albert Einstein

Multiplizieren und Dividieren

1

Die Klasse 5c plant eine große Fahrt mit einem Schiff auf der Elbe. Ingo sammelt deshalb von jedem Mitschüler 6 € ein. Soeben hat er die letzten fünf Beiträge erhalten und rechnet zusammen, wie nebenstehend zu sehen. Warum ist das umständlich? Wie würdest du rechnen?

	6	€
	6	€
	6	€
	6	€
+	6	€
	30	€

WISSEN

Die Addition gleicher Summanden kann zu einer **Multiplikation** verkürzt werden.

2

Verwandle in eine Multiplikation und berechne (im Kopf).

a) 25 + 25 + 25
b) 12 + 12 + 12 + 12 + 12
c) 134 + 134 + 134 + 134 + 134 + 134
d) 2 + 2 + 2 + 2 + 2 + 2 + 2 + 2 + 2 + 2 + 2 + 2

BEISPIEL
$7 + 7 + 7 = 3 \cdot 7$

3

Übertrage die Multiplikationstabellen ins Heft. Berechne die Produkte.
Zur Kontrolle ist die Summe aller Lösungen rot eingetragen. Kontrolliere.

a)

140	12	16
3	■	
2		

b)

325	8	5
11		
14		

c)

260	11	15
6		
4		

d)

336	13	15
5		
7		

BEISPIEL
■ $= 3 \cdot 12 = 36$

4

In einem Schnellrestaurant steht ein Getränkeautomat, der durch Drücken je eines Knopfes Kaffee, Tee oder Kakao liefert. Dabei kann man über Tasten auch noch festlegen, ob man eine Tasse oder ein Kännchen haben will. Wie viele verschiedene Möglichkeiten stehen insgesamt zur Auswahl?

5[L]

Die Sprecher(innen) der Klassen 5a bis 5e treffen sich und begrüßen einander durch Handschlag. Wie oft treffen sich dabei zwei Hände?

6[L]

Frau Meier schaut in den Schrank. Dort befinden sich vier Jacken, drei Röcke und zwei Hüte.
In wie vielen verschiedenen Kombinationen kann sie damit Eindruck machen?

1. Entscheidung:
Eine von 4 Jacken
2. Entscheidung:
Einen von 3 Röcken
3. Entscheidung:
Einen von 2 Hüten

WISSEN

Fachworte zum **Multiplizieren** bzw. zur **Multiplikation**

3 · 7 = 21

Faktor mal Faktor gleich Produkt

BEACHTE
Auch 3 · 7 nennt man ein Produkt.

7

Berechne die folgenden Produkte im Kopf.

a) 4 · 17 **b)** 19 · 8 **c)** 30 · 12 **d)** 71 · 5 **e)** 3 · 800
f) 9 · 22 **g)** 30 · 40 **h)** 15 · 15 **i)** 25 · 11 **j)** 3 · 4 · 5

8

Zerlege die Zahlen in zwei Faktoren.

a) 40, 22, 91, 35, 200, 88, 121, 17 **b)** 25, 51, 39, 2000, 244, 512, 5, 87

BEISPIEL
28 = 4 · 7

9

Wie ändert sich das Produkt zweier Zahlen, wenn

a) der erste Faktor verdoppelt wird;
b) der zweite Faktor auf die Hälfte verringert wird;
c) der erste Faktor halbiert und der zweite Faktor verdoppelt wird;
d) ein Faktor verdoppelt und der andere verdreifacht wird;
e) ein Faktor vervierfacht und der andere halbiert wird?

TIPP
Probiere mit selbst gewählten Zahlenbeispielen.

10

Übertrage die Tabelle in dein Heft und fülle die Lücken aus.

erster Faktor	8		32		125	25
zweiter Faktor	12	15		200		25
Produkt		120	128	10000	2000	

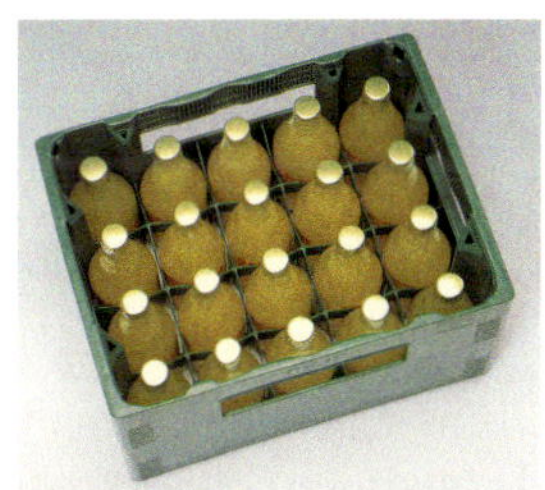

11

a) Addiere das Produkt von 9 und 4 zur Differenz von 60 und 46.
b) Subtrahiere vom Produkt der Zahlen 7 und 8 deren Summe.
c) Bilde das Produkt aus Summe und Differenz der Zahlen 18 und 12.

12

Wie viele Flaschen passen in die rechts abgebildeten Getränkekisten?
Kennst du noch andere Arten von Getränkekisten?

13

Eine Schule erhält täglich 20 Kartons mit je 24 Flaschen Milch.
Wie viele Flaschen Milch sind das in einer Woche?

14

Rechne geschickt.

a)	$6 \cdot 21$	**b)**	$8 \cdot 49$	**c)**	$25 \cdot 21$	**d)**	$20 \cdot 19$	**e)**	$8 \cdot 61$
	$11 \cdot 35$		$9 \cdot 17$		$31 \cdot 4$		$31 \cdot 6$		$19 \cdot 17$
	$4 \cdot 119$		$6 \cdot 201$		$8 \cdot 59$		$999 \cdot 12$		$1\,002 \cdot 7$

BEISPIELE

$7 \cdot 31 = 7 \cdot 30 + 7 \cdot 1$
$= 210 + 7$
$= 217$

$5 \cdot 59 = 5 \cdot 60 - 5 \cdot 1$
$= 300 - 5$
$= 295$

15

Berechne im Kopf und notiere die Ergebnisse im Heft.

a)	$12 \cdot 10$	**b)**	$20 \cdot 40$	**c)**	$50 \cdot 200$	**d)**	$400 \cdot 200$	**e)**	$100 \cdot 200$
	$100 \cdot 30$		$25 \cdot 400$		$300 \cdot 40$		$7 \cdot 600$		$900 \cdot 300$
	$20 \cdot 300$		$800 \cdot 300$		$70 \cdot 2\,000$		$30 \cdot 5\,000$		$1\,400 \cdot 50$
f)	$100 \cdot 150$	**g)**	$400 \cdot 300$	**h)**	$1\,550 \cdot 200$	**i)**	$5\,000 \cdot 300$	**j)**	$1\,000 \cdot 250$
	$200 \cdot 3\,000$		$1\,250 \cdot 40$		$6\,000 \cdot 300$		$40 \cdot 50\,000$		$60 \cdot 40\,000$
	$200 \cdot 300$		$600 \cdot 5\,000$		$30 \cdot 12\,000$		$20 \cdot 50\,000$		$1\,000 \cdot 800$

BEACHTE

Zahlen mit Nullen am Ende kann man ganz leicht multiplizieren.
$40 \cdot 500 = ?$
Rechne $4 \cdot 5 = 20$ und hänge 3 Nullen an.
20 000

16

Löse die Aufgaben. Warum sind einige besonders leicht zu lösen?

a)	$12 \cdot 2$	**b)**	$205 \cdot 4$	**c)**	$25 \cdot 11$	**d)**	$1 \cdot 890$	**e)**	$12\,345 \cdot 0$
	$12 \cdot 1$		$205 \cdot 0$		$3\,000 \cdot 0$		$7 \cdot 60$		$0 \cdot 1$
	$12 \cdot 0$		$1 \cdot 205$		$0 \cdot 217$		$305 \cdot 1$		$0 \cdot 0$

WISSEN

Für alle natürlichen Zahlen a gilt: $\boldsymbol{a \cdot 1 = a}$ und $\boldsymbol{a \cdot 0 = 0}$.

Ist ein Faktor 1, so ist das Produkt gleich dem anderen Faktor.

Ist ein Faktor 0, so ist das Produkt 0.

17

Zum Fuhrpark einer Großstadt gehören 78 Busse mit je 54 Sitzplätzen. Ilona behauptet, das wären zusammen 5 212 Sitzplätze.
Überprüfe dies durch eine Überschlagsrechnung.

18

Überschlage im Kopf und notiere das Ergebnis im Heft.

a)	$580 \cdot 720$	**b)**	$5007 \cdot 198$	**c)**	$713 \cdot 96$	**d)**	$2\,100 \cdot 29$
	$630 \cdot 18$		$11 \cdot 190$		$180 \cdot 520$		$199 \cdot 299$
	$4\,000 \cdot 49$		$407 \cdot 301$		$25 \cdot 35$		$7\,654 \cdot 419$

HINWEIS

Um die Abweichung beim Überschlag gering zu halten, kann man einen Faktor aufrunden und den anderen abrunden.
Das kennen wir schon von der Addition.

19

Fünf der sechs Aufgaben sind falsch berechnet worden. Finde sie. Vier falsche Ergebnisse kannst du durch eine Überschlagsrechnung entdecken.

$722 \cdot 781 = 56\,382$	$1200 \cdot 11 = 13\,200$	$997 \cdot 41 = 40\,871$
$378 \cdot 416 = 15\,728$	$150 \cdot 350 = 125\,500$	$87\,006 \cdot 32 = 278\,192$

BEISPIEL

In der Klasse 5 a sind 30 Schüler. Für einen Ausflug wird ein Bus bestellt.

a) Wie viel müsste jeder der 30 Schüler zahlen, wenn der Bus 240 € kostet?

b) Der Bus hat 50 Plätze, deshalb können noch Schüler aus Parallelklassen mitfahren. Wie viele Schüler sind es insgesamt, wenn jeder 6 € zahlt?

Beide Antworten der Aufgabe erhält man durch Dividieren:

a) 240 € : 30 = 8 €

Hier wird 240 € in 30 gleich große Teile zerlegt und angegeben, wie groß ein jeder dieser 30 Teile ist. Man sagt kurz: 240 Euro geteilt durch 30 gleich 8 Euro.

Kontrolle: 8 € · 30 = 240 €

b) 240 € : 6 € = 40

Hier muss festgestellt werden, wie oft 6 € in 240 € enthalten sind. Man sagt: 6 Euro sind in 240 Euro 40-mal enthalten.

Kontrolle: 40 · 6 € = 240 €

Bei der Kontrolle nutzt man aus, dass Dividieren und Multiplizieren **Umkehroperationen** (umgekehrte Rechenarten) zueinander sind.

20

Ein Computer kostet 1 200 €, wobei der Betrag in 30 Monatsraten zu zahlen ist. Wie hoch ist die monatliche Rate?

21

Eine 48 m hohe Aussichtsplattform ist über eine Wendeltreppe mit 300 Stufen zu erreichen. Wie hoch ist eine Treppenstufe?

TIPP
Rechne erst Meter in Zentimeter um.

22

Ein Markthändler hat 720 Eier in Kartons verpackt. Üblich sind Kartons mit sechs oder zehn Eiern. Wie viele Kartons hat er, wenn er die Eier **a)** nur in Sechserkartons, **b)** nur in Zehnerkartons oder **c)** die Hälfte der Eier in Sechserkartons und die andere Hälfte in Zehnerkartons verpackt?

23

Juttas große Schwester fährt gerne Rad. In ihren dreiwöchigen Ferien ist sie mit ihrer Freundin von Brandenburg über Magdeburg nach Dresden geradelt und hat dabei 840 km zurückgelegt. Wie viele Kilometer hat sie im Durchschnitt an einem Tag zurückgelegt?

24

Dividiere und kontrolliere das Ergebnis.

a) 72 : 9	**b)** 320 : 16	**c)** 108 : 12	**d)** 90 : 15	**e)** 136 : 8
56 : 7	39 : 13	84 : 6	99 : 9	35 : 7
90 : 5	57 : 3	121 : 11	162 : 9	136 : 17

25

Ute hat eine Zeitschrift abonniert, die monatlich erscheint. Sie zahlt dafür 48 € im Jahr. Am Kiosk kostet ein Heft 4,25 €. Was spart sie?

26[L]

Wie oft passt … in …?

a) 16 m in 80 m	**b)** 5 € in 210 €	**c)** 17 kg in 680 kg
125 mm in 1 000 mm	12 s in 20 min	125 g in 10 kg
500 m in 10 km	20 min in 2 h	3 g in 9 kg

BEISPIEL
Wie oft passt 12 m in 72 m?
Rechenweg:
72 m : 12 m = 6
Antwort: 6-mal

BEISPIEL

Silke, Christina und Thomas erhielten von Onkel Theo zusammen 50 € geschenkt. Wie viel Euro erhält jeder?

Die Division ergibt hier einen **Rest**: Es bleiben 2 € übrig.

Wir schreiben: 50 € : 3 = 16 € + 2 € : 3

Kontrolle: 16 € · 3 + 2 € = 48 € + 2 € = 50 €

Man findet auch die Schreibweise 50 € : 3 = 16 € Rest 2 €.
Diese Schreibweise kann aber zu Fehlschlüssen führen.

27

Dividiere und kontrolliere das Ergebnis.

a) 62 : 9	**b)** 120 : 7	**c)** 108 : 11	**d)** 90 : 14	**e)** 136 : 9
24 : 7	100 : 32	205 : 40	350 : 90	50 : 7
10 : 4	57 : 10	600 : 125	100 : 12	400 : 6

BEISPIEL
37 : 5 = 7 + 2 : 5
Kontrolle:
7 · 5 + 2 = 35 + 2 = 37

28

Wie oft kann man subtrahieren und welcher Rest bleibt jeweils?

a) 15 m von 50 m	**b)** 4 kg von 30 kg	**c)** 20 l von 250 l
3 cm von 4 m	7 min von 2 h	150 g von 1 kg
8 s von 1 min	35 ct von 4 €	625 m von 2 km

BEISPIEL
7 kg von 41 kg
Schreibe einfach:
41 kg = 5 · 7 kg + 6 kg

29

Dividiere nacheinander durch die angegebenen Zahlen.

a) 12 durch 2, 3, 4, 6 **b)** 30 durch 2, 3, 5, 6 **c)** 64 durch 2, 3, 4, 8, 16
d) 18 durch 2, 3, …, 9 **e)** 96 durch 2, 3, …, 12 **f)** 60 durch 2, 3, …, 15

WISSEN

Fachworte zum **Dividieren** bzw. zur **Division**

12	:	4	=	3
Dividend	durch	Divisor	gleich	Quotient

BEACHTE
Auch 12 : 4 nennt man einen Quotienten.

30

a) Berechne den Quotienten der Zahlen 48 und 4.
b) Der Dividend ist 52 und der Quotient 13. Wie heißt der Divisor?
c) Der Quotient ist 24 und der Divisor 9. Wie lautet der Dividend?

31

Wie ändert sich der Quotient zweier Zahlen, wenn man
a) den Dividenden verdreifacht (verdoppelt, halbiert);
b) den Dividenden verdoppelt und den Divisor halbiert;
c) den Dividenden verdoppelt und den Divisor verdoppelt?

32

Übertrage die Tabelle in dein Heft und fülle die Lücken aus.

Dividend	84		32		1 250	2 500
Divisor	12	5		200		2 500
Quotient		120	8	100	50	

BEACHTE
Nullen am Ende von Dividend und Divisor kann man paarweise weglassen.
60 : 20
= 6 : 2 = 3
4 000 : 500
= 40 : 5 = 8
210 000 : 30 000
= 21 : 3 = 7

33

a) Addiere zum Quotienten aus 32 und 8 die Differenz aus diesen beiden Zahlen.
b) Subtrahiere den Quotienten aus 60 und 12 vom Produkt der Zahlen 11 und 6.
c) Dividiere das Produkt der Zahlen 12 und 6 durch den Quotienten dieser Zahlen.

34

Rechne im Kopf und notiere die Ergebnisse ins Heft.

a)	b)	c)	d)	e)
800 : 2	560 : 80	8 000 : 800	12 000 : 40	7 300 : 7 300
350 : 70	40 : 20	9 000 : 1 500	18 000 : 90	100 000 : 250
120 : 6	900 : 30	7 200 : 400	1 210 : 11	100 000 : 50 000

35

Überschlage im Kopf und notiere das Ergebnis im Heft.

a)	b)	c)	d)	e)
375 : 19	140 : 12	181 : 29	450 : 9	635 : 71
622 : 11	99 : 26	146 : 16	656 : 82	288 : 32
39 078 : 13	1 332 : 69	3 450 : 68	12 050 : 608	88 913 : 148

Schriftliches Multiplizieren

> **HINWEIS**
> Das schriftliche Multiplikationsverfahren nutzt das Distributivgesetz aus.

1

a) Berechne die Produkte: $512 \cdot 300$; $512 \cdot 50$; $512 \cdot 4$.
b) Addiere die Ergebnisse von a).
c) Überschlage das Ergebnis von $512 \cdot 354$.

BEISPIEL

$416 \cdot 324 = 416 \cdot (300 + 20 + 4) = 416 \cdot 300 + 416 \cdot 20 + 416 \cdot 4$

Ausführlich:

4	1	6	·	3	2	4
	1	2	4	8	0	0
+			8	3	2	0
+			1	6	6	4
		1	1			
	1	3	4	7	8	4

$416 \cdot 300 = 124\,800$
$416 \cdot 20 = 8\,320$
$416 \cdot 4 = 1\,664$

Verkürzt:

4	1	6	·	3	2	4
	1	2	4	8		
+			8	3	2	
+			1	6	6	4
		1	1			
	1	3	4	7	8	4

> **BEACHTE**
> Schreibe die Zahlen stellengerecht untereinander.
> Führe eine Überschlagsrechnung durch.
> Hier ergibt sich $400 \cdot 300 = 120\,000$.

2

Überschlage und rechne schriftlich.

a) 308 · 527	**b)** 211 · 749	**c)** 2 345 · 39	**d)** 617 · 65
67 · 195	846 · 704	555 · 222	95 · 126
19 · 777	925 · 26	753 · 135	99 · 99

3

Berechne schriftlich.

a) 6 436 · 8	**b)** 357 · 209	**c)** 333 · 567	**d)** 307 · 467
501 · 719	38 · 5 147	88 · 2 002	99 · 1 047
31 245 · 9	119 · 234	88 888 · 8	617 · 243

BEISPIEL

Manchmal ergibt sich durch eine geschickte Vertauschung der Faktoren eine leichtere Rechnung (Anwendung des Kommutativgesetzes).

Statt 508 · 734 rechnet man	oder kurz	Statt 27 · 4 323 rechnet man	Statt 333 · 958 rechnet man
734 · 508	734 · 508	4323 · 27	958 · 333
3670	36700	8646	2874
000	5872	30261	2874
5872	1	1	2874
1	372872	116721	1121
372872			319014

> **TIPP**
> Als zweiten Faktor sollte man diejenige Zahl wählen, die
> – Nullen enthält;
> – weniger Stellen hat;
> – gleiche Ziffern hat.

4

Berechne schriftlich und überschlage das Ergebnis.

a) $16 \cdot 76$, $576 \cdot 68$, $699 \cdot 11$
b) $89 \cdot 98$, $634 \cdot 66$, $569 \cdot 29$
c) $77 \cdot 64$, $944 \cdot 18$, $804 \cdot 17$
d) $4721 \cdot 83$, $60126 \cdot 42$, $47742 \cdot 77$

e) $74 \cdot 6332$, $12045 \cdot 45$, $50144 \cdot 96$
f) $22 \cdot 8536$, $17 \cdot 54092$, $98765 \cdot 98$
g) $25 \cdot 198$, $88 \cdot 324$, $256 \cdot 262$
h) $39 \cdot 451$, $97 \cdot 503$, $189 \cdot 577$

5

Berechne schriftlich und überschlage das Ergebnis.

a) $1424 \cdot 377$, $4422 \cdot 828$, $21384 \cdot 325$, $31205 \cdot 505$
b) $3209 \cdot 411$, $1991 \cdot 991$, $12077 \cdot 412$, $51245 \cdot 307$
c) $4221 \cdot 801$, $5008 \cdot 876$, $40307 \cdot 222$, $44444 \cdot 333$

d) $18025 \cdot 5250$, $222475 \cdot 3003$, $320407 \cdot 1112$, $1234567 \cdot 6011$
e) $20505 \cdot 2106$, $123321 \cdot 2072$, $405504 \cdot 2323$, $1434423 \cdot 344$
f) $44024 \cdot 5005$, $89704 \cdot 4079$, $303030 \cdot 3333$, $1377734 \cdot 7734$

6

Schreibe die Tabellen in dein Heft und fülle sie aus. Berechne alle Produkte.

a)

•	12	69	307	685
13		897		
31				
189				
702				

b)

•	14	58	207	515
12				
21				
199				
653				

7

Aufgaben mit Pfiff

a) Berechne der Reihe nach die Produkte von 142 857 mit 2, 3, …, 6.
Welche Besonderheit lässt sich bei den Ziffern der Produkte feststellen?

b) Berechne mithilfe von a) $142857 \cdot 132645$.
Welche Merkwürdigkeit entsteht? Kannst du andere Zahlen angeben, bei denen als 2. Faktor dasselbe passiert?

c) Multipliziere 12 345 679 der Reihe nach mit den Vielfachen von 9 (bis $81 = 9 \cdot 9$).

d) Was ergibt $12345679 \cdot 8$?

e) Berechne $1371742 \cdot 9$.
Sage damit das Ergebnis von $13717421 \cdot 9$ voraus.

WUSSTEST DU SCHON?

So multiplizierten die alten Ägypter $17 \cdot 26$:
Zunächst wird die Zahl 26 verdoppelt, vervierfacht usw.
Aus den Vielfachen wird dann der andere Faktor, hier 17, zusammengesetzt (rot markiert) und die zugehörigen Zahlen werden addiert.

1	**26**
2	52
4	104
8	208
16	**416**
17	442

Ergebnis:
$17 \cdot 26 = 442$

AUFGABE

Berechne genauso $14 \cdot 17$.

8

a) Multipliziere 78 mit 6239 und 87 mit 5184.
b) Berechne das Produkt von 4402 und 27 und von 3608 und 23.
c) Multipliziere die Zahl 364 mit sich selbst und mit ihrem Doppelten sowie mit ihrem 4. Teil.
d) Multipliziere die Summe von 98 und 347 sowie die Differenz von 254 und 68 mit 85.
e) Addiere zum Produkt der Zahlen 379 und 81 das Produkt der Zahlen 244 und 52.

9

Löse die Gleichungen. Führe die Nebenrechnung schriftlich aus.

a) $x : 12 = 58$ **b)** $x : 77 = 89$ **c)** $x : 123 = 12$
d) $697 = x : 139$ **e)** $2458 = x : 472$ **f)** $30015 = x : 2020$

TIPP
$x : 12 = 58$
ist gleichwertig zu
$x = 58 \cdot 12$

10

Stelle jeweils eine Gleichung auf und löse sie.
a) Gesucht wird das Produkt von 87 und 99.
b) Teile eine Zahl durch 12 und erhalte 12.
c) Wie oft passt die Zahl 121 in 727?
d) Dividiert man eine Zahl durch 67, so erhält man 875.
e) Der Quotient aus einer Zahl und 276 ist 19.
f) Eine Zahl geteilt durch 17 ist genauso groß wie die Hälfte von 250.
g) Teile eine Zahl durch 125 und erhalte 8.
h) Dividiert man eine Zahl durch das Doppelte von 256, so erhält man das 6fache von 32.

11

Wie ändert sich das Produkt zweier Zahlen, wenn man
a) den ersten Faktor verdreifacht und den zweiten Faktor vervierfacht;
b) beide Faktoren verdoppelt;
c) beide Faktoren halbiert;
d) den ersten Faktor durch 4 teilt und den zweiten mit 8 multipliziert?

12

Eine Kassette enthält 120 Goldmünzen, 250 Silbermünzen und 810 Kupfermünzen. Jede Goldmünze wiegt 16 g, eine Silbermünze 21 g und jede Kupfermünze 8 g. Die Kassette wiegt 450 g.
Wie schwer ist der gesamte Schatz?

13

In einer Fabrik werden Knödel verpackt und verladen. Jedes Päckchen enthält 6 Knödel, 12 Päckchen kommen in ein Paket, eine Palette fasst 60 Pakete. Der Lieferwagen wird von einem Gabelstapler mit 25 Paletten beladen.
Wie viele Knödel werden ausgeliefert, wie viele Päckchen sind das?

14

Knobelecke
Berechne die Produkte und ersetze im Ergebnis die Ziffern durch die angegebenen Buchstaben. Es ergeben sich vier Lösungsworte.

1 = A	2 = X	3 = G	4 = F	5 = I
6 = N	7 = T	8 = S	9 = E	0 = R

a) 500 207 · 7 **b)** 40 883 · 12
c) 9 587 · 196 **d)** 7 591 · 5 966

15

Der Schall legt in Luft in jeder Sekunde etwa 333 m zurück.
a) Welche Strecke legt er in 12 Sekunden, in 20 Sekunden, in einer Minute zurück?
b) Bei einem Gewitter entsteht der Donner zur selben Zeit wie der Blitz. Wie weit ist das Gewitter entfernt, wenn du 3 Sekunden, 14 Sekunden, 23 Sekunden nach dem Blitz den Donner hörst?

16

a) Wie viel Sekunden hat ein Tag, ein Jahr (365 Tage)?
b) Wie viel Minuten hat ein Tag, ein Jahr?
c) Das Licht legt in einer Sekunde etwa 300 000 km zurück. Wie viel Kilometer legt es in einer Minute, einem Tag, einem Jahr zurück?
d) Das Licht braucht von der Sonne zur Erde 500 Sekunden. Berechne den Abstand Sonne–Erde in Kilometern.

WUSSTEST DU SCHON?
Die Strecke, die das Licht in einem Jahr zurücklegt, heißt ein Lichtjahr. Der uns (nach der Sonne) am nächsten liegende Fixstern ist Alpha-Centauri mit 4 Lichtjahren Entfernung. Es gibt Sterne, die sind von der Erde über 1 Milliarde Lichtjahre entfernt.

METHODE

Mit dem Taschenrechner arbeiten

Willst du deinen Taschenrechner einsetzen, um dir das Rechnen zu erleichtern, musst du ihn genau kennen.
Probiere am besten aus, was er alles kann.

- Wie kannst du ihn ein- und ausschalten?
- Mit welchen Tasten kannst du Klammern setzen?
- Welche Tasten ermöglichen das Speichern von Ergebnissen?
- Wie kannst du Gespeichertes wieder aufrufen?
- Kann dein Taschenrechner mit Rest rechnen?

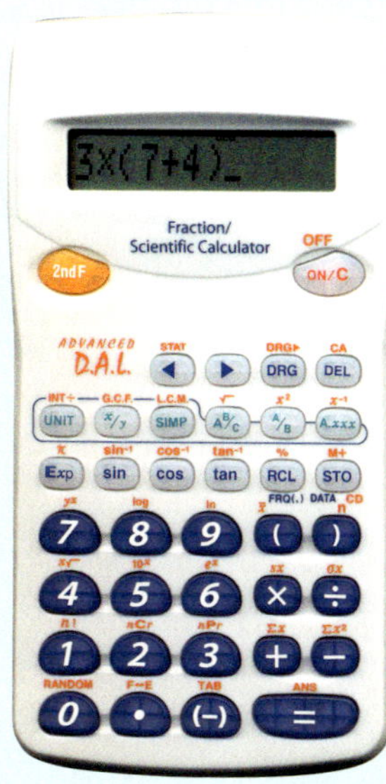

Übrigens! Auch ein Taschenrechner schützt dich nicht vor Fehlern. Stell dir vor, du solltest 15 · 28 rechnen und dein Taschenrechner zeigt als Ergebnis 140 an.
Das kann ja wohl nicht stimmen, denn 10 · 28 ist schon 280.
Da wirst du wohl bei der Eingabe statt 15 nur 5 eingegeben haben.
Durch einen Überschlag kannst du dich vor solchen Fehlern schützen.

Merke: **Mache immer einen Überschlag und vergleiche mit dem Ergebnis.**

Schriftliches Dividieren

1

a) Zwei Freunde teilen sich 65 688 €.
b) Ein Lotteriegewinn von 4 554 € soll auf 3 Personen verteilt werden.

BEISPIEL

6 183 € sind auf 9 Personen zu verteilen.

Überschlag: 6 000 : 10 = 600

Schriftliche Rechnung:

6 1 8 3 : 9 = 6 8 7
5 4 ← 6 · 9
  7 8
  7 2 ← 8 · 9
    6 3
    6 3 ← 7 · 9
      0

Inhaltliche Überlegungen:
Jeder erhält mehr als 600 € und weniger als 700 €, also 9 · 600 € = 5 400 €, verbleibender Rest: 784 €.

Jeder erhält vom Rest mehr als 80 € und weniger als 90 €, also 9 · 80 € = 720 €, verbleibender Rest: 63 €.

Der Rest ist durch 9 teilbar: 63 € : 9 = 7 €.

Also erhält jede Person
600 € + 80 € + 7 € = 687 €.

2

a) Wie viele CDs wurden bei einer Werbeaktion für je 13 € verkauft, wenn insgesamt hierfür 2 015 € eingenommen wurden?
b) Kann man einen Zuschuss von 87 € auf 14 Teilnehmer einer Jugendfahrt gerecht und ohne Rest aufteilen?

BEISPIELE

für die Division mit und ohne Rest

Ü : 3 900 : 30 = 130

3741 : 29 = 129
29
 84
 58
 261
 261
   0

Kontrolle:
129 · 29
  258
 1 161
 3 741

Ü : 8 000 : 40 = 200

8112 : 39 = 208
78
 31
  0
 312
 312
   0

Kontrolle:
39 · 208
  780
   312
 8 112

Ü : 900 : 50 = 18

871 : 48 = 18 + 7 : 48
48
391
384
  7

Kontrolle:
48 · 18
  48
 384
 864
+ 7
 871

HINWEISE
Die Überträge wurden bei den Beispielen im Kopf ausgeführt und deshalb nicht aufgeschrieben.
Das zweite Beispiel kann kürzer geschrieben werden:

8 112 : 39 = 208
78
 312
 312
   0

3

Überschlage, dividiere (ohne Rest) und kontrolliere mit dem TR.

a) 252 : 7; 4 578 : 3; 14 780 : 4; 167 265 : 5
b) 333 : 9; 3 948 : 4; 34 910 : 5; 484 024 : 8
c) 784 : 8; 2 646 : 6; 17 228 : 4; 898 992 : 9
d) 798 : 6; 3 234 : 7; 19 663 : 7; 120 216 : 6

4

Überschlage, dividiere (ohne Rest) und kontrolliere mit dem TR.

a) 300 : 12; 961 : 31; 9 917 : 47
b) 540 : 15; 999 : 27; 1 856 : 32
c) 741 : 19; 7 308 : 36; 3 519 : 51
d) 528 : 24; 9 696 : 48; 7 298 : 89

e) 46 944 : 18; 888 300 : 45; 12 643 : 47
f) 35 712 : 24; 217 776 : 13; 26 659 : 53
g) 45 291 : 31; 864 936 : 72; 15 996 : 62

5

Überschlage, dividiere (mit Rest) und kontrolliere mit dem TR.

a) 67 : 3; 113 : 7; 1 108 : 3
b) 98 : 4; 257 : 6; 1 933 : 4
c) 87 : 6; 483 : 8; 2 474 : 9
d) 79 : 8; 811 : 2; 3 809 : 6

e) 213 : 11; 4 283 : 37; 19 516 : 16
f) 517 : 18; 7 305 : 49; 36 217 : 24
g) 704 : 24; 8 115 : 63; 21 435 : 41
h) 953 : 38; 5 100 : 91; 22 884 : 89

6

Berechne den Rest im Kopf. Dividiere dann ausführlich.

a) 513 : 2; 670 : 30; 857 : 50; 1 939 : 19
b) 392 : 3; 1 817 : 60; 920 : 75; 8 702 : 29
c) 724 : 8; 914 : 60; 2 766 : 25; 9 450 : 47
d) 364 : 5; 763 : 25; 4 099 : 40; 10 000 : 99

7

Übertrage die Tabellen ins Heft und vervollständige sie.

a)

•	12		
			369
18		450	738
	408		
	936		

b)

•			49	
	143			
31	341	868		
			2 401	
75				6 375

NACHGEDACHT

Bilde das Produkt der Zahlen 5, 7 und 11. Prüfe Folgendes nach: Das Produkt kann man durch die Zahlen 5, 7, 11, 35, 55 und 77 ohne Rest teilen. Findest du die kleinste Zahl, die sich durch 4, 6 und 11 ohne Rest teilen lässt? Durch welche Zahlen kann sie noch ohne Rest geteilt werden?

ZUM KNOBELN

Wer bin ich? Ich bin eine Zahl, die kleiner als 500 ist. Man kann mich durch 2, 3, 4, 5, 6 und 7 ohne Rest dividieren. Erst bei der Division durch 8 lasse ich einen Rest. Welchen?

BEISPIELE

■ = 18 · 12 = 216
18 · ■ = 450, also
■ = 450 : 18 = 25

8

a) Dividiere 9 744 durch 87 und 6 148 durch 58.
b) Berechne den Quotienten von 19 312 und 17 sowie von 23 520 und 21.
c) Dividiere die Summe der Zahlen 648 und 120 durch 24 und dann durch 48.
d) Was ergibt der Quotient aus 11 625 und der Summe von 41 und 52?
e) Wie groß ist der Quotient aus 17 375 und der Differenz von 217 und 192?

9

Löse die Gleichungen. Führe die Nebenrechnung schriftlich aus.

a) $x \cdot 12 = 3\,060$ **b)** $24 \cdot x = 2\,856$ **c)** $37 \cdot x = 666$
d) $x \cdot 39 = 819$ **e)** $17 \cdot x = 3\,026$ **f)** $25 \cdot x = 36\,750$
g) $x \cdot 57 = 3\,933$ **h)** $45 \cdot x = 11\,970$ **i)** $96 \cdot x = 20\,352$

TIPP
$x \cdot 12 = 3\,060$ ist z. B. gleichwertig zu $x = 3\,060 : 12$

10

Stelle eine Gleichung mit der Variablen x auf und berechne dann x.
a) Das 9fache einer Zahl ist 5 922.
b) Das 14fache einer Zahl ist 30 268.
c) Multipliziert man eine Zahl mit 52, so erhält man 8 736.
d) Das Produkt einer Zahl mit 13 ergibt das 9fache von 585.
e) Das 6fache einer Zahl ergibt den Quotienten aus 28 080 und 45.

TIPP
Damit eine Zahl bei der Division durch 2, 3, 4 usw. den Rest 1 lässt, muss sie auf eine durch 2, 3, 4, … teilbare Zahl folgen.

11

Divisionsspiel mit Würfeln für mehrere Personen
Jeder Teilnehmer zeichnet sich das rechts unten abgebildete Gleichungsraster auf. Dann würfelt er mit einem Würfel und setzt der Reihe nach die gewürfelten Zahlen für den Dividenden und den Divisor in die Kästchen bei a) ein. Anschließend ist die Division auszuführen und der Rest zu notieren. (Dabei kann der Quotient weniger Stellen haben als Kästchen dargestellt sind.) Wer den kleinsten Rest hat, gewinnt.

In den nächsten Runden wird bei b), dann bei c) und letztlich bei d) eingetragen.
Variante 2: Es gewinnt, wer die kleinste Summe aller Reste von a) bis d) hat.
Noch interessanter wird das Spiel, wenn man bei jeder gewürfelten Zahl selbst entscheiden darf, wo sie hingeschrieben werden soll.

a) □□□ : □□ = □□ Rest □□
b) □□ : □ = □□ Rest □
c) □□□ : □ = □□□ Rest □
d) □□□□ : □□ = □□□ Rest □□

12

Ein Turnverein veranstaltet einen Festumzug. Man will alle Teilnehmer in Reihen anordnen. Ob man sie nun in Reihen zu 2, 3, 4, 5, 6, 7 oder 8 anordnet, stets bleibt genau eine Person übrig. Es sind weniger als 1 000 Turner anwesend. Wie viele sind es?

13

In einem Getränkegroßhandel werden 756 Weinflaschen in 12er-Kartons und 294 Saftflaschen in 6er-Pakete sortiert.
Wie viele Weinkartons und wie viele Saftpakete ergibt das?

14

Familie Moritz hat in 5 Jahren mit ihrem Auto 59 400 Kilometer zurückgelegt. Wie viele Kilometer sind dies durchschnittlich
a) pro Jahr; **b)** pro Monat; **c)** pro Tag (Rechne 30 Tage pro Monat.)?

15

Eine Festhalle ist mit 1 152 Sitzen ausgestattet. Je nach Veranstaltung werden die Reihen entweder zu 48 oder 36 Sitzen aufgestellt.
Wie viele Reihen ergeben sich dann jeweils?

16

Bei den folgenden Aufgaben sind die fehlenden Zahlen zu ersetzen. (Jeder Buchstabe bei b) bedeutet eine bestimmte Ziffer.)
Wie lauten die vollständigen Aufgaben?

a) 9□□□ : 2□ = 3□□
□7
3□
□9
5□
□□
0

b) *a c d c a* : *b b b* = *a a a*
a a a
a c c
a a a
a a a
a a a
0

NACHGEDACHT

Ein Händler bietet auf einem Markt CDs zu 5 € und zu 7 € an. Er verkauft 50 CDs und nimmt dafür 286 € ein. Wie viele CDs für 5 € und für 7 € hat er verkauft?

AUFGABEN ZUR WIEDERHOLUNG

1. Zum Punkt *A* des Zahlenstrahls gehört die Zahl 120 (*A* = 120). Welche Zahlen gehören zu den Punkten *B*, *C*, *D*, *E* und *F*?

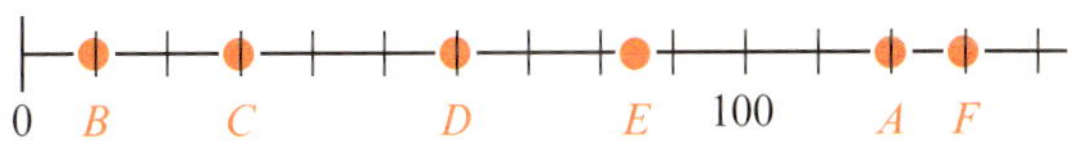

2. Welche Zahlen gehören zu den Punkten am Zahlenstrahl?

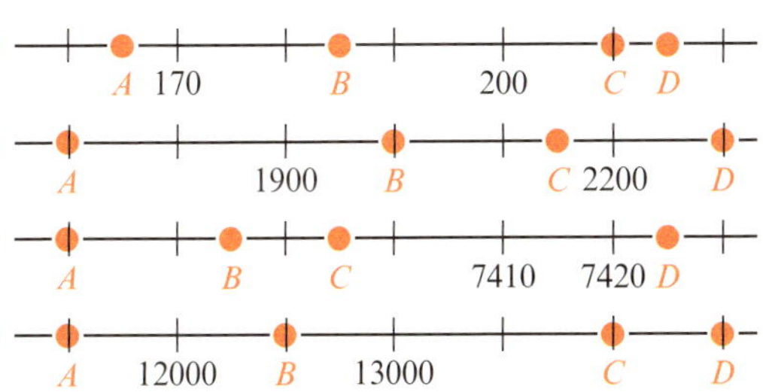

3. Zeichne einen Zahlenstrahl von 0 bis 1 000. Trage auf ihm die Zahlen 200, 700, 900, 650, 350, 50 ein. (Wähle 1 cm für 100.)

4. Zeichne einen Zahlenstrahl von 10 000 bis 20 000. Trage auf ihm die Zahlen 12 000, 17 000, 13 500, 19 500, 10 500 ein.

5. Runde wie angegeben.
   a) auf Hunderter: 17 634; 14 709; 48 674; 891; 472 676; 84 749; 84 750; 80 992; 19 951; 109 949; 127 000
   b) auf Zehntausender: 341 972; 747 631; 1 080 909; 907 903; 10 101 010; 94 949 494; 71 247 624; 1 434 999
   c) auf Millionen: 14 600 000; 17 809 321; 46 490 000; 59 673 999; 79 490 101; 99 501 476

Ein Blick in die Geschichte

Moderne und historische Rechenhilfsmittel

Computerarbeitsplatz

Taschenrechner

Die Aufgabe 113 · 25 im Kopf zu lösen, ist ganz schön schwer.
Mit dem Taschenrechner geht es einfacher.

[C] (Clear; löscht alles) [1] [1] [3] [×] [2] [5] [=]

Als Ergebnis erscheint 2 825.

Für andere Aufgaben gibt es noch weitere Tasten:
plus: [+], minus: [−], geteilt durch: [÷],
Klammern auf und zu: [(], [)].

Taschenrechner und Computer gibt es noch gar nicht so lange.
Die ersten Taschenrechner kamen etwa 1970 auf den Markt und waren noch sehr teuer.
Der erste Computer wurde 1941 von Konrad Zuse in Berlin konstruiert. Er bestand aus hunderten von Relais und war daher sehr laut.
Davor hat man in der Schule mit so genannten Rechenstäben gerechnet und im kaufmännischen Bereich mit mechanischen Rechenmaschinen.
Eine erste mechanische Rechenmaschine wurde 1623 von dem Tübinger Professor Wilhelm Schickhardt konstruiert.

SPIEL MIT
Man kann mit dem Taschenrechner auch spielen und sogar „schreiben“: Gib in einen Taschenrechner einmal die Zahl 7 353 ein und drehe ihn danach so, dass die Anzeige auf dem Kopf steht. Mit etwas Phantasie kann nun das Wort ESEL gelesen werden.

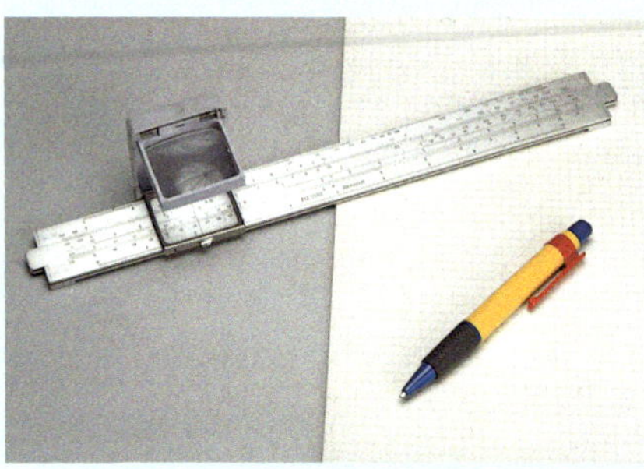
Rechenstab

Rechenmaschine um 1920

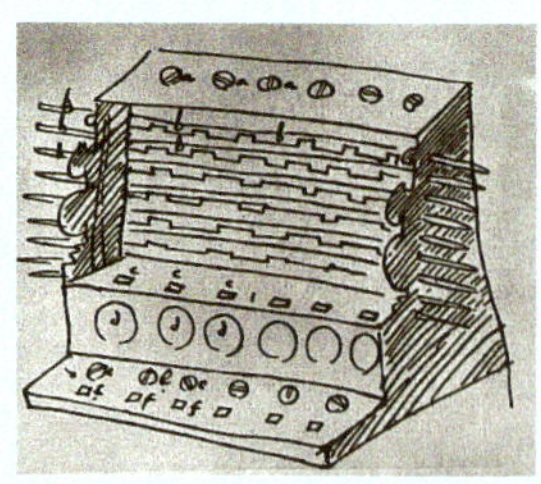
Schickhardts Maschine

Holzschnitt von 1531 (Ausschnitt)

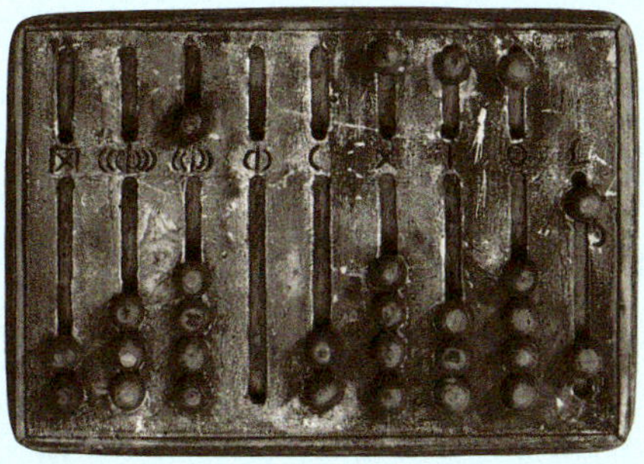

Römischer Hand-Abakus

Wie aber haben sich die Menschen früher das Rechnen erleichtert?
Früher rechnete man mit römischen Zahlen.
Im Beispiel am Rand wird gezeigt, wie die Aufgabe 113 · 25 gerechnet wurde.

113 in römischen Ziffern: CXIII
25 in römischen Ziffern: XXV
} (vgl. Seite 20)

Die Zahl CXIII wurde in das Raster eines Tisches oder Tuches gelegt (Bild 1).
Den zweiten Faktor denken wir uns in die Summanden X, X und V zerlegt. Dem Multiplizieren mit X entspricht eine einfache Verschiebung der Steinchen nach links, der Multiplikation mit V ein Verfünffachen der einzelnen Steinchen (Bilder 2 bis 4).
Am Ende, aber möglicherweise auch schon zwischendurch, wurden jeweils X Steine durch einen Stein im links daneben liegenden Feld ersetzt (Bild 5).

Dass das Addieren zweier Zahlen durch Zusammenlegen und eine Subtraktion durch Wegnehmen von Steinchen zu erledigen war, ist wohl klar?

Weil das Rechnen mit den Steinchen auf dem Rechenbrett doch recht aufwändig war, wurde auch ein Handgerät (Abakus) entwickelt (Bild oben). Mit ihm wird heute noch in einigen Ländern Osteuropas und Asiens gern gerechnet.

Rechnen mit dem Abakus

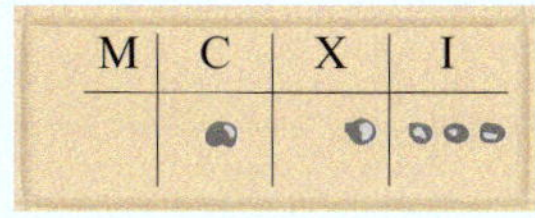

Bild 1: CXIII gelegt

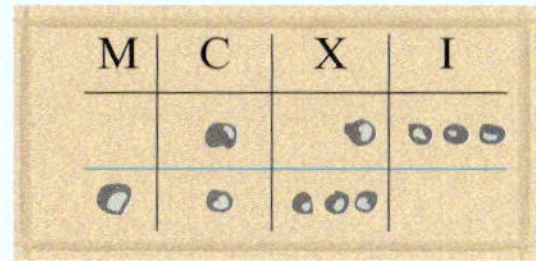

Bild 2: CXIII mal X

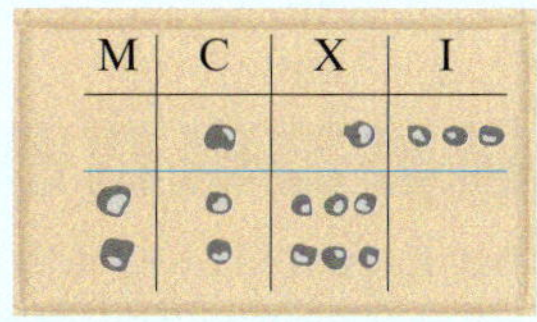

Bild 3: CXIII mal XX

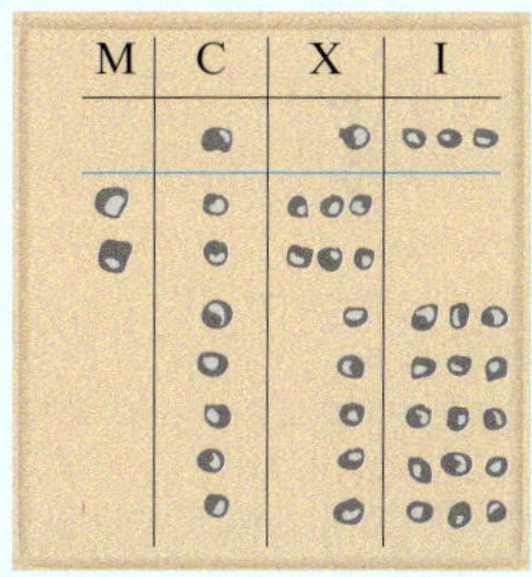

Bild 4: CXIII mal XXV

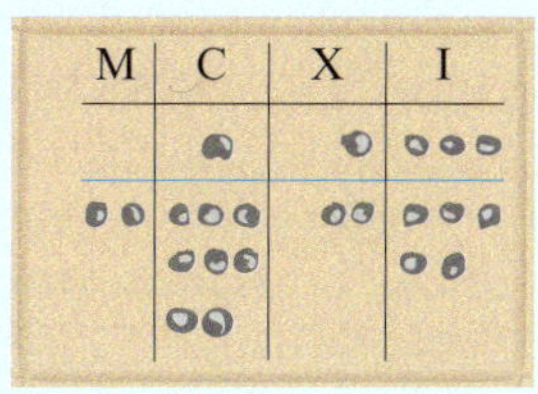

Bild 5: zusammengefasst

Ergebnis (siehe Bild 5):
zweimal M (MM)
achtmal C (DCCC)
zweimal X (XX)
fünfmal I (V)
MMDCCCXXV

AUFGABEN

1. **a)** Überlege, welche Ziffern der Anzeige eines Taschenrechners auf dem Kopf stehend als Buchstaben gelten können.
   b) Versuche einige Wörter mit dem Taschenrechner zu schreiben.
   Beispiele: 39 315, 730, 38 317, 3 573

2. Zeichne ein Rechenraster in dein Mathematikheft und versuche wie die „alten Römer" zu rechnen. Benutze als Steinchen evtl. kleine Papierschnipsel oder Cents.
   a) 345 + 86 **b)** 587 + 154
   c) 824 – 111 **d)** 34 · 11

Verschiedene Rechenoperationen

1

Peters Judogruppe besteht aus 7 Mitgliedern. Zum Abschluss einer Trainingsfahrt sind noch 172 € in der gemeinsamen Kasse. Jedes Kind erhält zur Erinnerung ein T-Shirt für 17 €. Peter möchte lieber ein Basecap für 14 € haben. Der Rest des Geldes soll gleichmäßig aufgeteilt werden.
Peter tippt schnell seine Rechnung in den Taschenrechner ein:

1 7 2 − 6 × 1 7 − 1 4 ÷ 7

Als Ergebnis zeigt der Taschenrechner 68 an.
Peter meint, jeder bekommt dann noch 68 €.
Kann das stimmen? Wo steckt der Fehler?

2

Es ist $4 + 6 \cdot 7$ zu berechnen.
Jana rechnet: $6 \cdot 7 = 42$, $42 + 4 = 46$, demnach $4 + 6 \cdot 7 = 46$.
Anna rechnet: $4 + 6 = 10$, $10 \cdot 7 = 70$, also $4 + 6 \cdot 7 = 70$.
Welche Regel wurde bei der falschen Rechnung nicht beachtet?

WISSEN

Zuerst werden die Ausdrücke in Klammern berechnet.
Stehen innerhalb einer Klammer weitere Klammern, so werden erst die Ausdrücke in den inneren Klammern berechnet.

Punktrechnung geht vor Strichrechnung.
Das heißt, erst wird multipliziert und dividiert, dann addiert und subtrahiert.

3

Berechne das Ergebnis im Kopf.

a) $4 \cdot 3 - 2$
$18 : 2 + 4$
$(76 - 6) \cdot 6$
$25 \cdot 4 - 4$

b) $20 - 6 \cdot 3$
$25 \cdot 4 + 10$
$(85 + 5) \cdot 3$
$63 : 7 - 9$

c) $100 + 3 \cdot 5$
$17 - 7 \cdot 2$
$17 \cdot 2 - 4$
$16 + 6 \cdot 15$

d) $(5 + 3) \cdot 5$
$98 + 2 \cdot 50$
$80 : (2 + 8)$
$40 - 2 \cdot 8$

4

Welches Ergebnis ist das richtige? Begründe.

a) $(83 - 3) \cdot 10 = 53$
$(83 - 3) \cdot 10 = 800$

b) $94 - 4 \cdot 6 = 540$
$94 - 4 \cdot 6 = 70$

c) $5 \cdot 6 + 4 = 34$
$5 \cdot 6 + 4 = 50$

d) $50 : (5 - 4) = 50$
$50 : (5 - 4) = 6$

INFORMATION
Viele Taschenrechner berücksichtigen automatisch die Vorrangregeln, manche jedoch nicht. Das kann man leicht überprüfen, wenn man z. B. die Aufgabe $1 + 2 \cdot 3$ in dieser Reihenfolge eintippt.
Erhält man 7, so beachtet der Taschenrechner die Vorrangregeln.
Erhält man 9, so beachtet er sie nicht.

5

Berechne im Kopf.

a) $5 \cdot 4 + 8$ **b)** $9 \cdot 5 - 4$ **c)** $3 \cdot 11 + 7 \cdot 4$ **d)** $6 \cdot 4 - 2 \cdot 8$
e) $7 \cdot 9 + 3 \cdot 5$ **f)** $10 \cdot 5 - 3 \cdot 7$ **g)** $3 \cdot (8 + 4)$ **h)** $15 + 60 : 2$

6[L]

Berechne und vergleiche.

a) $5 \cdot (6 : 2)$ und $(5 \cdot 6) : 2$ **b)** $(40 : 5) \cdot 4$ und $40 : (5 \cdot 4)$
c) $(2 \cdot 8) : (2 \cdot 2)$ und $2 \cdot [8 : (2 \cdot 2)]$ **d)** $100 : (50 : 2)$ und $(100 : 50) : 2$

7

Berechne.

a) $(35 - 3) : (2 + 6)$ **b)** $(47 + 8) : (15 - 4)$
c) $(27 + 13) \cdot (11 - 8)$ **d)** $(96 - 69) \cdot (12 + 8)$
e) $98 : 7 + 78 : 6$ **f)** $5 \cdot 12 - 120 : 15$
g) $9 \cdot 16 + (119 - 31) : 8$ **h)** $(7 + 12) - 45 : (50 - 45)$
i) $[9 \cdot 51 - (18 + 57)] : 12$ **j)** $13 \cdot 25 + 256 : 16$
k) $[120 - (20 + 3)] \cdot 4$ **l)** $(19 \cdot 24 + 18 \cdot 37) : 11$

8[L]

Berechne und vergleiche.

a) $(12 + 6 \cdot 2) - 16 : 2$
$[(12 + 6) \cdot 2 - 16] : 2$
$12 + (6 \cdot 2 - 16 : 2)$
$(12 + 6 \cdot 2 - 16) : 2$
$(12 + 6) \cdot 2 - 16 : 2$

b) $21 \cdot 3 + [35 \cdot 28 - (56 - 21)] : 7$
$[(21 \cdot 3 + 35 \cdot 28) - (56 - 21)] : 7$
$21 \cdot [3 + 35 \cdot 28 - (56 - 21) : 7]$
$21 \cdot 3 + (35 \cdot 28 - 56) - 21 : 7$
$(21 \cdot 3 + 35 \cdot 28) - (56 - 21) : 7$

BEISPIELE

$16 - 3 \cdot 4 = 16 - 12 = 4$
1. Punktrechnung:
$3 \cdot 4 = 12$
2. Strichrechnung:
$16 - 12 = 4$

$27 - 20 : (37 - 33)$
$= 27 - 20 : 4$
$= 27 - 5 = 22$
1. Klammern:
$37 - 33 = 4$
2. Punktrechnung:
$20 : 4 = 5$
3. Strichrechnung:
$27 - 5 = 22$

$[4 \cdot 3 - (8 - 5)] : 3$
$= [12 - 3] : 3$
$= 9 : 3 = 3$
1. innere Klammern:
$8 - 5 = 3$
2. Punktrechnung in der Klammer:
$4 \cdot 3 = 12$
3. äußere Klammern:
$12 - 3 = 9$
4. Dividieren:
$9 : 3 = 3$

WISSEN

Man kann eine Rechenaufgabe mit verschiedenen Rechenoperationen durch einen **Rechenbaum** veranschaulichen.

BEISPIELE

Rechenbaum zur Aufgabe $(33 - 5) : (2 + 5)$

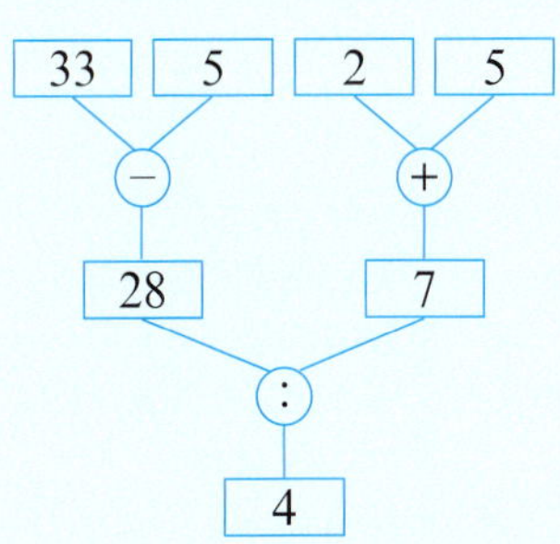

$(33 - 5) : (2 + 5) = 28 : 7 = 4$

Rechenbaum zur Aufgabe „Subtrahiere vom Produkt der Zahlen 12 und 6 die Zahl 18.“

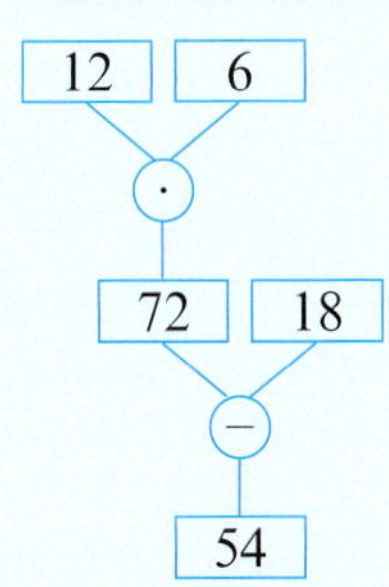

$12 \cdot 6 - 18 = 54$

HINWEIS

Durch einen Rechenbaum werden die benutzten Rechenarten und die Reihenfolge der Ausführung der Rechenschritte (Punkt- vor Strichrechnung, Klammern zuerst) übersichtlich dargestellt.

9

Schreibe als Rechenaufgabe und berechne. Zeichne dazu einen Rechenbaum.

a) Addiere zum Produkt von 120 und 3 die Zahl 25.
b) Subtrahiere die Zahl 15 vom Quotienten aus 234 und 13.
c) Dividiere die Summe von 123 und 234 durch 3.
d) Multipliziere die Summe von 12 und 16 mit der Differenz von 29 und 5.
e) Dividiere die Differenz von 98 und 46 durch die Summe von 6 und 7.
f) Multipliziere die Summe der Zahlen 25 und 13 mit ihrer Differenz.

10

Übertrage den Rechenbaum ins Heft und fülle die leeren Felder aus.
Gib den berechneten Rechenausdruck an. Beginne mit Baum a).

11

Schreibe als Rechenaufgabe und berechne.

a) Addiere zur Summe von 37 und 89 die Differenz von 68 und 35.
b) Subtrahiere von der Differenz von 360 und 97 die Summe von 122 und 98.
c) Addiere zum Quotienten von 85 und 5 das Produkt von 9 und 11.
d) Subtrahiere vom Produkt der Zahlen 8 und 15 den Quotienten von 200 und 40.
e) Addiere den Quotienten von 51 und 3 zum Quotienten von 92 und 4.

BEISPIEL
Multipliziere die Differenz von 144 und 97 mit der Summe von 13 und 7.
$(144 - 97) \cdot (13 + 7)$
$= 47 \cdot 20 = 940$

12

Formuliere die Rechenaufgaben mit eigenen Worten und berechne.

a) $(18 + 37) \cdot 4$ **b)** $(56 - 18) \cdot 7$ **c)** $(126 - 82) : 11$
d) $(256 + 64) : 16$ **e)** $23 \cdot 5 - 25$ **f)** $34 \cdot 3 + 28$
g) $(64 - 17) \cdot (11 + 9)$ **h)** $125 + 12 \cdot 13$ **i)** $354 : 6 - 264 : 12$

13

Die Klassen 5 a und 5 b erhalten neue Mathematik- und Erdkundebücher. Das Mathematikbuch kostet 14 €, das Erdkundebuch 12 €.

a) Wie viel kosten die Bücher für die Klasse 5 a, wenn 26 Schülerinnen und Schüler in der Klasse sind?

b) Die Bücher für die Klasse 5 b kosteten insgesamt 754 €. Wie viele Kinder sind in der Klasse 5 b?

14[L]

Berechne – falls möglich.

a) $(25 + 45) : (3 \cdot 17 - 51)$ **b)** $(14 - 2 \cdot 7) : (3 \cdot 2 + 1)$
c) $(2 \cdot 14 - 13) : (8 + 7)$ **d)** $(26 + 34) : (3 \cdot 7 - 4 \cdot 5)$
e) $(100 - 4 \cdot 25) : (15 \cdot 8 - 2 \cdot 60)$ **f)** $(12 - 121 : 11) : (13 - 144 : 12)$
g) $(111 - 3 \cdot 37) : (9 \cdot 9 - 80)$ **h)** $(5 \cdot 17 - 84) : (112 : 2 - 8 \cdot 7)$

BEACHTE
Die Division durch 0 ist nicht ausführbar.

15

Löse die Gleichungen. Nutze dabei auch, dass Multiplikation und Division zueinander umgekehrte Rechenarten sind.

a) $x \cdot (84 - 57) = 3\,105$ **b)** $x \cdot (21 + 75) = 10\,080$ **c)** $(50 + 31) : x = 27$
d) $(99 - 27) : x = 12$ **e)** $x : (24 + 51) = 4$ **f)** $x : (176 - 43) = 3$

BEISPIELE
$x \cdot (18 + 76) = 1\,222$
$x \cdot 94 = 1\,222$
$x = 1\,222 : 94 = 13$
$L = \{13\}$

$(113 + 37) : x = 25$
$150 : x = 25$
Wegen $150 : 6 = 25$ ist $x = 6$.
$L = \{6\}$

16

Stelle eine Gleichung mit der Variablen x auf und berechne dann x.

a) Welche Zahl muss man durch die Differenz von 86 und 17 dividieren, um 3 zu erhalten?

b) Welche Zahl muss man mit der Summe von 54 und 26 multiplizieren, um 9 680 zu erhalten?

c) Durch welche Zahl muss man die Summe von 172 und 48 dividieren, damit man 55 erhält?

d) Mit welcher Zahl muss man 65 multiplizieren, damit die Differenz von 10 000 und 640 herauskommt?

e) Durch welche Zahl muss man die Summe von 213 und 227 dividieren, damit als Ergebnis die Differenz von 211 und 123 herauskommt?

17

Löse die Gleichungen. Nutze dabei die Umkehrrechenarten.

a) $3 \cdot x + 11 = 224$ **b)** $6 \cdot x - 45 = 387$ **c)** $9 \cdot x + 333 = 747$
d) $20 \cdot x - 15 = 705$ **e)** $50 \cdot x + 75 = 1\,225$ **f)** $80 \cdot x - 100 = 860$
g) $12 \cdot x + 55 = 367$ **h)** $25 \cdot x - 75 = 550$ **i)** $33 \cdot x - 111 = 714$

18

In einer Holzschachtel befinden sich eine unbekannte Anzahl von gleichen Kugeln. Die leere Schachtel wiegt 200 g, jede Kugel 50 g. Die Schachtel wird geschlossen auf eine Waage gelegt.

a) Wie viel wiegt die gesamte Schachtel, wenn sich im Innern 2, 5, 15 oder allgemein x Kugeln befinden?

b) Wie viele Kugeln sind in der Schachtel, wenn die Waage 750 g anzeigt?

19

Zahlenrätsel: Denke dir eine Zahl, addiere dazu 3, multipliziere das Ergebnis mit 2, subtrahiere dann 4, dividiere durch 2 und addiere zum Schluss 5.

a) Beschreibe die Rechnung mithilfe der Variablen x für die gedachte Zahl.

b) Welche Ergebnisse ergeben sich, wenn man für x die Zahlen 1, 2, 3, 4, 5 und 6 wählt?

c) Wie kann man zeigen, dass für x das Ergebnis stets $x + 6$ lautet?

d) Wie heißt die gedachte Zahl x, wenn als Ergebnis 14, 17, 26 oder 50 herauskommt?

20

Aus der Antike zum Knobeln

Ein alter Grieche ging mit einer Anzahl von Goldmünzen zum Zeustempel und bat den Göttervater darum, er möge sein Geld verdoppeln. Dies geschah und er opferte zum Dank 8 Goldstücke. Dann ging er zum Tempel des Apollos und äußerte dieselbe Bitte. Auch diesmal wurde seine Bitte erhört und er opferte wieder 8 Goldstücke. Schließlich passiert am Tempel der Athene dasselbe: sein Geld wurde verdoppelt und er gab 8 Goldstücke ab. Danach besaß er keine einzige Münze mehr.
Wie viele Goldstücke besaß er am Anfang?

AUFGABEN ZUR WIEDERHOLUNG

1. Wer kennt einen solchen Körper?
   a) Er hat 8 Ecken, 12 Kanten und 6 Rechtecke als Begrenzungsflächen.
   b) Er hat 6 Quadrate als Begrenzungsflächen.
   c) Er hat eine Spitze.
   d) Er hat 4 Dreiecke und ein Quadrat als Begrenzungsflächen.
   e) Er hat eine Spitze und einen Kreis als Begrenzungsfläche.
   f) Zwei seiner Begrenzungsflächen sind Kreise.

2. Nenne jeweils zwei Körper, bei denen mindestens eine Begrenzungsfläche die folgende ebene Figur ist.
   a) Rechteck **b)** Quadrat
   c) Dreieck **d)** Kreis

3. Welche Körper ergeben die Netze?

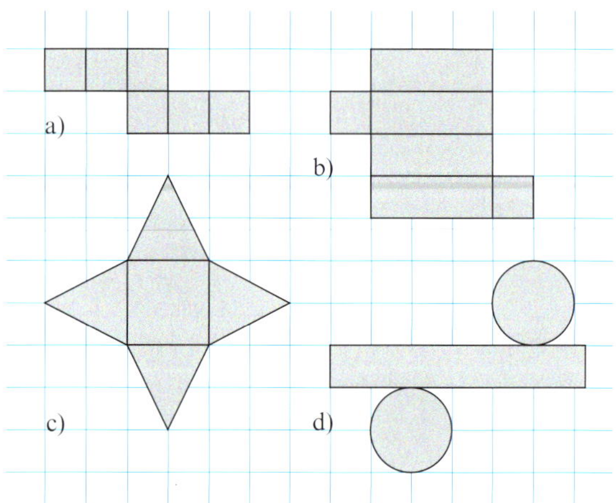

Teste dich!

1

Rechne im Kopf.

a) 66 + 32 **b)** 130 – 42 **c)** 14 · 3 **d)** 60 : 4
e) 5 · (6 + 5) **f)** (144 – 24) : 6 **g)** 6 · 7 + 5 · 8 **h)** 30 + 6 · 5 – 4

2

Rechne schriftlich.

a) 25 678 + 45 + 760 **b)** 234 500 – 56 234 **c)** 56 778 – 57 – 890
d) 257 · 10 089 **e)** 65 184 : 12 **f)** (17 345 + 634) · 25

3

a) Berechne die Summe aus 76 456 und 89 056.
b) Welche Zahl erhältst du, wenn du 579 von 234 987 subtrahierst?
c) Berechne das sechsundfünfzigfache von Fünftausendsechshundert.

4

Übertrage den Rechenbaum und ersetze die Fragezeichen.

a)

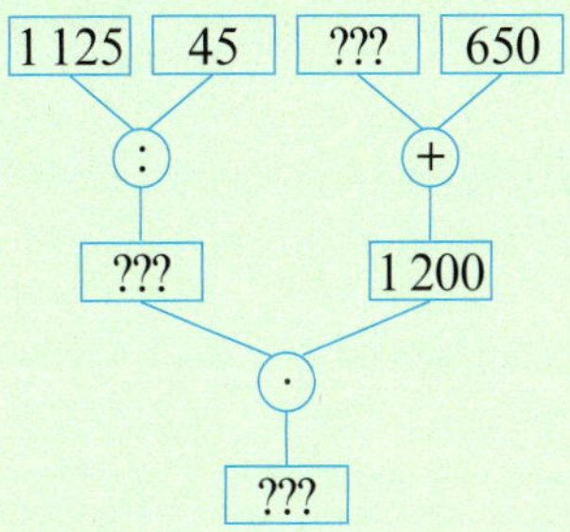

b)

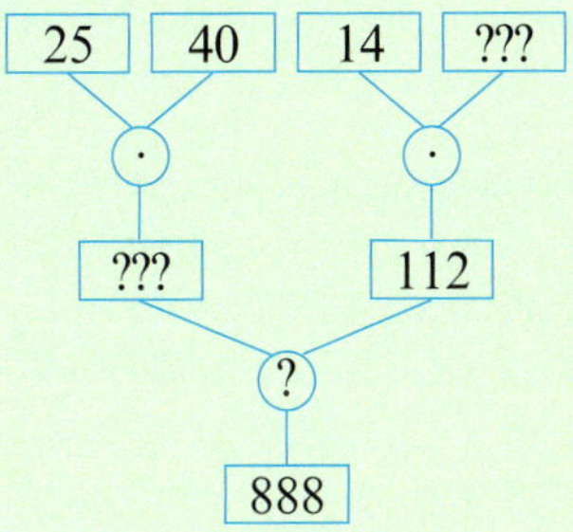

5

a) Maxi schwimmt 13 mal die 50 m-Bahn.
Welche Strecke legt sie dabei zurück?
b) Ayse schwimmt 450 m in einem 25 m-Becken.
Wie oft schwimmt sie hin und her?
c) Jan braucht etwa 6 min für 250 m.
Wie weit schwimmt er etwa pro Minute?

6

Schreibe als Potenz und rechne aus:

a) 2 · 2 · 2 · 2 · 2 **b)** 5 · 5 · 5 · 5 **c)** 7 · 7 · 7

7

Schreibe als Produkt und rechne aus:

a) 10^5 **b)** 15^2 **c)** 3^6

HINWEISE

1) Versuche zunächst, die Aufgaben ohne Hilfestellung zu lösen.

2) Wenn du doch Hilfe benötigst, findest du auf der angegebenen Seite ein Beispiel oder eine Anregung zum Lösen der Aufgabe.

Aufgabe	Seite
1	66
2	38/40/56/60
3	29/45
4	67
5	29/45
6	52
7	52

3) Im Anhang ab Seite 218 findest du die Lösungen der Aufgaben.
Vergleiche deine Ergebnisse mit diesen Lösungen und überprüfe so deinen Lernstand.

ZUSAMMENFASSUNG

Bezeichnungen

Addition:	Summand plus Summand ist gleich Summe
Subtraktion:	Minuend minus Subtrahend ist gleich Differenz
Multiplikation:	Faktor mal Faktor ist gleich Produkt
Division:	Dividend geteilt durch Divisor ist gleich Quotient

Rechengesetze

für die Addition und Subtraktion:

Rechnen mit der Null:	$a + 0 = a$ und $a - 0 = a$ und $a - a = 0$
+ und – sind Umkehroperationen:	$(a + b) - b = a$ und $(a - b) + b = a$
Assoziativgesetz (Verbindungsgesetz):	$a + b + c = (a + b) + c = a + (b + c)$
	$a - b - c = (a - b) - c$
	Achtung: $a - b - c \neq a - (b - c)$ (fast immer)
Kommutativgesetz (Vertauschungsgesetz):	$a + b = b + a$
	Achtung: $a - b \neq b - a$ (fast immer)

für die Multiplikation und Division:

Rechnen mit Eins oder Null:	$a \cdot 1 = a$ und $a : 1 = a$ und $a : a = 1$ (wobei $a \neq 0$)
	$a \cdot 0 = 0$ und $0 \cdot a = 0$ und $0 : a = 0$ (wobei $a \neq 0$)
	Achtung: Man darf nie durch null teilen!
Assoziativgesetz (Verbindungsgesetz):	$a \cdot b \cdot c = (a \cdot b) \cdot c = a \cdot (b \cdot c)$
	Achtung: $a : b : c \neq a : (b : c)$ (fast immer)
Kommutativgesetz (Vertauschungsgesetz):	$a \cdot b = b \cdot a$
	Achtung: $a : b \neq b : a$ (fast immer)

verschiedene Rechenoperationen:

Distributivgesetz (Verteilungsgesetz):	$a \cdot (b + c) = a \cdot b + a \cdot c$
	$a \cdot (b - c) = a \cdot b - a \cdot c$

Vorrangregeln:
- immer zuerst die Ausdrücke in Klammern berechnen
- Punktrechnung geht vor Strichrechnung

Beispiele für schriftliches Rechnen

	3	6	7	1	8
+		$_1$	8	2_1	7
	3	7	5	4	5

8	7	·	2	6	
	1	7	4		
		$_1$5	2	2	
	2	2	6	2	

4	0	1	7	0	:	6	5	=	6	1	8
3	9	0									
	1	1	7								
		6	5								
		5	2	0							
		5	2	0							

Teilbarkeit

Von der Gangschaltung deines Fahrrads kennst du Zahnräder. Meist sind ein großes und ein kleines Zahnrad miteinander verbunden. Wie oft sich das kleine Rad bei einer Umdrehung des großen Rades dreht, hängt von der Anzahl der Zähne der beiden Zahnräder ab. Hier ist ein stark vergrößerter Ausschnitt zweier Zahnräder dargestellt. Das linke Rad hat 30 und das rechte Rad 40 Zähne. Weißt du, wie weit sich das linke Rad nach einer vollen Umdrehung des rechten Rades gedreht hat? Und wie oft hätte es sich gedreht, wenn das linke Rad doppelt so viele Zähne hätte wie das rechte?

Teiler und Vielfache

1

Der Februar mit 28 Tagen ist genau 4 Wochen lang. Ein Monat mit 30 oder 31 Tagen ergibt dagegen keine volle Wochenzahl. Auch ein Jahr hat nie eine volle Wochenzahl.

a) Begründe, dass alle Aussagen wahr sind.
b) Was meinst du zum Dialog im Bild?
c) Entscheide, ob die folgenden Tagesanzahlen volle Wochenzahlen ergeben. Gib gegebenenfalls an, wie viele Wochen es sind.
8, 14, 16, 35, 56, 63, 84, 92, 112, 147, 203 Tage

2

a) Ist 133 durch 7 teilbar? **b)** Ist 157 ein Vielfaches von 13?

WISSEN

72 ist durch 6 ohne Rest teilbar: 72 : 6 = 12.
Man sagt: **6 ist ein Teiler von 72** oder **72 ist ein Vielfaches von 6.**
Man schreibt: **6 | 72**

72 ist dagegen nicht ohne Rest durch 5 teilbar: 72 : 5 = 14 Rest 2.
Man sagt: **5 ist kein Teiler von 72** oder **72 ist kein Vielfaches von 5.**
Man schreibt: **5 ∤ 72**

HINWEIS
$a \mid b$ bedeutet:
a teilt b.
a ist Teiler von b.

$a \nmid b$ bedeutet:
a teilt nicht b.
a ist kein Teiler von b.

3

Übertrage ins Heft und setze für das Zeichen | oder ∤.

a) 4 36 **b)** 6 74 **c)** 7 112 **d)** 11 352
e) 13 263 **f)** 24 576 **g)** 31 810 **h)** 49 980
i) 21 221 **j)** 17 306 **k)** 37 962 **l)** 63 445

4

Übertrage die Tabelle ins Heft und fülle sie aus.

a)

teilt	1	12	14	20	100
1					
4		4 | 12	4 ∤ 14		
10					

b)

teilt	1	6	15	16	100
2	2 ∤ 1				
3					
8					

MERKE
- Jede Zahl a ist durch 1 teilbar.
- Jede Zahl a ist ein Vielfaches von 1.
- Jede Zahl a ist ein Teiler von sich selbst.

5

Welche Aussagen sind wahr?

a) 11 ist ein Teiler von 143.
b) 119 ist ein Vielfaches von 13.
c) 130 ist kein Vielfaches von 15.
d) 37 ist kein Teiler von 111.
e) 12 ist ein Vielfaches von 1.
f) 12 ist ein Teiler von 12.

6

Gib zu den folgenden Zahlen jeweils vier verschiedene Vielfache an.
a) 7 **b)** 11 **c)** 23 **d)** 67 **e)** 146 **f)** 1 **g)** 15 **h)** 10

7

Diese Zahlen tauchen in der Vielfachenreihe einer Zahl auf. Um welche Zahl handelt es sich? Ergänze alle Vielfachen dieser Zahl, die kleiner als 100 sind.

a) …; 21; 28; …; 49; …
b) …; 36; 48; …
c) …; 39; …; 91; …
d) …; 27; …; 81; …
e) …; 24; 32; …; …
f) …; 28; …; 56; …
g) …; 55; …; 121; …
h) …; 45; …; 75; …

BEISPIEL

Gesucht sind alle Teiler von 12.
$12 = 1 \cdot 12 = 2 \cdot 6 = 3 \cdot 4$
12 hat 6 Teiler: 1, 2, 3, 4, 6, 12.

Gesucht sind alle Teiler von 16.
$16 = 1 \cdot 16 = 2 \cdot 8 = 4 \cdot 4$
16 hat 5 Teiler: 1, 2, 4, 8, 16.

8

Ermittle alle Teiler der Zahl und gib deren Anzahl an.
a) 4 **b)** 6 **c)** 9 **d)** 10 **e)** 18 **f)** 20 **g)** 25 **h)** 32
i) 36 **j)** 48 **k)** 60 **l)** 64 **m)** 72 **n)** 81 **o)** 120 **p)** 154

NACHGEDACHT
Was fällt dir bei den Teileranzahlen der Quadratzahlen auf?

9

a) Gib Zahlen mit genau 2 Teilern (3, 4, 5 Teilern) an.
b) Wie viele Teiler hat die 1? Wie viele Teiler hat die 0?

10

Für Tüftler: Die folgenden Zahlen haben alle einen Teiler kleiner als 20 (außer der 1). Finde diesen Teiler und schreibe die Zahl als Produkt.
a) 343 **b)** 121 **c)** 637 **d)** 289 **e)** 209 **f)** 187 **g)** 507 **h)** 847

11

Knobelaufgabe: In einem alten Märchen hat ein Herrscher 100 Gefangene. Im Gefängnis gibt es Zellen mit den Nummern 1 bis 100 und ebenfalls 100 Wärter. Alle Zellen sind abgeschlossen. Die Schlüssel der Wärter passen in jedes Schloss. An seinem Geburtstag lässt der Herrscher einige seiner Gefangenen nach einer sonderbaren Methode frei:
Der erste Wärter schließt alle Zellen auf. Der zweite schließt jede zweite Zelle wieder zu. Der dritte Wärter schließt an jeder dritten Zelle. War sie zugeschlossen, ist sie nun auf. War sie aufgeschlossen, ist sie nun zu.
So geht es bis zum 100. Wärter weiter.
Die Gefangenen in den dann offenen Zellen sind frei.
a) Welche Zellen sind am Ende offen? Wie viele Gefangene kommen frei?
b) Wie viele Wärter haben an der 100. Tür ihren Schlüssel gedreht?

Teilbarkeitsregeln

Teilbarkeit durch 10, 5 und 2

1

a) Eier werden jeweils zu 10 Stück in Schachteln verpackt. Bei welcher Anzahl bleibt kein Ei übrig? Woran erkennst du das?
(I) 420 Eier (II) 255 Eier
(III) 257 Eier (IV) 698 Eier

b) Angenommen, es würden nur 5 bzw. nur 2 Eier in eine Schachtel passen. Welche der obigen Eieranzahlen wäre jetzt günstig?

WISSEN

Eine Zahl ist **durch 10 teilbar**, wenn die **letzte Ziffer 0** ist, sonst nicht.
Eine Zahl ist **durch 5 teilbar**, wenn die **letzte Ziffer 0 oder 5** ist, sonst nicht.
Eine Zahl ist **durch 2 teilbar**, wenn die **letzte Ziffer 0, 2, 4, 6 oder 8** ist, sonst nicht.

HINWEIS
Der Zusatz „sonst nicht“ bedeutet z. B. für die Teilbarkeit durch 10, dass eine Zahl, deren letzte Ziffer keine Null ist, auch nicht durch 10 teilbar ist.

2

a) Welche der Zahlen ist durch 5 teilbar?
726; 415; 590; 999; 352; 10 000; 456; 1 Bio.; 4 815; 123 050

b) Welche der Zahlen sind durch 2 teilbar, also gerade?
126 599; 87 612; 92 098; 3 018; 942; 56 801; 67; 67 Mio.; 67 000; 671

3

Entscheide, ob die Zahlen durch 2, 5 oder 10 teilbar sind.

a) 400; 1 250; 3 648; 1 875; 337
b) 95; 2 000; 5 604; 1 001; 23 450
c) 988; 989; 990; 1 035; 2 747
d) 26; 119; 665; 3 700; 42 468

4

Entscheide, ob die Zahlen durch 2, 5 oder 10 teilbar sind.

a) 478; 1 225; 3 658; 1 876; 300
b) 925; 32 615; 5 617; 1 010; 23 455
c) 5 250; 980; 999; 1 000; 2 775
d) 25; 24; 25 000; 444; 42 375

5

Ergänze die Zahlen im Heft so, dass sie

a) durch 10 teilbar sind: 5 ; 42 ; 7 0; 24 2; 54 3

b) durch 5 teilbar sind: 6 ; 4 5; 7 77 ; 4 0 ; 900

NACHGEDACHT
Welche Endziffer kann eine Zahl besitzen, die teilbar ist
a) durch 100;
b) durch 1 000;
c) durch 2 und durch 5;
d) durch 2, aber nicht durch 5;
e) durch 5, aber nicht durch 2;
f) weder durch 2 noch durch 5?

Teilbarkeit durch 4, 25 und 100

6

Schaltjahre nennt man die Jahre, deren Jahreszahl durch 4 teilbar sind, mit Ausnahme der Hunderterjahre, deren Hunderter nicht durch 4 teilbar sind.
Zum Beispiel war 2000 ein Schaltjahr, denn 20 ist durch 4 teilbar, aber 1900 war kein Schaltjahr, denn 19 ist nicht durch 4 teilbar.
Wie oft gab es einen 29. Februar zwischen 1900 und 2000?

WUSSTEST DU SCHON?
Ein Jahr dauert so lange wie eine volle Umkreisung der Erde um die Sonne.
Das dauert jedoch etwa 365 Tage und ein Viertel Tag.
Um diese krumme Zahl auszugleichen, ist alle vier Jahre ein Schaltjahr, in dem es einen zusätzlichen Tag gibt, den 29. Februar.

WISSEN

Eine Zahl ist **durch 4 teilbar**,
wenn die **letzten beiden Ziffern durch 4 teilbar** sind, sonst nicht.

Eine Zahl ist **durch 25 teilbar**,
wenn die **letzten beiden Ziffern durch 25 teilbar** sind, sonst nicht.

Eine Zahl ist **durch 100 teilbar**,
wenn die **letzten beiden Ziffern zwei Nullen** sind, sonst nicht.

BEISPIELE
$4 \mid 7932$, denn $4 \mid 32$
aber
$4 \nmid 3242$, denn $4 \nmid 42$

$25 \mid 7725$, denn $25 \mid 25$
aber
$25 \nmid 4545$, denn $25 \nmid 45$

7

a) Welche der Zahlen ist durch 4 teilbar?
100; 435; 240; 384; 1 280; 700; 458; 1 Mio.; 5 601; 256 000
b) Welche der Zahlen ist durch 25 teilbar?
726; 425; 590; 999; 350; 10 000; 456; 1 Bio.; 4 875; 123 050

8

Entscheide, ob die Zahlen durch 4, 25 oder 100 teilbar sind.
a) 400; 1 250; 3 648; 1 875; 300
b) 925; 32 615; 5 604; 1 001; 23 450
c) 5 250; 980; 990; 1 000; 2 775
d) 25; 24; 25 000; 444; 42 375

9

Untersuche die folgenden Zahlen auf Teilbarkeit durch 4.

a) 442 **b)** 817 **c)** 552 **d)** 988 **e)** 624 **f)** 312
g) 8 306 **h)** 7 508 **i)** 5 403 **j)** 7 742 **k)** 7 546 **l)** 5 302

HINWEIS
Die Teilbarkeit durch 4, 25 und 100 erkennt man an den letzten beiden Ziffern einer Zahl. Der Zusammenhang zwischen diesen drei Zahlen ist durch die Gleichung
$4 \cdot 25 = 100$ gegeben.

10

Ergänze die Zahlen im Heft so, dass sie

a) durch 100 teilbar sind: 5 ▢; 42 ▢; 7 ▢ 0; ▢ 24 ▢; 54 ▢ 3 ▢

b) durch 25 teilbar sind: 6 ▢; 4 ▢ 5; 7 77 ▢; 4 ▢ 0 ▢; ▢ 900

Teilbarkeit durch 8, 125 und 1 000

11

Überprüfe die folgenden Behauptungen. Findest du ein Gegenbeispiel?

a) Wenn eine Zahl durch 10 teilbar ist, dann ist sie auch durch 5 teilbar.
b) Wenn eine Zahl durch 25 teilbar ist, dann ist sie auch durch 10 teilbar.
c) Wenn eine Zahl durch 100 teilbar ist, dann ist sie auch durch 25 teilbar.
d) Wenn eine Zahl durch 4 teilbar ist, dann ist sie auch durch 8 teilbar.
e) Wenn eine Zahl durch 8 teilbar ist, dann ist sie auch durch 4 teilbar.
f) Wenn eine Zahl durch 100 teilbar ist, dann ist sie auch durch 1 000 teilbar.

WISSEN

Eine Zahl ist **durch 8 teilbar**,
wenn die **letzten drei Ziffern durch 8 teilbar** sind, sonst nicht.

Eine Zahl ist **durch 125 teilbar**,
wenn die **letzten beiden Ziffern durch 125 teilbar** sind, sonst nicht.

Eine Zahl ist **durch 1 000 teilbar**,
wenn die **letzten drei Ziffern Nullen** sind, sonst nicht.

BEISPIELE

$8 \mid 34\,320$, denn $8 \mid 320$
aber
$8 \nmid 3\,242$, denn $8 \nmid 242$

$125 \mid 7\,250$, denn
$125 \mid 250$
aber
$125 \nmid 45\,130$, denn
$125 \nmid 130$

12

Entscheide, ob die Zahlen durch 8, 125 oder 1 000 teilbar sind.

a) 6 400; 1 250; 3 648; 1 875; 300 **b)** 91 375; 4 723; 32 030; 88 888
c) 5 250; 980; 990; 1 000; 2 775 **d)** 25; 24; 25 000; 444; 42 375

HINWEIS
Die Teilbarkeit durch 8, 125 und 1 000 erkennt man an den letzten drei Ziffern einer Zahl. Der Zusammenhang zwischen diesen drei Zahlen ist durch die Gleichung
$8 \cdot 125 = 1\,000$ gegeben.

13

Untersuche die folgenden Zahlen auf Teilbarkeit durch 4 und durch 8.

a) 7 816 **b)** 1 516 **c)** 3 412 **d)** 6 032 **e)** 2 888 **f)** 4 168
g) 5 134 **h)** 7 256 **i)** 13 244 **j)** 10 000 **k)** 16 200 **l)** 30 066
m) 13 984 **n)** 11 124 **o)** 11 124 **p)** 43 512 **q)** 56 208 **r)** 87 702

14

Übertrage die Tabelle ins Heft. Trage in die Felder j (für ja) ein, falls Teilbarkeit vorliegt. Sonst trage n (für nein) ein.

Teiler	200	2 580	3 648	18 720	20 000	45 604	123 450
2							
4							
5							
8							
10							

BEISPIEL
Für das rote Feld ist zu prüfen, ob $5 \mid 18\,720$ gilt. Da die letzte Ziffer von 18 720 die 0 ist, gilt $5 \mid 18\,720$.
Du musst also j eintragen.

Teilbarkeit durch 3, 6 und 9

15

Dividiere folgende Zahlen durch 9 (durch 3). Welcher Rest bleibt jeweils?
a) 1; 10; 100; 1 000; 10 000; … **b)** 2; 20; 200; 2 000; … **c)** 3; 30; 300; …

WISSEN

Eine Zahl ist **durch 3 bzw. durch 9 teilbar**,
wenn ihre **Quersumme durch 3 bzw. durch 9 teilbar** ist, sonst nicht.

16

Entscheide, ob die Zahlen durch 3 bzw. durch 9 teilbar sind.
a) 75, 93, 25, 72, 111, 207 **b)** 124, 126, 813, 749, 477
c) 235, 486, 534, 2 311, 3 336 **d)** 6 777, 6 824, 33 312, 87 702

BEISPIEL
Die Quersumme von 486 ist 4 + 8 + 6 = 18.
18 ist durch 3 und durch 9 teilbar.
486 ist dann ebenfalls durch 3 und 9 teilbar.

17

Setze für Δ eine Ziffer ein, sodass die Zahl durch 3 (durch 9) teilbar ist.
5Δ; 2Δ1; 11Δ; 4Δ3; 19Δ; 73Δ; 1Δ1; 1Δ0; Δ87; Δ00

18

Setze wenn möglich für Δ eine Ziffer so ein, dass eine Zahl entsteht, die durch 3 (durch 4, durch 8, durch 9) teilbar ist.

a)	**b)**	**c)**
4 Δ 8 2	8 Δ 4 8	4 1 2 Δ
4 1 3 Δ 4	2 7 Δ 4	7 Δ 3 4
2 1 5 Δ	Δ 1 2 2	1 1 6 5 Δ
Δ 8 2 4	1 6 8 1 Δ	Δ 9 8 0
7 3 8 Δ	7 4 Δ 3 2	4 4 6 3 Δ

19

Finde zu jeder Zahl die nächstkleinere und die nächstgrößere Zahl, die zur angegebenen Vielfachenreihe gehört.

a) Vielfachenreihe von 8	**b)** Vielfachenreihe von 9	**c)** Vielfachenreihe von 5
13 484	148 735	14 037
25 737	284 027	8 401
144 093	45 045	10 438
152 280	811 033	8 575

NACHGEDACHT
Von einer Zahl ist lediglich bekannt, dass jede Ziffer genau einmal vorkommt. Wie viele Stellen hat die Zahl?
Kannst du entscheiden, ob diese Zahl durch 9 (durch 8) teilbar ist?

20

Schreibe auf, ob die kleinste Zahl (die zweitkleinste, drittkleinste, …) die größeren Zahlen teilt oder nicht. Nutze die Zeichen | und ∤.

a)	**b)**	**c)**
3	4	8
9	16	9
36	288	92
180	484	333

21

Auf wie viele Personen kannst du folgende Beträge gerecht aufteilen?
a) 38 ct **b)** 1,15 € **c)** 3,91 € **d)** 1,21 € **e)** 3,85 €

BEISPIEL
Auf wie viele Personen kann man 6,65 €, also 665 ct gerecht aufteilen?
Zerlegung von 665 in ein Produkt:
$665 = 5 \cdot 7 \cdot 19$

6,65 € kann man aufteilen
- auf 1 und auf 665 Personen, denn $1 \cdot 665 = 665$
- auf 5 und auf 133 Personen, denn $5 \cdot 133 = 665$
- auf 7 und 95 Personen, denn $7 \cdot 95 = 665$
- auf 19 und 35 Personen, denn $19 \cdot 35 = 665$

22

Finde die größte Zahl, kleiner als 10 000, die
a) durch 2, durch 7, aber nicht durch 4 teilbar ist.
b) durch 9 und durch 8 teilbar ist.
c) durch 12, aber nicht durch 3 teilbar ist.
d) durch 6, aber nicht durch 9 teilbar ist.

23

Zerlege geschickt in eine Summe oder in eine Differenz und entscheide, ob die Zahlen durch 7 (durch 12 oder durch 13) teilbar sind.

a)	b)	c)
1 092	1 596	1 512
2 520	5 915	7 488
8 892	14 664	4 368
58 968	1 872	8 736
7 371	3 276	26 208

24

Begründe, dass die folgenden Behauptungen richtig sind.
a) Wenn man irgendeine Ziffer dreimal hintereinander aufschreibt, so entsteht immer eine durch 3 teilbare Zahl.
b) Wenn man eine zehnstellige Zahl notiert, in der jede Ziffer genau einmal vorkommt, dann ist die Zahl immer durch 9 teilbar.

25

Welche der folgenden Zahlen sind durch 6 teilbar?
15, 24, 18, 9, 12, 20, 69, 126, 204, 303, 531, 1 002

WISSEN
Eine Zahl ist **durch 6 teilbar**,
wenn sie **sowohl durch 2 als auch durch 3 teilbar** ist, sonst nicht.

26

Entscheide, ob die folgenden Zahlen durch 6 teilbar sind.
a) 156, 324, 363, 486, 532 **b)** 212, 237, 334, 651, 888
c) 1 344, 2 490, 3 333, 4 872, 5 556 **d)** 7 814, 9 999, 13 512, 27 370

27

Entscheide, ob die Zahlen durch 2, 3, 4, 5, 6, 8, 9 oder 10 teilbar sind.
a) 45 **b)** 120 **c)** 144 **d)** 400 **e)** 279 **f)** 359 **g)** 360 **h)** 2 364

Summenregel

28

a) Die Heinrich-Heine-Schule hat durch den Verkauf der neuen Schulzeitschrift *Der Trichter* – ein Exemplar kostet 3 € – schon am ersten Tag 212 € eingenommen. Als Karin das hört, sagt sie: „Da hat aber einer nicht aufgepasst“. Was will sie damit sagen?

b) Klasse 6c hat einen Ausflug geplant. Karl sammelt deshalb von jedem 4 € als Fahrtkostenanteil ein. Später stellt er ärgerlich fest, dass er 78 € eingenommen hat. Warum ärgert sich Karl?

29

Begründe mithilfe der Bilder die folgenden Aussagen:

a) Aus $3 \mid 9$ und $3 \mid 12$ folgt $3 \mid 9+12$.

b) Aus $3 \mid 9$ und $3 \nmid 10$ folgt $3 \nmid 9+10$.

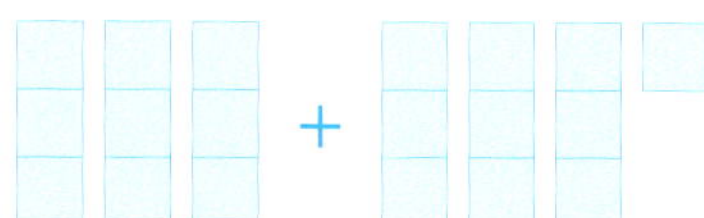

WISSEN

Summenregel

Sind in einer Summe alle Summanden durch eine Zahl n teilbar, so ist auch die Summe durch die Zahl n teilbar.
Beispiel: $7 \mid 140 + 14$, denn $7 \mid 140$ und $7 \mid 14$

Die Summe zweier Zahlen ist nicht durch die Zahl n teilbar, wenn nur einer der Summanden durch n teilbar ist, der andere jedoch nicht.
Beispiel: $7 \nmid 149$, denn $7 \mid 140$, aber $7 \nmid 9$.

HINWEIS
Teilbarkeitsuntersuchungen vereinfachen sich oft, wenn man die zu untersuchende Zahl zuvor geschickt in eine Summe oder Differenz zerlegt.

30

Überprüfe die Teilbarkeit durch den angegebenen Teiler.
Wandle die Zahl zunächst in eine geeignete Summe oder Differenz um.

a) 168, 267, 74, 912; Teiler 3
b) 134, 240, 672, 268; Teiler 6
c) 161, 92, 133, 567; Teiler 7
d) 122, 666, 98, 154; Teiler 11
e) 152, 632, 76, 824; Teiler 8
f) 108, 228, 336, 732; Teiler 12
g) 108, 171, 188, 963; Teiler 9
h) 90, 225, 465, 840; Teiler 15

BEISPIELE

Gilt $8 \mid 184$?
Ja, denn:
$184 = 160 + 24$;
$8 \mid 160$ und $8 \mid 24$.

Gilt $7 \mid 126$?
Ja, denn:
$126 = 140 - 14$;
$7 \mid 140$ und $7 \mid 14$.

Gilt $17 \mid 154$?
Nein, denn:
$154 = 170 - 16$;
$17 \mid 170$, aber $17 \nmid 16$.

31

a) Ist 4 800 + 96 durch 12 teilbar?
b) Ist 1 111 – 22 durch 11 teilbar?
c) Ist 4 800 + 41 durch 12 teilbar?
d) Ist 1 100 – 10 durch 11 teilbar?

32

a) Ist 5 656 durch 7 teilbar?
b) Ist 17 035 durch 17 teilbar?
c) Ist 364 814 durch 12 teilbar?
d) Ist 39 013 026 durch 13 teilbar?

Produktregel

33

Beim Schulfest wurden Saftflaschen aus Kästen (je 6 Flaschen) herausgenommen und in Reihen auf einen Tisch gestellt.
Versuche durch Überlegungen herauszubekommen, ob es möglich war
a) die Flaschen aus 13 Kästen in vollständigen Dreierreihen aufzustellen;
b) die Flaschen aus 8 Kästen in vollständigen Viererreihen aufzustellen?

TIPP
Überlege, wie man beim Aufstellen der Flaschen praktisch vorgehen kann.

WISSEN

Produktregel
Ist in einem Produkt ein Faktor durch eine Zahl n teilbar, so ist auch das Produkt durch diese Zahl teilbar.
Beispiel: Es gilt $17 \mid 680$, denn $680 = 68 \cdot 10$ und $17 \mid 68$.

BEACHTE
den Unterschied: Ein Produkt wird geteilt, indem man **einen** Faktor teilt. Eine Summe wird geteilt, indem man **jeden** Summanden teilt.

34

Begründe, dass die folgenden Behauptungen zutreffen.

a) $15 \mid 19 \cdot 75$ **b)** $7 \mid 28 \cdot 142$ **c)** $37 \mid 128 \cdot 111$
d) $25 \mid 177 \cdot 200$ **e)** $19 \mid 57 \cdot 12$ **f)** $12 \mid 36 \cdot 725$
g) $12 \mid 144 \cdot 130$ **h)** $14 \mid 280 \cdot 34$ **i)** $9 \mid 23 \cdot 54$

35

Begründe mithilfe der Produktregel, dass Folgendes gilt:
a) Die Zahlen 10, 100, 1 000 usw. sind alle durch 10, 5 und 2 teilbar.
b) Die Zahlen 100, 1 000, 10 000 usw. sind alle durch 4 und 25 teilbar.
c) Die Zahlen 1 000, 10 000, 100 000 usw. sind alle durch 8 teilbar.

36[L]

Überprüfe, ob die folgenden Behauptungen zutreffen.
a) 5 ist Teiler von $37 \cdot 25 + 40$. **b)** 8 ist Teiler von $32 \cdot 15 + 6$.
c) 12 ist Teiler von $108 \cdot 17 + 24$. **d)** 15 ist Teiler von $16 \cdot 125 + 100$.
e) 13 ist Teiler von $39 + 4 \cdot 26$ **f)** 7 ist Teiler von $7 \cdot 21 + 14$

BEISPIEL
Veranschaulichung der Produktregel am Beispiel:
Aus $3 \mid 6$ folgt $3 \mid 6 \cdot 4$.

$3 \mid 6$

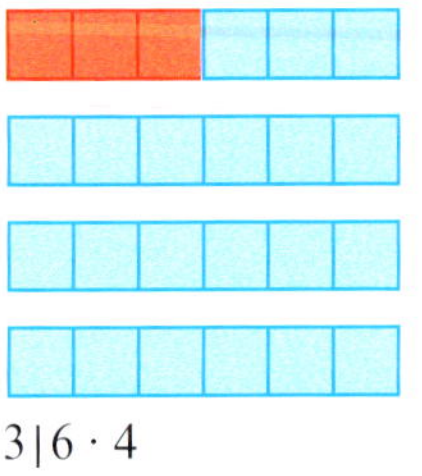
$3 \mid 6 \cdot 4$

37

ist Teiler von	102	56	1 300	1 400	64	2 184	980
3							
4							
6							
8							
25							

38

Zeichne die Figuren in dein Heft und trage alle fehlenden Zahlen ein.

a) 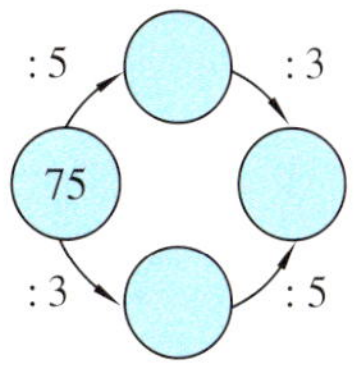

b) 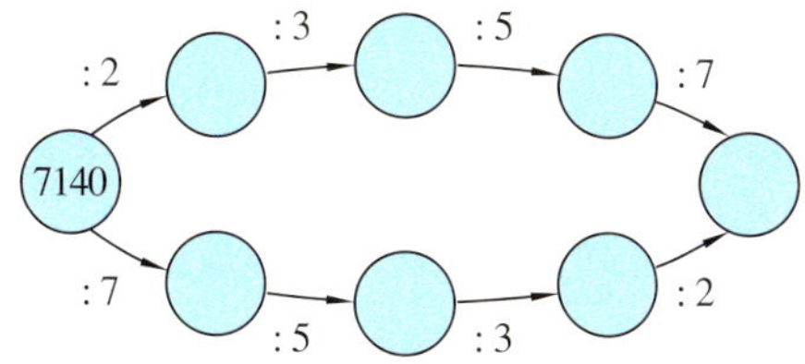

c) 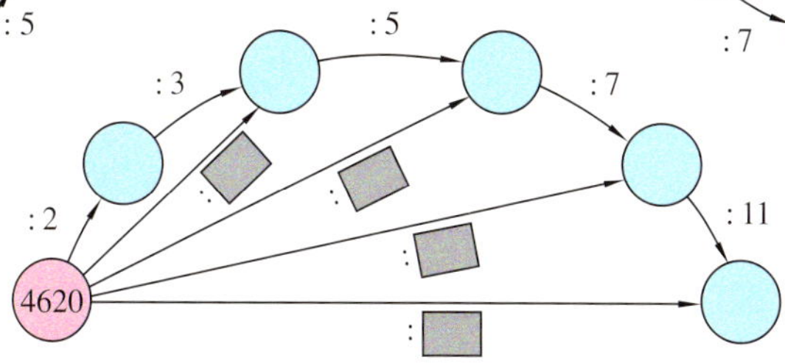

39

Übertrage die Tabellen ins Heft und überprüfe die Teilbarkeit.

a)

teilt	1 555	4 886	2 060	913	7 875	135
6						
9						
12						
15						
20						
25						

b)

teilt	7 272	389	9 450	1 105	1 497	111
3						
4						
6						
8						
9						
25						

METHODE

Stationenlernen

Übung macht den Meister, sagt ein altes Sprichwort.
Eine abwechslungsreiche Übungsform ist das Stationenlernen.
Hierbei kannst du dir aussuchen, welche Aufgabe du zuerst bearbeitest und wie viel Zeit du dafür benötigst.

Und so geht's:

1. Im Klassenraum gibt es verschiedene Stationen, zum Beispiel 5 verschiedene Tische.
2. An jeder Station befinden sich Aufgaben.
3. Wähle eine Station aus und arbeite an den dort liegenden Aufgaben.
4. Wenn du mit den Aufgaben einer Station fertig bist, wähle die nächste Station, bis du alle Stationen abgearbeitet hast.
5. Ihr könnt auch zu zweit oder in einer kleinen Gruppe zusammenarbeiten.

Zum Beispiel könnte jeweils eine der Seiten 76 bis 82 an einer Station ausliegen, wenn ihr die Teilbarkeitsregeln üben wollt.

Gemeinsame Teiler und gemeinsame Vielfache

1

Die Verkehrsbetriebe einer Stadt stellen den neuen Fahrplan für die Straßenbahn auf. Vorbedingung ist, dass sich die Abfahrzeiten in jeder Stunde wiederholen.
In welchen Abständen könnten die Bahnen fahren?

2

In einer großen Stadt soll ein neues Fußballstadion gebaut werden. Auf der rechteckigen Ehrentribüne sollen 360 Leute Platz finden.
Wie können diese 360 Plätze angeordnet sein, wenn in jeder Reihe gleich viele Sitze sind? Gib mehrere Möglichkeiten an.

WISSEN

Zu der **Teilermenge** einer Zahl gehören alle Zahlen, die ein Teiler dieser Zahl sind.

INFORMATION
In dem Projekt „Fußballstadion" unter www.mathe-plus.de kannst du ein eigenes Fußballstadion entwerfen. Auch die Anordnung der Plätze spielt dabei eine wichtige Rolle.

BEISPIELE

für Teilermengen

Mengenschreibweise

Die Teiler von 12: $T_{12} = \{1; 2; 3; 4; 6; 12\}$
Die Teiler von 13: $T_{13} = \{1; 13\}$
Die Teiler von 14: $T_{14} = \{1; 2; 7; 14\}$

Die Zahlen, die in den Klammern stehen, heißen **Elemente** der Menge.

Mengendiagramm

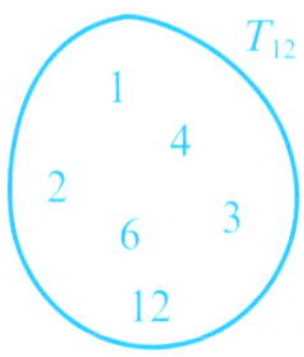

3

a) Notiere die Teilermengen der Zahlen 50, 48, 25, 36, 60, 180, 144.
b) Zeichne die Mengendiagramme zu T_6, T_9, T_{11}, T_{50}, T_{48}, T_{25}, T_{36}.

4

Übertrage die Tabelle und prüfe, ob die Zahl zur Teilermenge gehört.

	T_{12}	T_{18}	T_{72}	T_{120}	T_{256}	T_{1152}
2						
3						
4						
5						
6						

HINWEIS
Trage ja oder nein in das betreffende Feld ein, um zu kennzeichnen, dass ein Element zur Menge gehört oder nicht.

5

Schreibe die Teilermengen auf und vergleiche sie. Was fällt dir auf?
a) T_6 und T_{12} **b)** T_4 und T_{16} **c)** T_{24} und T_{144} **d)** T_8 und T_{12}

BEISPIEL

Die Mengendiagramme veranschaulichen die Teilermengen der Zahlen 6 und 18.
Man erkennt, dass alle Teiler von 6 zugleich Teiler von 18 sind.
In einem solchen Fall sagt man:
T_6 ist eine **Teilmenge** von T_{18}.
Man schreibt kurz: $T_6 \subset T_{18}$.

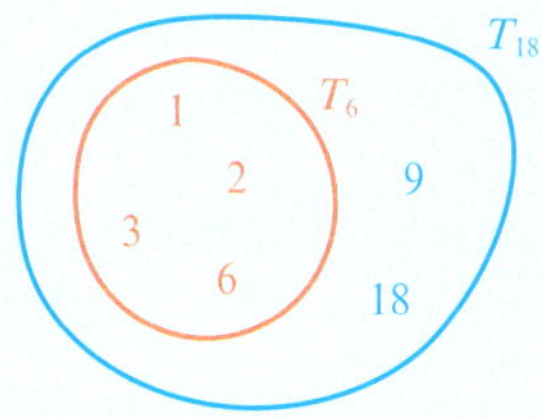

BEACHTE
Verwechsle nicht *Teil*menge und *Teiler*menge!

6

Schreibe die Teilermengen auf und fertige Mengendiagramme an.
a) T_4 und T_{16} **b)** T_{12} und T_{48} **c)** T_{21} und T_{105} **d)** T_{24} und T_{144}

7

In der Küche soll ein 150 cm breiter und 60 cm hoher Wandstreifen gefliest werden. Angeboten werden quadratische Fliesen von 10, 15, 20, 25, 30 und 40 Zentimeter Kantenlänge. Welche Fliesen kommen in Frage?

8

Markiere auf einem Zahlenstrahl alle Teiler von 12 und andersfarbig alle Teiler von 18. Welche Teiler haben 12 und 18 gemeinsam?

WISSEN

Manchmal benötigt man die **gemeinsamen Teiler** zweier Zahlen.
Hierzug vergleicht man die Teilermengen der beiden Zahlen. Oft sucht man den **größten gemeinsamen Teiler** (ggT).

BEISPIEL

Wir suchen die gemeinsamen Teiler von 24 und 32.

$T_{24} = \{1; 2; 3; 4; 6; 8; 12; 24\}$ $T_{32} = \{1; 2; 4; 8; 16; 32\}$

Die gemeinsamen Teiler von 24 und 32 sind: 1, 2, 4, 8.
Von allen gemeinsamen Teilern ist 8 der größte.
Man schreibt kurz: ggT(24; 32) = 8.

9[L]

Bestimme den größten gemeinsamen Teiler der beiden Zahlen.
a) 9 und 12 **b)** 20 und 48 **c)** 15 und 18 **d)** 32 und 72 **e)** 9 und 10
f) 12 und 30 **g)** 16 und 42 **h)** 32 und 48 **i)** 64 und 72 **j)** 75 und 45

10

Ermittle jeweils die gemeinsamen Teiler. Was fällt dir auf?

a) 9 und 20 **b)** 18 und 29 **c)** 5 und 7 **d)** 100 und 101

WISSEN

Manchmal haben zwei Zahlen a und b nur die „1" als gemeinsamen Teiler. Solche Zahlen nennt man **teilerfremd.**

Der größte gemeinsame Teiler zweier teilerfremder Zahlen ist 1.

BEISPIEL

Die Zahl 10 hat die Teiler 1, 2, 5, 10.
Die Zahl 21 hat die Teiler 1, 3, 7, 21.
Außer 1 gibt es keinen gemeinsamen Teiler von 10 und 21.
10 und 21 sind also teilerfremd.

NACHGEDACHT

Begründe:
Es ist unmöglich, 16 Flaschen Saft und 21 Flaschen Limonade jeweils in derselben Anzahl (2, 3, 4, ...) vollständiger Reihen aufzustellen.

11

Ermittle den größten gemeinsamen Teiler der beiden Zahlen im Kopf. Entscheide, ob die beiden Zahlen teilerfremd sind.

a) 15 und 55 **b)** 24 und 38 **c)** 9 und 32 **d)** 12 und 54 **e)** 32 und 8
f) 9 und 12 **g)** 21 und 40 **h)** 15 und 18 **i)** 32 und 72 **j)** 9 und 10

12^L

Ermittle den größten gemeinsamen Teiler.

a) ggT(12; 150) **b)** ggT(75; 144) **c)** ggT(144; 18) **d)** ggT(64; 72)
e) ggT(7; 1008) **f)** ggT(126; 21) **g)** ggT(45; 100) **h)** ggT(512; 128)

13

Überprüfe anhand von Beispielen, ob die folgenden Aussagen wahr sind.

a) Zwei benachbarte Zahlen sind immer teilerfremd.
b) Zwei gerade Zahlen sind nie teilerfremd.
c) Zwei ungerade Zahlen sind immer teilerfremd.

14

Schreibe jeweils 2 Paare von Zahlen auf, die die gegebene Zahl als größten gemeinsamen Teiler haben.

a) 3 **b)** 4 **c)** 5 **d)** 7 **e)** 9
f) 11 **g)** 13 **h)** 25 **i)** 27 **j)** 101

BEACHTE

Auch mehr als zwei Zahlen haben gemeinsame Teiler und einen größten gemeinsamen Teiler.

15

Finde den größten gemeinsamen Teiler der drei Zahlen.

a) 8; 12; 20 **b)** 10; 25; 85 **c)** 7; 84; 141 **d)** 16; 84; 96
e) 72; 120; 154 **f)** 30; 75; 165 **g)** 12; 66; 96 **h)** 48; 96; 192

16

Jörg macht mit seinem Vater einen Spaziergang. Sie gehen nebeneinander her, wobei Jörg 60 cm lange Schritte und sein Vater 75 cm lange Schritte machen. Sie gehen zusammen auf dem rechten Fuß los. Nach wie vielen Metern befinden sich die rechten Füße wieder nebeneinander?

WISSEN

Bildet man die Vielfachen zweier Zahlen, so treten **gemeinsame Vielfache** auf. Diese findet man durch Vergleich der Vielfachenmengen. Oft sucht man das **kleinste gemeinsame Vielfache (kgV)** zweier Zahlen.

BEACHTE

Auch das Einfache einer Zahl gehört zur Vielfachenmenge.

Im Gegensatz zur Teilermenge einer Zahl enthält die Vielfachenmenge einer Zahl immer unendlich viele Elemente.

Das Produkt zweier Zahlen ist immer ein gemeinsames Vielfaches von ihnen.

BEISPIEL

Wir suchen die gemeinsamen Vielfachen von 8 und 14.

$V_8 = \{8; 16; 24; 32; 40; 48; 56; 64; 72; 80; 88; 96; 104; 112; 120; \ldots\}$
$V_{14} = \{14; 28; 42; 56; 70; 84; 98; 112; 126; \ldots\}$
Gemeinsame Vielfache von 8 und 14 sind: **56, 112, …**

Das kleinste gemeinsame Vielfache (kgV) von 8 und 14 ist 56.
Man schreibt kurz: kgV(8; 14) = 56

17^L

Gib die ersten drei gemeinsamen Vielfachen an.

a) 4 und 18 **b)** 7 und 14 **c)** 12 und 15 **d)** 15 und 8 **e)** 24 und 36
f) 5 und 7 **g)** 9 und 12 **h)** 13 und 39 **i)** 18 und 27 **j)** 21 und 14

18

Gib das kleinste gemeinsame Vielfache an.

a) 12 und 18 **b)** 15 und 25 **c)** 6 und 7 **d)** 12 und 40 **e)** 13 und 17
f) 15 und 36 **g)** 21 und 28 **h)** 120 und 144 **i)** 84 und 108 **j)** 14 und 26

19^L

Bestimme das kleinste gemeinsame Vielfache.

a) 4 und 18 **b)** 12 und 44 **c)** 72 und 120 **d)** 64 und 160 **e)** 6 und 61
f) 35 und 25 **g)** 7 und 9 **h)** 13 und 169 **i)** 39 und 72 **j)** 21 und 35

ZUM KNOBELN

Wie oft muss sich das kleinere Zahnrad drehen, damit die Firmennamen wieder nebeneinander stehen?

20

Gib jeweils 2 passende Zahlen an.

a) 39 ist das kgV von 13 und ▢ **b)** 88 ist das kgV von 11 und ▢
c) 36 ist das kgV von 4 und ▢ **d)** 60 ist das kgV von 12 und ▢

21

Ermittle das kleinste gemeinsame Vielfache der drei Zahlen.

a) 2; 3; 4 **b)** 3; 5; 9 **c)** 3; 6; 13 **d)** 4; 5; 7 **e)** 4; 9; 12

Primzahlen und Primfaktorzerlegung

1

Ein Spiel zu zweit

Nennt abwechselnd irgendeine natürliche Zahl zwischen 10 und 100. Diese Zahl soll jeweils in ein Produkt von möglichst vielen Faktoren zerlegt werden. Die 1 ist dabei natürlich als Faktor ausgeschlossen. (Warum?)
Es gewinnt, wer die Zahl in mehr Faktoren zerlegt hat. Spielt das Spiel in der Klasse. Was stellt ihr fest?

2

Versuche die folgenden Zahlen wie in nebenstehendem Beispiel in möglichst viele Faktoren zu zerlegen. Bei einigen Zahlen wirst du keine Zerlegung finden. Welche Teiler haben diese Zahlen?

a) 23, 27, 37, 43 **b)** 51, 91, 97, 99
c) 15, 39, 41, 57 **d)** 63, 67, 71, 87
e) 19, 21, 47, 49 **f)** 52, 61, 79, 81
g) 29, 31, 45, 53 **h)** 73, 77, 89, 93

BEISPIEL
$24 = 2 \cdot 2 \cdot 2 \cdot 3$
59 lässt sich nicht zerlegen; die Teiler sind 1 und 59.

WISSEN

Eine Zahl heißt **Primzahl,** wenn sie genau zwei Teiler besitzt; sie ist also nur durch 1 und sich selbst teilbar.

1 ist keine Primzahl. Sie hat nur einen Teiler, die 1.

Die ersten Primzahlen sind 2, 3, 5, 7, 11, 13, 17, 19, 23, 29, 31, 37.

NACHGEDACHT
Alle Primzahlen außer 2 sind ungerade.
Warum kann eine gerade Zahl größer als 2 keine Primzahl sein?

3

Das Sieb des Eratosthenes

Bei der Suche nach weiteren Primzahlen ist ein Verfahren hilfreich, das vor über 2000 Jahren der griechische Gelehrte Eratosthenes von Kyrene (284–202 v. Chr.) erfunden hat. Es funktioniert so:
- schreibe alle Zahlen von 2 bis z. B. 100 auf;
- streiche alle Vielfachen von 2 außer 2 (im Bild rote Striche);
- gehe zur nächsten Zahl und streiche alle Vielfachen außer der Zahl selbst;
- wiederhole den vorhergehenden Schritt so lange, bis keine neuen Vielfachen mehr gestrichen werden.

Die restlichen Zahlen sind Primzahlen.

a) Schreibe alle Zahlen von 2 bis 200 in dein Heft und probiere das Sieb des Eratosthenes aus.
b) Überlege, warum du die Vielfachen von 4, 6 und 8 nicht streichen musst.

WISSEN

Jede natürliche Zahl größer als 1, die keine Primzahl ist, lässt sich in ein Produkt aus Primzahlen zerlegen. Jeder Faktor heißt dann **Primfaktor**. Die vollständige Zerlegung nennt man **Primfaktorzerlegung**.

Für jede Zahl gibt es eine einzige Primfaktorzerlegung.

Gleiche Primfaktoren kann man zu Potenzen zusammenfassen.

BEISPIELE

für Primfaktorzerlegungen

$8 = 2 \cdot 2 \cdot 2 = 2^3$ $90 = 2 \cdot 3 \cdot 3 \cdot 5 = 2 \cdot 3^2 \cdot 5$ $119 = 7 \cdot 17$

ERINNERE DICH

Das Produkt von mehreren gleichen Faktoren kann man als Potenz schreiben, z. B. $3 \cdot 3 = 3^2$ und $5 \cdot 5 \cdot 5 \cdot 5 = 5^4$.

4

Schreibe die Zerlegungen mithilfe von Potenzen und berechne die Zahlen.

a) $2 \cdot 3 \cdot 5 \cdot 7$ **b)** $2 \cdot 2 \cdot 2 \cdot 5$ **c)** $3 \cdot 3 \cdot 5 \cdot 11$ **d)** $3 \cdot 3 \cdot 3 \cdot 13$
e) $3 \cdot 5 \cdot 5 \cdot 17$ **f)** $3 \cdot 3 \cdot 2 \cdot 2$ **g)** $5 \cdot 5 \cdot 2 \cdot 2$ **h)** $2 \cdot 2 \cdot 2 \cdot 3 \cdot 5$

5

Zerlege in Primfaktoren. Benutze auch die Potenzschreibweise.

a) 32 **b)** 144 **c)** 672 **d)** 512 **e)** 352 **f)** 2 288 **g)** 1 024 **h)** 1 000
i) 4 096 **j)** 792 **k)** 3 960 **l)** 324 **m)** 540 **n)** 7 560 **o)** 343 **p)** 512

6

Gib die Primfaktorzerlegung folgender Zahlen an.

a) 18 **b)** 27 **c)** 30 **d)** 143 **e)** 20 **f)** 36 **g)** 112 **h)** 123,
i) 28 **j)** 42 **k)** 64 **l)** 140 **m)** 45 **n)** 50 **o)** 78 **p)** 120
q) 9 **r)** 16 **s)** 25 **t)** 63 **u)** 128 **v)** 625 **w)** 216 **x)** 124

BEISPIEL

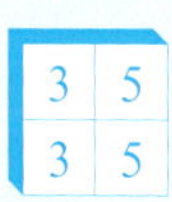

$225 = 3^2 \cdot 5^2$

Teilerpaare von 225

$3 \cdot 3 \cdot 5^2$
$= 3 \cdot 75$

$3^2 \cdot 5^2$
$= 9 \cdot 25$

$3^2 \cdot 5 \cdot 5$
$= 45 \cdot 5$

$3 \cdot 5 \cdot 3 \cdot 5$
$= 15 \cdot 15$

INFORMATIONEN

Es gibt unendlich viele Primzahlen. Trotzdem kann man innerhalb der natürlichen Zahlen lange „Lücken“ angeben, in denen keine Primzahl vorkommt: z. B. die 33 Zahlen zwischen 1 327 und 1 361. Man kennt sogar eine Lücke von 1 000 000 Zahlen ohne Primzahl.

7L

Ermittle mithilfe der Primfaktorzerlegung alle Teilerpaare der Zahl.

a) 30 **b)** 105 **c)** 66 **d)** 75 **e)** 175 **f)** 210

8

a) Ermittle das kgV(18; 24) und den ggT(18; 24).
b) Gib die Primfaktorzerlegungen von 18 und 24 an und veranschauliche sie. Lassen sich daraus bereits das kgV und der ggT erkennen?

9

Gib die Teilermengen der beiden Zahlen an. Schreibe die gemeinsamen Teiler der Zahlen auf und unterstreiche den größten gemeinsamen Teiler.

a) 60 und 140 **b)** 75 und 175 **c)** 24 und 36 **d)** 56 und 168
e) 132 und 99 **f)** 72 und 48 **g)** 54 und 48 **h)** 165 und 35

BEISPIEL

Größter gemeinsamer Teiler von 18 und 60

$18 = 2 \cdot 3 \cdot 3 = 2 \cdot 3^2$
$60 = 2 \cdot 2 \cdot 3 \cdot 5 = 2^2 \cdot 3 \cdot 5$
$2 \cdot 3 = 2 \cdot 3 = 6$ also: ggT(18; 60) = 6

Jeder Primfaktor wird so oft berücksichtigt, wie er in beiden Zerlegungen *am seltensten* vorkommt: 2 einmal, 3 einmal, 5 keinmal.

Kleinstes gemeinsames Vielfaches von 18 und 60

$18 = 2 \cdot 3 \cdot 3 = 2 \cdot 3^2$
$60 = 2 \cdot 2 \cdot 3 \cdot 5 = 2^2 \cdot 3 \cdot 5$
$2 \cdot 2 \cdot 3 \cdot 3 \cdot 5 = 2^2 \cdot 3^2 \cdot 5 = 180$ also: kgV(18; 60) = 180

Jeder Primfaktor wird so oft berücksichtigt, wie er in beiden Zerlegungen *am häufigsten* vorkommt: 2 zweimal, 3 zweimal, 5 einmal.

HINWEIS
Der ggT ist das größte gemeinsame Bauteil der beiden Zerlegungen.

ggT(18; 60) = $2 \cdot 3$

Das kgV ist das kleinste Bauteil, das beide Zerlegungen enthält.

kgV(18; 60) = $2^2 \cdot 3^2 \cdot 5$

10

Ermittle mithilfe der Primfaktorenzerlegung ggT und kgV der Zahlen.

a) 20 und 50 **b)** 25 und 74 **c)** 76 und 26 **d)** 34 und 51
e) 32 und 42 **f)** 82 und 38 **g)** 100 und 612 **h)** 93 und 115
i) 32 und 128 **j)** 30 und 135 **k)** 34 und 119 **l)** 98 und 140

AUFGABE
Gibt es bei Aufgabe 10 Zahlenpaare, die teilerfremd sind?

11[L]

Ermittle jeweils ggT und kgV der Zahlen.

a) 32 und 80 **b)** 12 und 15 **c)** 27 und 63 **d)** 36 und 60
e) 18 und 48 **f)** 35 und 99 **g)** 45 und 108 **h)** 48 und 100
i) 12; 21; 35 **j)** 88; 144; 198 **k)** 78; 156; 416 **l)** 144; 162; 216

TIPP
Bei mehr als zwei Zahlen geht man genauso vor.

12

Ermittle ggT und kgV.

a) 115 und 90 **b)** 171 und 108 **c)** 132 und 84 **d)** 228 und 192
e) 144 und 54 **f)** 240 und 72 **g)** 651 und 372 **h)** 510 und 204
i) 351 und 99 **j)** 132 und 408 **k)** 140 und 306 **l)** 236 und 284

13

Auf einer Modelleisenbahnanlage fahren ein InterCity und ein Güterzug. Der InterCity benötigt für eine Runde 15 s, der Güterzug 21 s. Beide Züge starten gleichzeitig am Bahnhof. Nach welcher Zeit durchfahren sie wieder gemeinsam den Bahnhof? Wie viele Runden haben sie dann zurückgelegt?

14

Für welche Zahl ist das folgende Produkt eine Primfaktorenzerlegung?
Bestimme mithilfe der Primfaktorenzerlegung je 3 Teiler dieser Zahlen.

a) $2^2 \cdot 3$ **b)** $2 \cdot 3^2$ **c)** $2 \cdot 3 \cdot 5$ **d)** $3 \cdot 5^2 \cdot 7$ **e)** $2^2 \cdot 3 \cdot 5 \cdot 11$

15

Ermittle die Primfaktorenzerlegung.

a) 34 **b)** 26 **c)** 75 **d)** 68 **e)** 39 **f)** 55
g) 74 **h)** 144 **i)** 175 **j)** 91 **k)** 121 **l)** 143

16

Ermittle die Zahlen für a bis j.

Zahl x	a	b	7	12	30	9	g	h	i	j
Zahl y	6	15	c	12	e	f	40	5	25	8
kgV von x und y	18	30	20	d	30	72	20	65	100	6

17

Ermittle Zahlen für a bis i.

Zahl x	3	8	5	15	6	f	g	h	i
Zahl y	6	12	7	d	e	14	10	33	12
ggT von x und y	a	b	c	5	2	7	1	11	24

18

Jeden Abend gibt es bei Meyers eine lange Diskussion um den Abwasch. Sohn Max schlägt vor, zwei Würfel entscheiden zu lassen: Ist die Augensumme durch 3 teilbar, muss Mutter abwaschen. Ist die Augensumme durch 5 oder durch 7 teilbar, wäscht Max ab. In den anderen Fällen bleibt der Abwasch für den Vater. Ist diese Regelung gerecht?

Ein Blick in den Alltag

Teilbarkeit hilft Geheimnisse wahren

B 1

Sicher fragt ihr euch: Was judwxolhuh glhv lvw ulfkwlj heißen soll?
Das ist eine „verschlüsselte“ Mitteilung an diejenigen, die es schaffen, den Text zu „entschlüsseln“. Und das ist der „Schlüssel“:

Normalschrift	a	b	c	d	e	f	g	h	i	j	k	l	m	n	o	p	q	r	s	t	u	v	w	x	y	z
Geheimschrift	d	e	f	g	h	i	j	k	l	m	n	o	p	q	r	s	t	u	v	w	x	y	z	a	b	c

Seit alters her werden Nachrichten verschlüsselt, damit sie Unbefugte nicht lesen können. Der oben angegebene Schlüssel wurde bereits vom römischen Feldherrn Cäsar (100 bis 44 v. Chr.) verwendet.
Auch heute, im Zeitalter der Computer und Datennetze (z. B. Internet), werden geheime Informationen verschlüsselt. Sollte ein Hacker in ein Computersystem eindringen, so erscheinen bei ihm nur unverständliche Zahlen- oder Buchstabenkolonnen auf dem Bildschirm.

FACHWORTE
Schlüssel – Kode (gesprochen: Ko:t) – *Chiffre*
verschlüsseln – kodieren – chiffrieren
entschlüsseln – dekodieren – dechiffrieren
In der Technik verwendet man häufig: *Code, codieren, decodieren.*

Der oben verwendete Schlüssel ist ganz einfach: Das Alphabet wurde um drei Buchstaben nach links verschoben. Auch andere Verschiebungen wären genauso zum Verschlüsseln geeignet, z. B. um 5 oder 20 Buchstaben. Zum Ver- und Entschlüsseln eignet sich „die Chiffriermaschine“ rechts. Sie kann aus zwei verschieden großen Pappscheiben hergestellt werden, die in der Mitte miteinander drehbar verbunden sind.

Das Geheimwort **zgaziwzdi** gibt nach obigen Schlüssel keinen Sinn: wdxwftwaf. Es wurde also ein anderer Schlüssel genutzt. Dieser lässt sich mit etwas Probieren finden.
Das e kommt in der deutschen Sprache am häufigsten vor. Im Geheimwort ist der Buchstabe z am häufigsten, also probieren wir zuerst die Zuordnung e – z. Alle übrigen Buchstabenzuordnungen findet man mit der Chiffriermaschine, wenn e über z gestellt wird. So erhalten wir das sinnvolle Wort „elfenbein“. Man sagt: Der Kode ist geknackt.

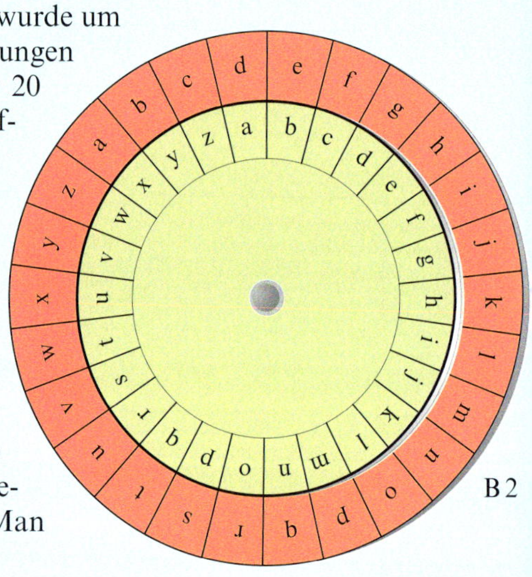

B 2

AUFGABEN

1. **a)** Entschlüssele den Text im Bild 1.
   b) Knacke den Kode und entschlüssele den Text: rog usvswabwg wgh uszcsgh.

2. Aufgabe für zwei:
   Vereinbart zwischen euch einen Schlüssel auf eurer Chiffriermaschine. Dann tauscht euch gegenseitig geheime Nachrichten aus und entschlüsselt sie.

3. **a)** Jede(r) verschlüsselt mit seiner Chiffriermaschine einen kurzen Text. Einige schreiben ihren Geheimtext an die Tafel. Alle anderen versuchen nun die Kodes zu knacken und die Texte zu entschlüsseln.
   b) Denkt euch weitere Kodes zum Verschlüsseln von Texten aus und stellt sie in der Klasse vor. Benutzt z. B. Zahlen zum Verschlüsseln der Texte.

Zur Sicherung von Geldkonten und von Kreditkarten, zum Verschlüsseln von Pay-TV-Sendungen und in vielen anderen Fällen bedarf es eines Kodes, der sich nicht oder nur äußerst schwer knacken lässt.
Derartige Kodierverfahren nutzen sehr häufig Teilbarkeitsuntersuchungen. Dabei verwendet man so riesige Zahlen, dass selbst die größten Computer der Welt nicht mehr alle Möglichkeiten durchprobieren können.
Im folgenden Beispiel wird das Prinzip eines kaum zu knackenden Kodierverfahrens gezeigt. Allerdings werden im Beispiel ganz kleine und besonders einfache Zahlen verwendet, sodass ihr die Rechnungen gut nachvollziehen könnt.

Verschlüsseln

Die vierstellige persönliche Geheimzahl einer Geldkarte sei 3821.
Im Computer der Bank wird die Geheimzahl kodiert gespeichert, sodass kein Fremder – auch kein Bankangestellter – sie ablesen kann.
Zur Verschlüsselung verwenden wir die beiden Zahlen 10 und 3:
3: $3^3 = 27$ 8: $8^3 = 512$ 2: $2^3 = 8$ 1: $1^3 = 1$

Die Division der Zahlen 27, 512, 8 und 1 durch 10 lässt als Reste:
7, 2, 8, 1.
Die ermittelten Reste verwenden wir zur Kodierung der persönlichen Geheimnummer. Die kodierte Geheimnummer ist also 7281.

INFORMATION
Ermittlung der im Beispiel genutzten Zahlen 10, 3, 7:
Wahl zweier Primzahlen: 2 und 5
Produkt: $2 \cdot 5 = 10$
Vorgänger der beiden Primzahlen: 1 und 4
Produkt: $1 \cdot 4 = 4$
Wir bilden Vielfache von 4 und addieren jeweils 1 hinzu. Dann prüfen wir, ob sich die Summe in ein Produkt zerlegen lässt.
$4 + 1 = 5$ nein
$8 + 1 = 9 = 3 \cdot 3$
$12 + 1 = 13$ nein
$16 + 1 = 17$ nein
$20 + 1 = 21 = 3 \cdot 7$
($3 \cdot 3$ würde zum Ver- und Entschlüsseln dieselbe Zahl ergeben.)
Ver- und Entschlüsseln könnte man z. B. auch mit 22 ($= 2 \cdot 11$), 3, 7.

Ist das euren Eltern auch schon passiert: Sie haben ihre persönliche Geheimnummer vergessen? Nun bitten sie die Bank um ihre Geheimnummer. Kann das gehen, da doch von der ganzen Rechnung nur die Reste übrig geblieben sind?
Mit der Kenntnis einer geheimen „Dekodierzahl" ist das möglich.

Entschlüsseln

Entschlüsselung der verschlüsselten Geheimnummer 7281 mithilfe der Zahl 10 und der Dekodierzahl 7:
7: $7^7 = 823543$ 2: $2^7 = 128$ 8: $8^7 = 2097152$ 1: $1^7 = 1$

Die Division der Zahlen 823543, 128, 2097152 und 1 durch 10 lässt als Reste: 3, 8, 2, 1.
Die Reste ergeben wieder die persönliche Geheimnummer 3821.

WEITERE AUFGABEN

4. **a)** Verschlüssele die persönlichen Geheimnummern 2076 und 8317 wie im Beispiel.
   b) Entschlüssele die verschlüsselten Geheimnummern 4772 und 3627 wie im Beispiel.

5. Zeige, dass man in den Beispielen statt der 10 auch die 22 verwenden kann.
   Beachte: Wenn zweistellige Reste auftreten, dann muss man damit rechnen.

Eine andere Form der Kodierung ist dir sicherlich bekannt: Der Strichcode, der auf fast allen Waren zu finden ist. Hier sind verschlüsselt Zahlen dargestellt, die Informationen über das Herkunftsland, die Firma und das Produkt liefern. Mit einem Laser kann ein Strichcode viel einfacher gelesen werden als Zahlen oder Wörter.

Codierung am Sorter

Auch bei der Post wird ein Strichcode verwendet. Im Frachtpostzentrum wird auf jedes Paket ein Leitcode aufgeklebt, der alle Informationen für die weitere automatische Verteilung und richtige Zusendung der Pakete enthält.

- das Zielfrachtpostzentrum
- eine 14-stellige Zahl, die verschlüsselt und unverschlüsselt angegeben wird

Frachtpostzentrum 01

01665.288.002.00 3

Jede Ziffer der 14-stelligen Zahl wird durch jeweils fünf Streifen dargestellt. Der verwendete Code heißt 2 von 5, weil von den fünf Streifen immer genau zwei Streifen dicker sind.

Aufbau eines Streifencodes

2 Startzeichen	Postleitzahl	Straßenkennzahl	Hausnummer	Produktnummer	Prüfzahl	2 Endzeichen
	5 Ziffern	3 Ziffern	3 Ziffern	2 Ziffern	1 Ziffer	
	0 1 6 6 5	2 8 8	0 0 2	0 0	3	

Der 2 von 5 Code:

Ziffer Code

1
2
3
4
5
6
7
8
9
0

Um Platz zu sparen, werden immer zwei Ziffern ineinander geschachtelt. Die erste Ziffer wird durch die fünf schwarzen Streifen und die zweite Ziffer durch die dazwischen liegenden fünf weißen Streifen (Lücken) gebildet. Die Streifen der einen Ziffer sind somit zugleich die Lücken der anderen Ziffer.

Schwarze Streifen → 1. Ziffer: 0

01

weiße Streifen → 2. Ziffer: 1

AUFGABEN

6. Welche Postleitzahl ist hier angegeben? (Die letzte Zahl gehört schon zur Straßenkennzahl.) Welcher Ort ist das?

7. Verschlüssele die Postleitzahl deiner Wohnadresse. Tipp: Nutze ein Kästchenraster.

8. Die ersten fünf Ziffern dieses Strichcodes bilden die heutige Postleitzahl des Geburtsortes Johann Sebastian Bachs. Entschlüssele sie.

Teste dich!

1

Ergänze die Zahlen im Heft so, dass sie
a) durch 4 teilbar sind: 1□; 8□4; 95□
b) durch 6 teilbar sind: 8□; 13□; 54 33□
c) durch 25 teilbar sind: □; 63□; 4□

2

Übertrage die Tabelle ins Heft und überprüfe die Teilbarkeit.

Teiler	200	2 520	3 642	45 603
2				
3				
5				
8				
9				

3

Überprüfe die Teilbarkeit mithilfe der Summenregel.
a) Ist 4 949 durch 7 teilbar?
b) Ist 36 049 durch 12 teilbar?
c) Ist 122 durch 11 teilbar?
d) Ist 170 034 durch 17 teilbar?

4

Schreibe die Teilermengen der beiden Zahlen auf und kennzeichne den größten gemeinsamen Teiler.
a) 12; 15 **b)** 14; 42 **c)** 45; 75 **d)** 36; 9

5

Schreibe so viele Elemente der Vielfachenmengen auf, bis mindestens zwei gemeinsame Vielfache der gegebenen Zahlen aufgetreten sind. Kennzeichne das kleinste gemeinsame Vielfache.
a) 12; 15 **b)** 14; 42 **c)** 45; 75 **d)** 36; 9

6

Zerlege in Primfaktoren.
a) 72 **b)** 36 **c)** 115 **d)** 510

HINWEISE

1) Versuche zunächst, die Aufgaben ohne Hilfestellung zu lösen.

2) Wenn du doch Hilfe benötigst, findest du auf der angegebenen Seite ein Beispiel oder eine Anregung zum Lösen der Aufgabe.

Aufgabe	Seite
1	77/79
2	76/78/79
3	81
4	85
5	87
6	89

3) Im Anhang ab Seite 218 findest du die Lösungen der Aufgaben.
Vergleiche deine Ergebnisse mit diesen Lösungen und überprüfe so deinen Lernstand.

ZUSAMMENFASSUNG

Teiler und Vielfache	Beispiel
a ist **Teiler** von *b*, kurz $a \mid b$, wenn man *b* durch *a* ohne Rest teilen kann.	11 ist ein Teiler von 99. $11 \mid 99$, denn $99 = 9 \cdot 11$
b ist **Vielfaches** von *a*, wenn man *a* mit einer natürlichen Zahl multiplizieren kann, um *b* zu erhalten.	99 ist ein Vielfaches von 11.

Teilbarkeitsregeln	Beispiele
Eine Zahl ist nur dann …	
– durch 2 teilbar, wenn sie auf 0, 2, 4, 6 oder 8 endet.	$2 \mid 11\,776$
– durch 3 teilbar, wenn ihre Quersumme durch 3 teilbar ist.	$3 \mid 281\,154$
– durch 4 teilbar, wenn die beiden letzten Ziffern eine durch 4 teilbare Zahl darstellen.	$4 \mid 3\,136$
– durch 5 teilbar, wenn sie auf 0 oder 5 endet.	$5 \mid 19\,165$
– durch 6 teilbar, wenn sie durch 2 und durch 3 teilbar ist.	$6 \mid 187\,002$
– durch 8 teilbar, wenn ihre letzten drei Ziffern eine durch 8 teilbare Zahl darstellen.	$8 \mid 984\,968$
– durch 9 teilbar, wenn ihre Quersumme durch 9 teilbar ist.	$9 \mid 783\,243$
– durch 25 teilbar, wenn sie auf 00, 25, 50 oder 75 endet.	$25 \mid 523\,475$

Summen- und Produktregel	Beispiele
Wenn bei einer Summe jeder Summand durch eine Zahl teilbar ist, dann ist auch die Summe durch diese Zahl teilbar.	$3 \mid 12$ und $3 \mid 15$, also $3 \mid 27$
Wenn bei einem Produkt ein Faktor durch eine Zahl teilbar ist, dann ist auch das Produkt durch diese Zahl teilbar.	$9 \mid 225$, denn $9 \mid 45$ und $225 = 5 \cdot 45$

Größter gemeinsamer Teiler (ggT)	Beispiele
Schreibt man für 2 oder mehrere natürliche Zahlen jeweils alle Teiler auf, so findet man einen größten gemeinsamen Teiler.	9 – 1, **3**, 9 12 – 1, 2, **3**, 4, 6, 12 ggT(9,12) = 3

Kleinstes gemeinsames Vielfaches (kgV)	Beispiele
Schreibt man für 2 oder mehrere natürliche Zahlen jeweils der Reihe nach die Vielfachen auf, so findet man ein Kleinstes gemeinsames Vielfaches.	9 – 9, 18, 27, **36**, 45, … 12 – 12, 24, **36**, 48, … kgV(9, 12) = 36

Primzahl	Beispiele
Eine Zahl heißt Primzahl, wenn sie genau zwei Teiler besitzt, nämlich 1 und die Zahl selbst.	101 ist eine Primzahl. Sie hat nur die Teiler 1 und 101.

Primfaktorzerlegung	Beispiele
Die Primfaktorzerlegung hilft, den größten gemeinsamen Teiler (ggT) und das kleinste gemeinsame Vielfache (kgV) zweier Zahlen zu ermitteln.	$18 = 2 \cdot 3 \cdot 3$ $30 = 2 \cdot 3 \cdot 5$ ggT (18; 30) $= 2 \cdot 3 = 6$ kgV (18; 30) $= 2 \cdot 3 \cdot 3 \cdot 5 = 90$

Größen

Startzeit: 9.15 Uhr.
Der Rennfahrer fährt Runde um Runde. Er will der Beste sein, der Schnellste. Und gewinnen. 2 000 Euro bekommt der Sieger des Rennens über 20 km. 9.25 Uhr und 40 Sekunden: Schon 20-mal hat er die Bahn umrundet. Dem Rennfahrer geht die Puste aus. Die 400-m-Bahnen kommen ihm von Runde zu Runde länger vor. 9.41 Uhr und 25 Sekunden: Der Endspurt beginnt. Noch 2 km sind zu fahren. Seine Bestzeit für die Strecke liegt bei 23 Minuten und 31 Sekunden. Wird er sie erreichen? 9.43 Uhr und 51 Sekunden: Der Rennfahrer fährt über die Ziellinie.

Euro
Meter
Kilometer
Minuten
Sekunden

Ein Blick in die Technik

Eine Reise ins Weltall

Am 16. Juli 1969 besteigen drei amerikanische Astronauten die Saturn-5-Rakete am Cape Kennedy in Florida. Die Rakete ist gewaltig. Sie hat eine Höhe von 110,64 Metern und eine Startmasse von 2928 Tonnen. Über eine Million Zuschauer haben sich eingefunden, um den Start zum Mond zu beobachten.

Die letzten Sekunden werden gezählt. Die Triebwerke der Rakete zünden. Um 14 Uhr 32 Minuten hebt die Rakete von der Erde ab. Sie beginnt ihren Flug zum Mond.

An Bord des Raumschiffs Apollo 11 sind der Kommandant Neil Armstrong sowie die Astronauten Edwin Aldrin und Michael Collins.

Saturn-5-Rakete

Nach etwa 4 Tagen erreichen sie die Umlaufbahn um den Mond. Armstrong und Aldrin steigen um in die Landefähre „Eagle“. Gebremst durch den Feuerstrahl des Triebwerks sinkt die Fähre langsam zum Mond hinab. Sie landet rund 7 Kilometer vom vorausberechneten Ziel. Millionen von Menschen in allen Ländern der Erde hören aus dem Lautsprecher Armstrongs Stimme mit den Worten: „The Eagle has landed.“

Die Astronauten legen ihre Raumanzüge an.

Am 21. Juli um 3 Uhr 56 Minuten setzt Armstrong seinen Fuß auf den Mondboden und sagt: „Dies ist ein kleiner Schritt für einen Mann, aber ein großer Schritt für die Menschheit.“ Zusammen mit Aldrin stellt er verschiedene Messgeräte auf und sammelt 22 Kilogramm Mondgestein ein.

Nach etwa zweistündigem Aufenthalt auf der Mondoberfläche kehren die beiden in die Landefähre zurück. Sie beginnen den Rückflug. Alles gelingt wie geplant.

Am 24. Juli geht Apollo 11 im vorgesehenen Landegebiet des Pazifiks nieder. Alle Astronauten sind wohlauf.

Damit ist ein lang gehegter Traum der Menschheit erstmals in Erfüllung gegangen – der Flug des Menschen zum Mond.

AUFGABEN

1. Wisst ihr etwas darüber, wie die Astronauten in dem Raumschiff leben, was sie essen, wie sie schlafen?

2. Wo auf dem Bild ist das Raumschiff an der Rakete zu finden?

3. Weißt du, ob seit Juli 1969 noch andere Astronauten zum Mond geflogen sind? Informiere dich darüber.

4. Suche aus dem Text alle Größenangaben heraus. Überlege dir für jede Angabe etwas, was genauso schwer, genauso hoch usw. ist.

5. Die Masse eines Reisebusses beträgt 12 Tonnen. Wievielmal so groß war die Masse der Saturn-5-Rakete?
Fünfgeschossige Wohnhäuser haben Höhen bis etwa 22 Meter. Wievielmal so hoch war die Rakete?

Größen im Alltag und ihre Einheiten

Ob ich 3,20 m gesprungen bin?

Sind 4 Äpfel schwerer als 4 Tennisbälle?

Wie lange fährt ein Elbschiff von Dresden nach Rathen?

1

a) Weißt du, welche Größen sich hinter diesen Fragen verbergen?
Mit welchen Messgeräten und in welchen Einheiten können sie gemessen werden?

b) Welche anderen Größen kennst du? Zähle sie auf.

WISSEN

Größen beschreiben Eigenschaften von Gegenständen, Vorgängen oder Zuständen. Größen können mit geeigneten Messgeräten gemessen werden.
Beim **Messen** vergleicht man mit einer vorgegebenen Einheit.

Eine Größe wird durch einen **Zahlenwert** (oder Maßzahl) und eine **Einheit** angegeben.

5	cm		83	kg
Zahlenwert	Einheit		Zahlenwert	Einheit

BEISPIEL

1) Eine Strecke $\overline{PQ}$ ist 5 cm lang.

(Strecke von P bis Q, eingeteilt in Abschnitte von 1 cm)

Das bedeutet:
Man kann auf der Strecke $\overline{PQ}$ fünf Strecken der Länge 1 cm nacheinander abtragen. Die Strecke $\overline{PQ}$ ist 5-mal so lang wie eine Strecke von 1 cm Länge: $5\text{ cm} = 5 \cdot 1\text{ cm}$.

2) Eine Unterrichtsstunde dauert 45 Minuten.
Das bedeutet: Die Unterrichtsstunde dauert 45-mal so lange wie 1 Minute: $45\text{ min} = 45 \cdot 1\text{ min}$

BEACHTE
Der Zahlenwert (oder die Maßzahl) einer Größe wird oft als Dezimalbruch geschrieben:
Für 12 m 54 cm schreibt man z. B. 12,54 m.
Für 1 kg 85 g kann man 1,085 kg schreiben.
Für $2\frac{1}{4}\text{ m}^2$ kann man auch $2{,}25\text{ m}^2$ schreiben.

2

Formuliere weitere solche Beispiele.

Länge

3

Anja sammelt Briefmarken. Einige ihrer Marken sind in Originalgröße abgebildet. Schätze und miss die Länge und Breite der Marken in Millimetern. Notiere Schätzung und Messung für jedes Markenmotiv in einer Tabelle.

WISSEN

Wichtige Längeneinheiten

Name	Zeichen	Beispiel zur Veranschaulichung der Einheit
Millimeter	mm	1 mm ist etwa die Dicke von einem Cent.
Zentimeter	cm	1 cm ist etwa die Dicke von einer Streichholzschachtel.
Dezimeter	dm	1 dm ist etwa die Breite von einer Postkarte.
Meter	m	1 m ist etwa die Breite einer Tür.
Kilometer	km	1 km entspricht etwa zwei und einer halben Sportplatzrunde.

Zum **Messen von Längen** „zählt“ man, wie oft eine vorgegebene Längeneinheit in die zu messende Strecke passt.

BEACHTE
Man spricht auch von einer „Länge“, wenn die Breite, Höhe oder Dicke eines Gegenstandes gemessen wird.

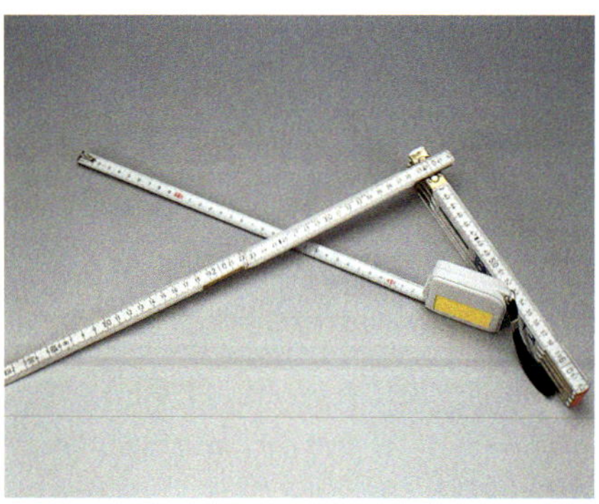

Zollstock, Bandmaß

Rolltacho zum Messen von Weglängen

INFORMATION
Mit dem Zollstock misst man nicht in der alten Einheit Zoll, sondern in Zentimeter oder in Millimeter.
In den englischsprachigen Ländern ist „Zoll“ jedoch eine gebräuchliche Einheit;
1 englisches Zoll = 1 Inch = 1″ = 25,4 mm.

4

Wozu nutzt man die auf dieser und der nächsten Seite abgebildeten speziellen Messgeräte? Nenne weitere Längenmessgeräte und ihre Verwendung.

5

Sabine hat die folgenden Längen in falscher Reihenfolge notiert: die Höhe ihres Zimmers, die Flugstrecke ihrer letzten Urlaubsreise, die Ärmellänge ihres Pullovers, die Dicke einer Zeitschrift, die Länge ihres Schulwegs: 1250 km, 46 cm, 26 dm, 850 m, 8 mm. Ordne die Längen richtig zu.

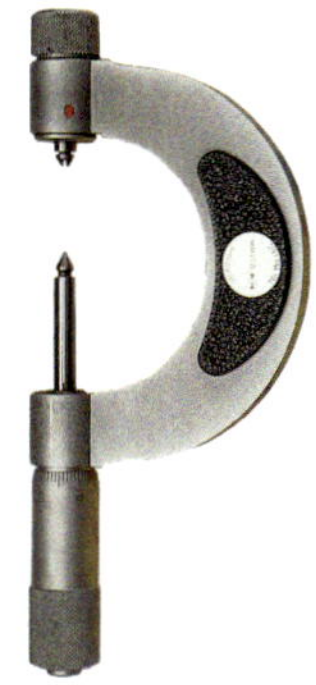

Mikrometerschraube

WISSEN

Die wichtigsten Vorsätze vor einer Längeneinheit

Milli (m): Tausendstel; **Zenti (c):** Hundertstel;
Dezi (d): Zehntel; **Kilo (k):** Tausendfaches

Zusammenhänge zwischen Längeneinheiten

1 km = 1000 m
1 m = 10 dm = 100 cm = 1 000 mm
1 dm = 10 cm = 100 mm
1 cm = 10 mm

Umrechnungszahlen

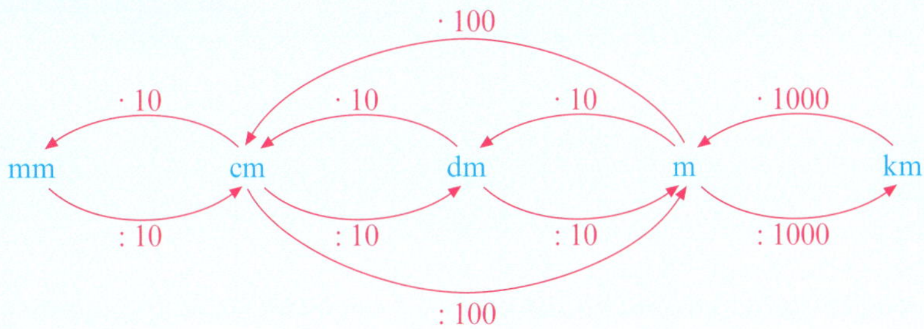

HINWEIS
Besonders große Längen treten im Weltraum auf.
Die „Forschungsreise ins Weltall“ unter
www.mathe-plus.de
schickt dich auf die Reise …

6

Rechne in die nächstkleinere Einheit um.

a)	**b)**	**c)**	**d)**	**e)**	**f)**
12 m	11 km	123 cm	540 dm	1 234 cm	600 m
3 cm	4 dm	45 km	62 m	230 km	800 cm
5 km	48 cm	68 dm	240 cm	620 dm	46 km

7

Rechne in die nächstgrößere Einheit um.

a)	**b)**	**c)**	**d)**	**e)**
20 mm	12 000 m	330 dm	7 200 cm	40 000 m
240 cm	320 mm	500 cm	420 mm	2 460 dm
4 000 m	7 350 dm	700 mm	80 dm	350 cm

8

Gib die folgenden Längen in einer zweckmäßigeren Längeneinheit an.

a) Die Tür ist 2 000 mm hoch und 900 mm breit.
b) Die Fahrt zum Baumarkt betrug 12 000 m.
c) Das Schwimmbecken ist 500 dm lang.
d) Der Kirchturm ist 6 300 cm hoch.

9

Ergänze die Einheit und rechne in die nächstkleinere Einheit um.

a) Der Fußballplatz ist 90 ___ lang. **b)** Ein Lineal ist 3 ___ lang.
c) Der Kugelschreiber ist 14 ___ lang. **d)** Das Haus ist 12 ___ hoch.
e) Die Heftseite ist 21 ___ breit. **f)** Die Garage ist 5 ___ lang.

BEISPIEL

km			m			dm	cm	mm
H	Z	E	H	Z	E			
				4	2			
				4	2	0		
				4	2	0	0	
						5		
						5	0	
						5	0	0
		6						
		6	0	0	0			

Aus der Tabelle kann man folgende Umrechnungen ablesen:

42 m
= 420 dm
= 4 200 cm

5 dm
= 50 cm
= 500 mm

6 km
= 6 000 m

MERKE
Wenn die Einheit kleiner wird, dann wird der Zahlenwert größer. Du musst mit der Umrechnungszahl multiplizieren. Wenn die Einheit größer wird, dann wird der Zahlenwert kleiner. Du musst durch die Umrechnungszahl dividieren.

10

Übertrage die Tabelle in dein Heft (ohne Zahlen).
Trage die Längen ein und rechne sie in die nächstkleinere Einheit um.

a) 68 m, 12 dm, 82 km, 25 cm, 40 m, 80 cm, 200 dm, 70 km, 420 cm
b) 84 dm, 16 cm, 48 m, 12 km, 600 cm, 333 m, 66 dm, 100 cm

11

Rechne in die nächstgrößere Einheit um. Benutze eine Tabelle wie oben.

a) 120 cm, 200 dm, 30 mm, 4 000 m, 250 mm, 4 600 cm, 300 dm
b) 320 dm, 400 cm, 600 mm, 8 000 m, 4 000 cm, 60 mm, 90 dm

BEISPIEL

Paul fährt mit dem Fahrrad eine Strecke von 7 800 m bzw. 7 km 800 m.
Man schreibt auch 7,800 km oder 7,8 km.

HINWEIS
Man sagt: Paul ist sieben Kilometer und achthundert Meter oder „sieben Komma acht“ Kilometer mit dem Fahrrad gefahren.

12

a) Schreibe mit Komma:
4 km 700 m, 35 km 650 m, 12 km 785 m, 3 450 m, 1 288 m, 2 464 m

b) Rechne in die nächstgrößere Einheit um:
650 mm, 340 dm, 5 740 cm, 3 490 mm, 9 650 m, 2 770 cm, 1 335 m

WISSEN

Aus der Umrechnungstabelle kann man auch ablesen, an welche Stelle man das Komma setzen muss, wenn man in eine andere Einheit umrechnet.

BEISPIEL

km H	km Z	km E	m H	m Z	m E	dm	cm	mm
	2	3	4	0	5			
				8	7	6	5	
					5	6	7	8

Aus der Tabelle kann man ablesen:

23 405 m = 23,405 km

8 765 cm = 876,5 dm = 87,65 m

5 678 mm = 567,8 cm = 56,78 dm = 5,678 m

13

a) Trage die Längen in eine Tabelle ein und rechne in größere Einheiten um: 1 234 mm; 234 cm; 34 dm; 4 567 m; 20 202 mm; 3 210 cm.
b) Trage die Längen in eine Tabelle ein und rechne in kleinere Einheiten um: 34,56 m; 4,567 m; 3,241 km; 2,05 km; 6,8 m; 9,87 cm.

14

Schreibe in zwei Einheiten. Rechne dann in die kleinere Einheit um.

a)	**b)**	**c)**	**d)**	**e)**
3,57 m	12,4 cm	3,78 km	12,5 dm	8,75 m
4,5 cm	5,6 m	12,45 m	32,5 cm	12,05 dm
31,4 dm	2,45 km	20,5 cm	2,468 km	10,4 cm
6,1 cm	10,5 dm	5,04 dm	5,05 m	2,005 km

BEISPIEL
zu Aufgabe 14:
2,46 m
= 2 m 46 cm
= 246 cm

15

Rechne so um, dass der Zahlenwert der Länge kein Komma enthält, also eine natürliche Zahl ist. Beispiel: 32,6 dm = 326 cm.

a)	**b)**	**c)**	**d)**	**e)**
5,631 km	0,82 m	12,4 dm	7,5 km	10,05 m
12,4 dm	11,2 cm	12,04 km	7,05 m	0,050 km
33,8 cm	3,20 dm	31,5 m	8,4 cm	20,5 dm
10,2 m	4,20 km	20,2 cm	8,04 dm	0,2 cm

WUSSTEST DU SCHON?
Das größte Tier der Erde ist der Blauwal. Er erreicht eine Körperlänge von bis zu 33 m und eine Masse von bis 190 000 kg, also bis 190 t.

16

Rechne in Zentimeter um.

a) 40 mm, 5 dm, 6 m, 123 mm, 120 m, 2,5 dm, 2,45 m, 4 567 mm
b) 200 mm, 50 dm, 6,2 m, 56,78 m, 38,5 dm, 345 mm, 9,5 m, 3 km
c) 0,4 dm, 0,4 m, 0,4 km, 0,04 m, 12,3 m, 1,23 dm, 0,123 m
d) 0,1 m, 0,01 m, 0,001 m, 0,1 dm, 1 km, 0,1 km, 0,01 km
e) 21 dm, 815 mm, 8,77 m, 2,153 km, 22,74 m, 17 mm

17

Rechne in die Einheit um, die in Klammern steht.

a)	**b)**	**c)**	**d)**
17,2 km (m)	220 mm (cm)	20,5 m (cm)	12,3 dm (cm)
12,1 cm (mm)	3,4 m (dm)	60 cm (dm)	36,5 dm (cm)
230 dm (m)	120 mm (cm)	1,5 m (mm)	60,5 cm (mm)
23 000 m (km)	200 dm (m)	500 m (km)	330 m (km)

Flächeninhalt

18

Peters Vater legt die Terrasse mit quadratischen Platten aus.
Wie viele Platten benötigt er für die ganze Terrasse?

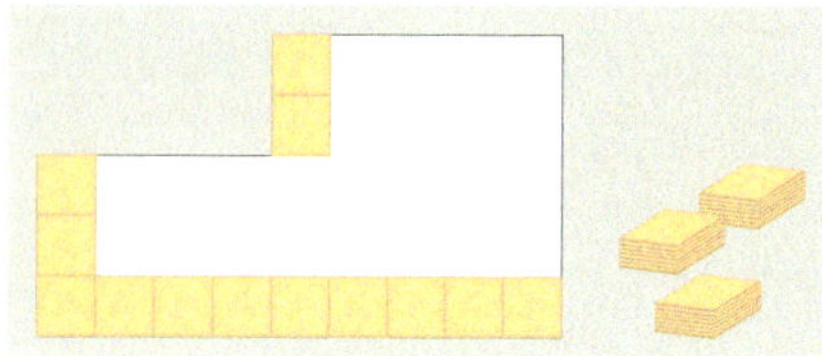

19

Ermittle die Größe der Flächen durch Abzählen der Kästchen.

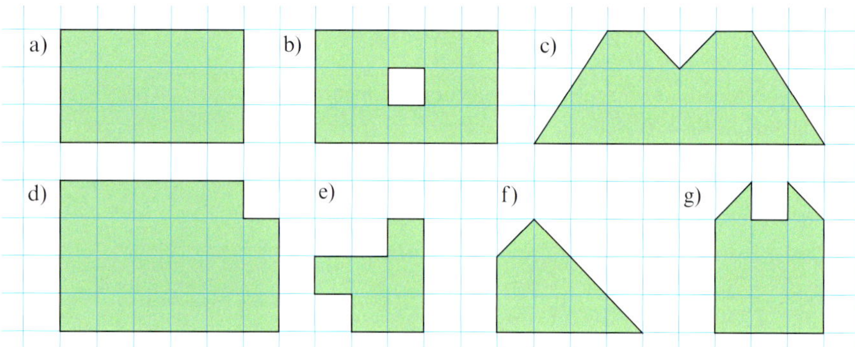

20

Zeichne die Vierecke *ABCD*, *EFGH*, *IJKL* und *MNOP* jeweils in ein Koordinatensystem (Einheit 1 cm). Vergleiche dann die Größen ihrer Flächen. Schätze erst und zerlege dann geschickt in ganze und halbe Kästchen.

$A(1|1)$, $B(3|1)$, $C(5|3)$, $D(3|3)$ $E(2|1)$, $F(4|1)$, $G(4|3)$, $H(2|3)$
$I(0|0)$, $J(1|0)$, $K(3|2)$, $L(0|2)$ $M(0|2)$, $N(1|1)$, $O(3|3)$, $P(2|4)$

WISSEN

Messen des Flächeninhalts

Wir können die Größe einer Fläche messen, indem wir sie mit gleich großen Teilen auslegen. Jedes der gleich großen Teile entspricht dann einer **Flächeneinheit**.

Häufig verwendet man zum Auslegen je nach Größe der Fläche so genannte **Einheitsquadrate** von 1 mm, 1 cm, 1 dm, 1 m, 10 m, 100 m oder 1 km Seitenlänge.
Ein Einheitsquadrat von 1 cm Seitenlänge hat einen Flächeninhalt von 1 cm². „Quadratzentimeter" ist die dadurch festgelegte Flächeneinheit.

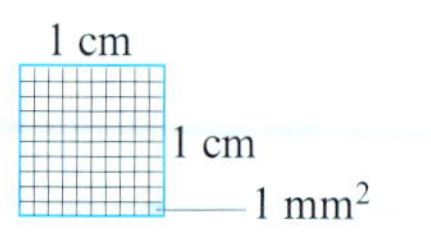

$1\ cm^2 = 10 \cdot 10 \cdot 1\ mm^2$
$= 100\ mm^2$

Man stellt fest, wie oft ein Einheitsquadrat in die Fläche passt. Die Anzahl der Einheitsquadrate ist der Zahlenwert des Flächeninhalts.

BEISPIEL
Das gelbe Dreieck hat einen Flächeninhalt von 8 Kästchen.

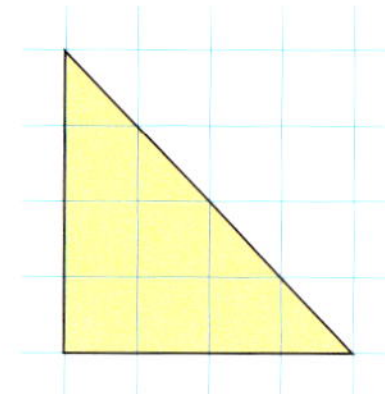

6 ganze Kästchen
+ 4 halbe Kästchen
8 ganze Kästchen

NACHGEDACHT
Vergleiche die beiden Figuren. Welcher Flächeninhalt ist größer? Begründe.

WISSEN

Einheiten des Flächeninhalts

Einheitsquadrat von	Name der Einheit	Zeichen	Flächeninhalt
1 mm Seitenlänge	Quadratmillimeter	mm^2	$1\ mm^2$
1 cm Seitenlänge	Quadratzentimeter	cm^2	$1\ cm^2$
1 dm Seitenlänge	Quadratdezimeter	dm^2	$1\ dm^2$
1 m Seitenlänge	Quadratmeter	m^2	$1\ m^2$
10 m Seitenlänge	Ar	a	1 a
100 m Seitenlänge	Hektar	ha	1 ha
1 km Seitenlänge	Quadratkilometer	km^2	$1\ km^2$

Zusammenhänge zwischen den Einheiten des Flächeninhalts

Umrechnungszahl: 100

$1\ km^2 = 100\ ha$

$1\ ha = 100\ a$

$1\ a = 100\ m^2$

$1\ m^2 = 100\ dm^2$

$1\ dm^2 = 100\ cm^2$

$1\ cm^2 = 100\ mm^2$

INFORMATION

Die Einheiten Ar (a) und Hektar (ha) werden zur Angabe der Größe von Grundstücken, Äckern und Ländereien benutzt.

BEISPIEL

Umwandeln in kleinere Einheiten

$\cdot 100$

$5\ dm^2 = 500\ cm^2$

Umwandeln in größere Einheiten

$240\,000\ m^2 = 2\,400\ a = 24\ ha$

$: 100 \qquad : 100$

ERINNERE DICH

Wenn die Einheit kleiner wird, dann wird der Zahlenwert größer. Du musst mit der Umrechnungszahl multiplizieren.
Wenn die Einheit größer wird, dann wird der Zahlenwert kleiner. Du musst durch die Umrechungszahl dividieren.

21

Rechne in die angegebenen Einheiten um.

a) in mm^2: $2\ cm^2$, $7\ cm^2$, $34\ cm^2$
b) in cm^2: $3\ dm^2$, $25\ dm^2$, $800\ mm^2$
c) in dm^2: $4\ m^2$, $50\ m^2$, $600\ cm^2$
d) in m^2: 2 a, 45 a, $300\ dm^2$
e) in a: 5 ha, 34 ha, $900\ m^2$
f) in ha: $2\ km^2$, $12\ km^2$, 800 a

22

Rechne in die nächstgrößere Einheit um.

a) $300\ mm^2$, $5\,800\ mm^2$, $3\,200\ mm^2$
b) $8\,400\ cm^2$, $600\ cm^2$, $2\,000\ cm^2$
c) $500\ dm^2$, $9\,300\ dm^2$, $1\,800\ dm^2$
d) $1\,300\ m^2$, $400\ m^2$, $200\ m^2$, $6\,500\ m^2$
e) 6 000 a, 34 500 a, 200 a, 1 200 a
f) 2 800 ha, 12 700 ha, 4 600 ha, 700 ha

23

a) Vier Rechenkästchen haben zusammen einen Flächeninhalt von $1\ cm^2$. Wie groß ist der Flächeninhalt eines Rechenkästchens?
b) Eine Fläche von $1\ km^2$ soll unter 5 Besitzern gerecht aufgeteilt werden. Wie groß muss die Fläche sein, die jedem Besitzer zugeteilt wird?

Rauminhalt (Volumen)

24

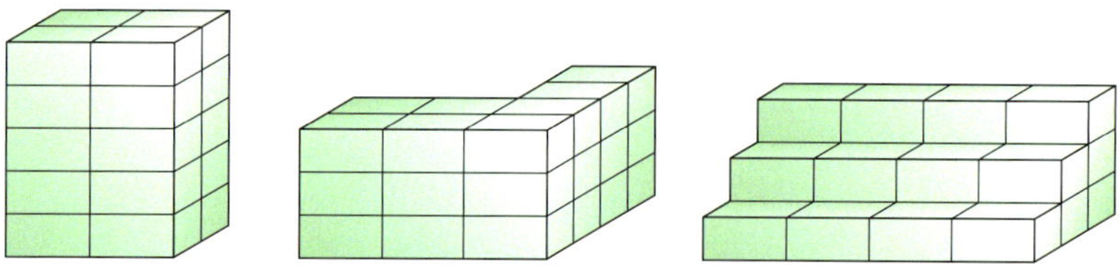

1 2 3

Baue die drei Körper mit Bausteinen nach. Stelle fest, welcher Körper den größten Raum und welcher Körper den kleinsten Raum einnimmt.

NACHGEDACHT
Christine und Dieter haben Schultaschen von verschiedenen Herstellern. Sie streiten sich darüber, welche Tasche den größeren Platz bietet.
Wie kann man feststellen, welche Tasche mehr Platz bietet?

WISSEN

Messen des Volumens

Der Rauminhalt (das Volumen) eines Körpers zu messen bedeutet zu „zählen", wie viele Einheitswürfel in ihn hineinpassen.

Volumeneinheiten

Einheitswürfel von	Name der Einheit	Zeichen	Volumen
1 mm Kantenlänge	Kubikmillimeter	mm^3	$1\ mm^3$
1 cm Kantenlänge	Kubikzentimeter	cm^3	$1\ cm^3$
1 dm Kantenlänge	Kubikdezimeter	dm^3	$1\ dm^3$
1 m Kantenlänge	Kubikmeter	m^3	$1\ m^3$

Zusammenhänge zwischen den Volumeneinheiten

$1\ m^3 = 1\,000\ dm^3$

$1\ dm^3 = 1\,000\ cm^3$

$1\ cm^3 = 1\,000\ mm^3$

Umrechnungszahl: 1 000

HINWEIS
Auch mit Flüssigkeiten kann man messen.

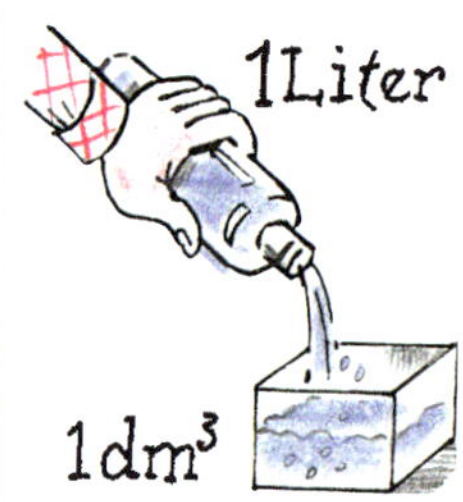

Liter: $1\ l = 1\ dm^3$
Zur Größenvorstellung:
1 l = 1 Karton Saft
10 l = 1 Eimer Wasser
80 l = ca. 1 Badewanne voll Wasser

25

Wie viele Einheitswürfel entsprechen jeweils dem Quader? Wähle Einheitswürfel günstiger Kantenlänge. Überlege zunächst, wie viele Einheitswürfel benötigt werden, um den Boden zu bedecken.

a) $a = 12$ cm, $b = 8$ cm, $c = 5$ cm
b) $a = 60$ cm, $b = 50$ cm, $c = 20$ cm

26

Elkes Klassenraum ist 9 m lang, 7 m breit und 3 m hoch. Wie groß ist das Volumen des (leeren) Raumes?

In einen Würfel von 1 m Kantenlänge passen 7 Kinder.

27

Beim Bau eines 2 Kilometer langen Autotunnels muss viel Erde fortgeschafft werden. Der Tunnel hat einen rechteckigen Querschnitt. Er ist 8 m breit und 5 m hoch.
Wie viele Lkw-Fahrten sind nötig, wenn ein Lkw 20 m^3 Erde transportieren kann?

28[L]

Die Post bietet Pappmaterial an, welches man zu quaderförmigen Kartons falten kann. Es sind vier Größen in den angegebenen Abmessungen erhältlich.

Größe 1: 250 mm × 180 mm × 100 mm
Größe 2: 350 mm × 250 mm × 120 mm
Größe 3: 400 mm × 250 mm × 150 mm
Größe 4: 500 mm × 300 mm × 200 mm

Gib das jeweilige Fassungsvermögen in Kubikdezimetern an.

Pappkartons in verschiedenen Größen

29

Ein Balken ist 10 m lang, 12 cm breit und 20 cm hoch. 1 dm^3 Holz ist rund 0,8 kg schwer. Könnten zwei Personen den Balken tragen?

WISSEN

Neben dem Liter gibt es noch weitere gebräuchliche **Hohlmaße**:
Liter: 1 l = 1 dm^3
Hektoliter: 1 hl = 100 l = 100 dm^3
Milliliter: 1 ml = 1 cm^3; 1000 ml = 1 l

INFORMATION
Hektoliter wird von Getränkeherstellern genutzt.

Fass von ca. 50 hl

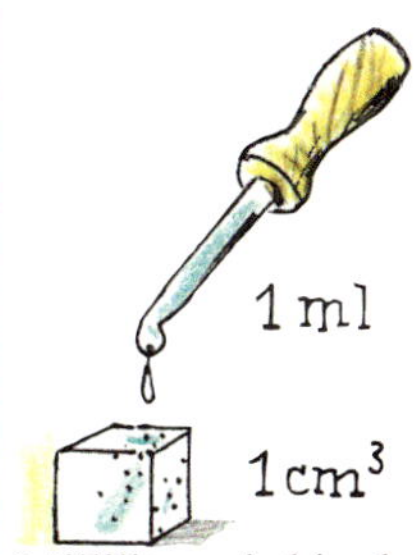

Milliliter wird in der Medizin verwandt.

30

Rechne in die in Klammern angegebene Einheit um.

a) 4 m^3 (dm^3)	**b)** 8 000 mm^3 (cm^3)	**c)** 44 dm^3 (cm^3)	**d)** 10 000 cm^3 (dm^3)
65 cm^3 (mm^3)	15 l (cm^3)	5 ml (mm^3)	20 m^3 (hl)
50 ml (cm^3)	4 hl (l)	1 800 cm^3 (dm^3)	4 000 l (m^3)
2 hl (m^3)	12 000 dm^3 (m^3)	27 dm^3 (cm^3)	2 dm^3 (ml)

31

Schreibe unter alleiniger Verwendung der kleineren Einheit.

a) 3 m^3 150 dm^3	**b)** 41 hl 23 l	**c)** 4 l 3 ml	**d)** 200 hl 195 l
5 dm^3 20 cm^3	5 cm^3 40 mm^3	12 m^3 200 dm^3	8 dm^3 600 cm^3

Hinweis:
Verwechsle nicht Masse und Volumen eines Körpers! Im Fall von Wasser stimmen die Zahlenwerte von Masse und Volumen jedoch überein.

Material	Masse	Volumen
Wasser	1 000 g	1 000 cm^3
Benzin	1 000 g	1 430 cm^3
Blei	1 000 g	88 cm^3

Masse

32

Wenn man einen Wägesatz mit den 4 Stücken 1 g, 3 g, 9 g und 27 g hätte, so könnte man damit Gegenstände mit einer Tafelwaage wiegen, die die Masse 1 g, 2 g, 3 g, 4 g, …, 40 g haben. Wieso?

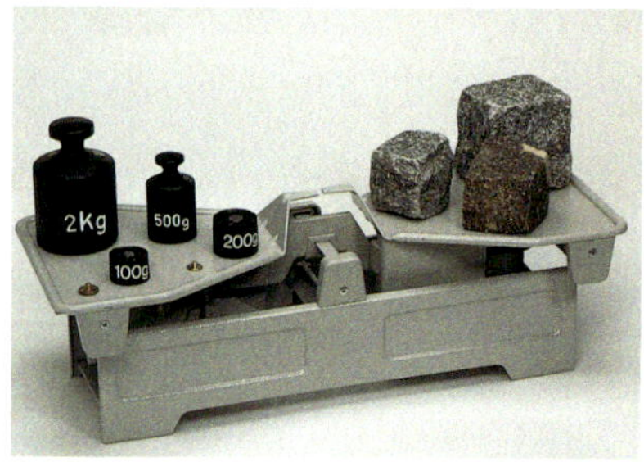

Tafelwaage

33

a) Auf der oben abgebildeten Tafelwaage liegen auf der einen Seite drei Pflastersteine und auf der anderen Seite sechs Wägestücke. Nur auf den großen Wägestücken kann man die Aufschrift erkennen. Wie groß ist die Masse der Pflastersteine mindestens? Begründe.

b) Das Bild rechts zeigt eine elektronische Waage. Wo werden solche Waagen verwendet?

c) Nenne noch andere Arten von Waagen. Wo werden sie verwendet?

Elektronische Waage

HINWEIS
Statt Masse sagt man umgangssprachlich auch Gewicht. Der Physiker dagegen unterscheidet zwischen Masse und Gewicht.

WISSEN

Zum **Messen der Masse** eines Gegenstandes benötigt man eine Waage. Bei manchen Waagen (z. B. bei Balkenwaagen und bei Tafelwaagen) benötigt man außerdem noch einen Wägesatz.
Für das Ermitteln der Masse sind folgende Wörter gebräuchlich: **wiegen, abwiegen, wägen** (alte Bezeichnung und Fachsprache).

Wichtige Masseeinheiten

Name	Zeichen	Beispiel zur Veranschaulichung der Einheit
Milligramm	mg	1 mg ist etwa die Masse von einem Zuckerkorn.
Gramm	g	1 g ist ungefähr die Masse von einer Tintenpatrone.
Kilogramm	kg	1 kg ist die Masse von 1 Liter Wasser.
Tonne	t	1 t ist etwa die Masse von einem Pkw.

ERINNERE DICH
Messen bedeutet: Vergleichen mit einer Einheit.
Für Massen kann der Vergleich mit genormten Massestücken z. B. mit einer Balkenwaage durchgeführt werden.

34ᴸ

Das Bild zeigt einen Wägesatz. Welche Wägestücke gehören dazu?
Lass dir in der Schule einen Wägesatz zeigen. Warum enthält ein Wägesatz einige Wägestücke doppelt – z. B. 2 g, 20 g, 200 g?

Wägesatz

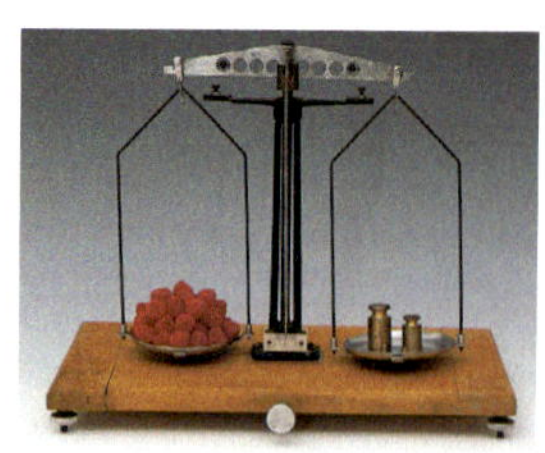
Balkenwaage

35

Mit einer Briefwaage werden nicht nur Briefe gewogen.
Was würdest du mit einer Briefwaage wiegen? Warum?

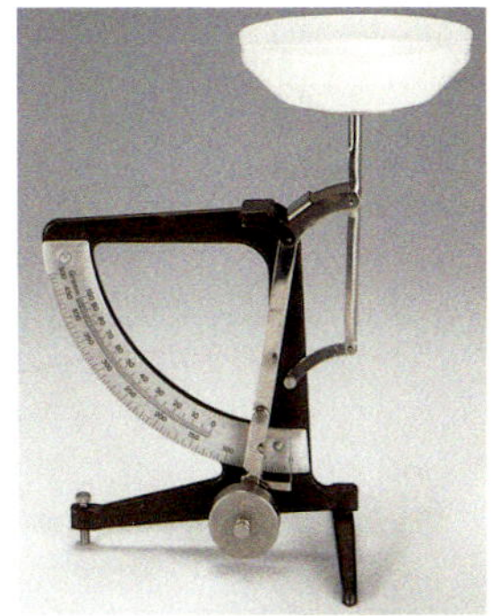
Briefwaage

36

Recherchiere die Körpermassen verschiedener Tiere. Ordne die Tiere nach ihrer Masse. Welches ist das schwerste Tier, welches das leichteste?

37

Miss mit einer Küchenwaage die Masse verschiedener Lebensmittel (z. B.: Becher Margarine, Tüte Milch, Tafel Schokolade, Päckchen Backpulver, Rolle Kekse, Fischdose). Weshalb stimmen die Angaben auf der Verpackung und die gemessenen Werte manchmal nicht überein?

WISSEN

Zusammenhänge zwischen Masseeinheiten

1 t = 1000 kg
1 kg = 1000 g = 1 000 000 mg
1 g = 1000 mg

Umrechnungszahlen

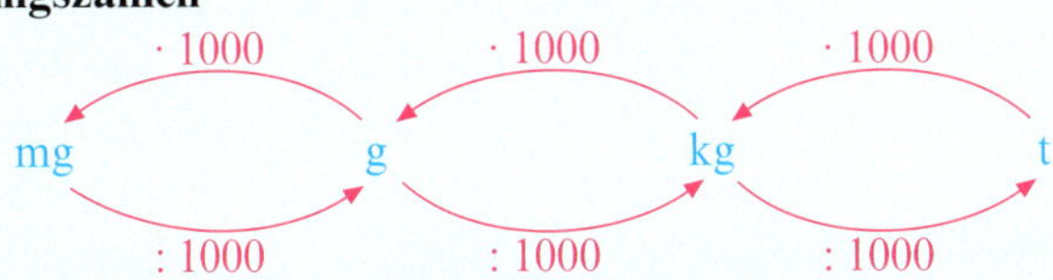

Gelegentlich verwendet man noch die alten Masseeinheiten **Pfund** (Pfd) und **Zentner** (Ztr).
1 Pfd = 500 g = 0,5 kg   1 Ztr = 100 Pfd = 50 kg

BEACHTE
Wenn die Einheit kleiner wird, dann wird der Zahlenwert größer. Du musst mit der Umrechnungszahl multiplizieren.
Wenn die Einheit größer wird, dann wird der Zahlenwert kleiner. Du musst durch die Umrechnungszahl dividieren.

38

Rechne in die nächstkleinere Einheit um.

a)	**b)**	**c)**	**d)**	**e)**
12 kg	5 t	20 kg	52 t	400 g
30 t	40 g	400 t	32 kg	30 t
21 g	500 t	600 g	440 g	80 kg
400 kg	90 kg	11 t	60 t	55 g
21 t	130 kg	237 g	13 g	217 kg

39

Rechne in die nächstgrößere Einheit um.

a)	**b)**	**c)**	**d)**	**e)**
2 000 g	5 000 mg	82 000 kg	40 000 mg	200 000 g
40 000 kg	25 000 g	100 000 mg	500 000 kg	6 000 mg
10 000 mg	70 000 kg	30 000 g	6 000 g	8 000 kg
20 000 g	45 000 g	400 000 kg	90 000 mg	50 000 g
7 000 kg	52 000 mg	47 000 g	68 000 kg	17 000 kg

HINWEIS
Stell dir vor, du gewinnst einen ganz verrückten Preis …
Die Computer-Lerneinheit „Wiegen mit Münzen“ gibt dir Tipps zum Umgang mit Massen.
www.mathe-plus.de

40

a) Rechne in Kilogramm um: 2 Ztr, 5 Ztr, 11 Ztr, 2 Pfd, 8 Pfd, 40 Pfd.
b) Rechne in Gramm um: 2 Pfd, 3 Pfd, 7 Pfd, 10 Pfd, 1 Ztr, 2 Ztr.

41

Rechne in die Einheit um, die in Klammern steht.

a)	**b)**	**c)**	**d)**
4000 g (kg)	12 t (kg)	23 g (mg)	20000 kg (t)
68 kg (g)	5000 g (kg)	6000 kg (t)	55 g (mg)
2000 mg (g)	35 g (mg)	9000 g (kg)	34 t (kg)
25000 kg (t)	28000 mg (g)	125 kg (g)	6000 mg (g)
25 g (mg)	120 kg (g)	35000 mg (g)	100000 g (kg)

BEISPIEL

Beim Umrechnen kann eine Einheitentabelle helfen.

t			kg			g			mg		
H	Z	E	H	Z	E	H	Z	E	H	Z	E
					5	0	1	2			
		4	1	0	6						
								7	0	0	9

Man liest ab:

5012 g = 5 kg 12 g
4106 kg = 4 t 106 kg
7009 mg = 7 g 9 mg

TIPP
Hinweise zum Umgang mit Einheitentabellen findest du auch in dem Projekt „Wiegen mit Münzen" unter
www.mathe-plus.de

42

a) Trage in eine Einheitentabelle ein und schreibe in zwei Einheiten.
5678 kg, 2468 g, 3154 mg, 4050 kg, 6600 g, 9090 mg, 12012 kg
b) Trage in eine Einheitentabelle ein und schreibe in der kleineren Einheit.
5 t 345 kg, 12 kg 250 g, 5 g 620 mg, 4 t 12 kg, 84 kg 25 g

43

Schreibe in zwei Einheiten.

a)	**b)**	**c)**	**d)**	**e)**
2580 kg	3450 g	6450 mg	12050 kg	40200 g
68050 g	9605 mg	28060 g	40020 g	46080 mg
1205 mg	32005 kg	50505 kg	3030 mg	63010 kg
5050 g	6060 mg	8008 g	8050 g	3003 g

44

Schreibe in der kleineren Einheit.

a)	**b)**	**c)**	**d)**
4 kg 250 g	5 g 320 mg	5 t 320 kg	12 kg 550 g
5 t 305 kg	10 kg 11 g	6 g 80 mg	28 g 90 mg
6 g 360 mg	76 t 706 kg	9 kg 90 g	5 t 403 kg

45

Rechne in Gramm um: ein halbes Kilogramm, ein viertel Kilogramm, drei viertel Kilogramm, ein und ein halbes Kilogramm.

46

Rechne in Kilogramm um: 0,5 t, 0,25 t, 0,75 t, 0,5 Ztr, 0,25 Ztr, 0,75 Ztr.

BEISPIEL

Umrechnung von 2,750 kg in Gramm mithilfe einer Einheitentabelle:

Vor dem Komma kg			Nach dem Komma g		
H	Z	E	H	Z	E
		2	7	5	0

2,750 kg = 2 kg 750 g = 2 750 g

47

Gib in zwei Einheiten an und rechne in Gramm um.

a) 4,875 kg; 6,25 kg; 8,4 kg
b) 12,345 kg; 25,5 kg; 8,64 kg
c) 2,045 kg; 34,5 kg; 9,75 kg
d) 20,020 kg; 7,53 kg; 135,7 kg

48

Rechne in Kilogramm um. Verwende die Kommaschreibweise.
Nutze eine Einheitentabelle.

a) 6 kg 312 g; 5 kg 67 g; 4 kg 4 g
b) 5 kg 678 g; 44 kg 12 g; 8 kg 80 g
c) 12 kg 24 g; 56 kg 7 g; 33 kg 20 g
d) 10 kg 100 g; 22 kg 21 g; 7 kg 12 g

49

t			kg			g			mg		
H	Z	E	H	Z	E	H	Z	E	H	Z	E
					4	7	2	5			
	1	2	6	5	8						
								8	6	4	2

Rechne um:

4 725 g in kg,
12 658 kg in t,
8 642 mg in g.

50

Rechne in die größere Einheit um.

a) 3 kg 145 g; 4 t 122 kg; 15 g 24 mg
b) 24 t 148 kg; 12 g 25 mg; 5 kg 50 g
c) 3 g 606 mg; 6 kg 100 g; 10 t 12 kg
d) 5 g 5 mg; 45 t 405 kg; 8 kg 80 g

51

Rechne in die in Klammern angegebene Einheit um.

a) 4,85 kg (g); 6 725 g (kg); 1 122 mg (g)
b) 750 g (kg); 789 kg (t); 4,5 t (kg)
c) 5,25 t (kg); 6,25 kg (g); 2 345 g (kg)
d) 465 kg (t); 9,765 t (kg); 8,65 g (mg)

WUSSTST DU SCHON?

Das kleinste Landsäugetier ist die Etruskische Zwergspitzmaus. Sie wiegt etwa 1,5 g bis 2,5 g.

Das größte lebende Landtier ist der Afrikanische Elefant. Ein ausgewachsener Bulle hat eine Schulterhöhe von 3,0 m bis 3,7 m.

Er wiegt bis zu 7 t. Wie viele Münzen wären notwendig, um diese Tiere aufzuwiegen?

Afrikanischer Elefant

Zeit

Petra und die Schokoküsse
Petra arbeitet am Fließband einer Fabrik, die Schokoküsse herstellt. Auf dem Band laufen die Kartons mit Schokoküssen vorbei. Petra und ihre Kolleginnen tauschen kaputte Schokoküsse aus, setzen die Kunststoffhauben zum Schutz der Schokoküsse ein und schließen die Kartons.
Petra beginnt morgens um halb acht mit der Arbeit und macht um Viertel nach neun eine viertel Stunde Frühstückspause. Sie hat um halb eins eine halbe Stunde Mittagspause und um Viertel vor drei noch einmal eine viertel Stunde Pause. Um halb fünf ist Feierabend.

Schokoküsse

52

a) Schreibe alle **Zeitpunkte** (Uhrzeiten) aus Petras Arbeitstag mit Worten und mit Zahlen auf.
b) Welche Angaben zu **Zeitspannen** (Zeitdauern) findest du in der Beschreibung von Petras Arbeitstag?
c) Wie lange dauern die einzelnen Pausen und welche Gesamtdauer ergibt sich für alle drei Pausen? Berechne die Länge der reinen Arbeitszeit.

WISSEN

Zwischen zwei **Zeitpunkten** (Uhrzeiten, Daten) liegt eine **Zeitspanne** (Zeitdauer).

9.15 Uhr —1 h 15 min→ 10.30 Uhr

Eine **Zeitspanne** (Zeitdauer) wird in den **Einheiten** Sekunde (s), Minute (min), Stunde (h), Tag (d), Woche, Monat und Jahr gemessen.
Zeitspannen schreibt man in der Form: **3 h 45 min**.

Zusammenhänge zwischen Zeiteinheiten

1 Jahr = 12 Monate	1 Woche = 7 Tage	
1 d = 24 h	1 h = 60 min	1 min = 60 s

dies (lat.) Tag
hora (lat.) Stunde

53

In der Sportberichterstattung werden Zeitdauern oft in der Form **2 : 12 : 25 h** angegeben. Was bedeutet diese Angabe? Wie würdest du sie vorlesen?
Wie viele Sekunden sind 2 : 12 : 25 h?

NACHGEDACHT
Zum Messen relativ kurzer Zeitspannen verwendet man so genannte Stoppuhren. Kennst du noch andere Uhren (oder ähnliche Instrumente), die speziell zum Messen von *Zeitspannen* entwickelt wurden?

Stoppuhr

54

Unterrichtsstunden dauern 45 Minuten. An der Goetheschule beginnt die erste Stunde um 7.30 Uhr. Zwischen den Stunden liegen Pausen von 10 min, 20 min, 10 min, 20 min, 10 min. Wann endet die 6. Stunde?
Stelle einen Zeitplan für die Unterrichtsstunden und die Pausen auf.

55

Entscheide, ob ein Zeitpunkt oder eine Zeitspanne angegeben ist.
a) Ein Fußballspiel dauert zweimal 45 Minuten.
b) Das Schiller-Gymnasium beginnt um 7.50 Uhr mit dem Unterricht.
c) Sabines Vater arbeitet 40 Stunden pro Woche.
d) Der Boxkampf dauerte nur 2 Minuten.
e) Der Start der Rakete erfolgte am 16. Juli 1969 um 14 Uhr 32 Minuten.
f) Der Zug hat 8 Minuten Aufenthalt.
g) Friedrich Schiller wurde am 10.11.1759 in Marbach geboren.

HINWEIS
Bei einem Ausflug in einen Freizeitpark musst du dir Zeit und Geld gut einteilen. Plane unter www.mathe-plus.de „Freizeitpark".

56

Mit welchen Zeiteinheiten würdest du folgende Zeitspannen angeben?
a) die Länge der Sommerferien
b) die Dauer der Klassenarbeit
c) das Lebensalter deiner Mutter
d) die Zeit, in der du 1000 m läufst
e) die Zeit, in der du eine 50-km-Strecke mit dem Rad fährst
f) die Zeit, in der du eine 60-m-Strecke rennst

57

Rechne in die nächstkleinere Einheit um.

a)	**b)**	**c)**	**d)**
10 d	12 h	5 min	3 h
5 h	15 min	4 h	11 d
6 min	2 d	20 d	2,5 min
2 Wochen	2 Jahre	5 Wochen	4 Jahre

58

Rechne in die nächstgrößere Einheit um.

a)	**b)**	**c)**	**d)**
300 min	600 s	72 h	1 200 min
120 s	900 min	6 000 min	480 s
96 h	360 h	3 000 s	144 h
14 d	24 Monate	35 d	60 Monate

59

Rechne in die Einheit um, die in Klammern steht.

a)	**b)**	**c)**	**d)**
480 s (min)	720 min (h)	120 h (d)	5 d (h)
240 min (h)	5 h (min)	6 min (s)	120 s (min)
360 h (d)	1 200 s (min)	25 h (min)	720 h (d)
3 d (h)	4 800 h (d)	7 d (h)	6 min (s)

NACHGEDACHT
Ein Sprichwort besagt „Zeit ist Geld". Wie ist das gemeint? Der irische Dichter Oscar Wilde hat das Sprichwort übrigens abgewandelt zu „Zeit ist Geldverschwendung". Wie ist *das* gemeint?

60[L]

Wie viel Zeit vergeht in der angegebenen Zeitspanne?
a) 8.12 Uhr bis 11.26 Uhr
b) 5.55 Uhr bis 6.44 Uhr
c) 16.35 Uhr bis 18.12 Uhr
d) 8.05 Uhr bis 0.04 Uhr
e) 22.34 Uhr bis 0.45 Uhr
f) 22.22 Uhr bis 8.08 Uhr
g) 12.12 Uhr bis 24.00 Uhr
h) 12.01 Uhr bis 11.59 Uhr
i) 10.11 Uhr bis 20.10 Uhr
j) 2.22 Uhr bis 14.44 Uhr

Ein Blick in die Geschichte

Aus der Geschichte der Längenmaße

Die ersten Längenmaße wurden bei fast allen Völkern von menschlichen Körperteilen abgeleitet. Im alten Ägypten war die Elle das Grundmaß. Die Elle ist einer der beiden Unterarmknochen des Menschen. Als Längenmaß bezog man jedoch die Hand bis zur Spitze des ausgestreckten Mittelfingers mit ein.
Im Mittelalter waren außer der Elle vor allem Zoll, Fuß, Rute und Meile als Längeneinheiten verbreitet. Doch von Land zu Land und von Stadt zu Stadt unterschieden sich diese Maße sehr voneinander.
Es wurden oft Vorschläge für eine gerechte Festlegung dieser Einheiten gemacht. So schlug Jakob Kölbel 1584 vor, eine Rute durch 16 hintereinander gestellte Füße festzulegen.

1 Preußische Elle 1 Ägyptische Elle

AUFGABEN

1. Messt von allen Schülerinnen und Schülern der Klasse die Länge einer Elle, also vom Ellenbogen bis zur Fingerspitze des Mittelfingers. Notiert die Werte.
   Wer hat die längste Elle und wer die kürzeste? Welcher Wert liegt etwa in der Mitte?
2. Wählt 16 Jungen und Mädchen der Klasse aus, die ihre Füße hintereinander stellen. Messt dann die Länge einer Rute.
3. Welche Länge hat dein Fuß? Multipliziere mit 16 und berechne so die Länge einer Rute, die von deinem Fuß abgeleitet wurde.

Bis in die Mitte des 19. Jahrhunderts, also bis vor etwa 150 Jahren, wurden in den verschiedenen deutschen Ländern noch unterschiedliche Längenmaße verwendet.

Alte Längenmaße in heutigen Einheiten

	1 Zoll	1 Fuß	1 Elle	1 Rute	1 Meile
Baden	3,0 cm	30 cm	60 cm	3,00 m	8,88 km
Bayern	2,4 cm	29 cm	83 cm	2,92 m	7,42 km
Preußen	2,6 cm	31 cm	67 cm	3,77 m	7,50 km
Sachsen	2,4 cm	28 cm	57 cm	4,30 m	9,06 km
Württemberg	2,9 cm	29 cm	61 cm	2,85 m	7,45 km

WEITERE AUFGABEN

4. Zeichne je einen Nagel mit der Länge von 3 Zoll, der von einem Schmied
a) in Baden, **b)** in Preußen, **c)** in Sachsen angefertigt wurde.

5. Welches Seil war am längsten: ein Seil mit der Länge von 25 Ellen aus Bayern oder von 30 Ellen aus Preußen oder von 35 Ellen aus Sachsen?

6. Mit welcher Länge, gemessen in unseren heutigen Längeneinheiten, wurde ein Balken von 12 Fuß von Zimmerleuten **a)** in Baden, **b)** in Bayern, **c)** in Preußen, **d)** in Sachsen angefertigt?

7. Ein Ballen enthält Stoff mit einer Länge von 49,80 m.
Welche Länge würde man **a)** mit einer Elle aus Baden, **b)** mit einer Elle aus Bayern messen?

8. Welche heutigen Maße hatte ein rechteckiges Feld der Länge 50 Ruten und der Breite 20 Ruten **a)** in Baden, **b)** in Sachsen?
Wie lang ist der Weg, den man zurücklegen muss, wenn man einmal am Rande um das Feld herumgehen möchte?

9. Auf einem Wegweiser in Potsdam stand: „30 Meilen bis Meißen“. Auf dem entgegengesetzten Wegweiser in Meißen stand: „25 Meilen bis Potsdam“. Wie kamen diese unterschiedlichen Entfernungsangaben zustande? Beachte: Potsdam gehörte zu Preußen, Meißen dagegen zu Sachsen. Rechne die Angaben in Kilometer um.

10. Überlege, welche Probleme die unterschiedlichen Längenmaße mit sich brachten. Welche Schwierigkeiten hatten beispielsweise die Händler aus unterschiedlichen deutschen Ländern, die sich in Leipzig auf der Messe trafen? Warum forderte man damals einheitliche Maße?

BEACHTE
Früher wurden in den verschiedenen Ländern unterschiedlich lange Einheiten mit gleichen Namen bezeichnet.
Die Elle aus Bayern war beispielsweise länger als die Elle aus Preußen.
Beachte die Tabelle auf der linken Seite.

Das Urmeter
Auf Vorschlag einer Kommission von Wissenschaftlern wählte man 1795 in Frankreich den vierzigmillionsten Teil des Erdumfangs als Längeneinheit und nannte diese Länge ein „Meter“. Die Länge des Meters wurde auf einem besonderen Stab abgetragen. Es entstand das so genannte Urmeter, das in Paris aufbewahrt wird.
Das nebenstehende Foto zeigt den Meter-Prototyp der Bundesrepublik Deutschland.
Das Urmeter diente bis 1960 als Vergleichsmaßstab für Längenmessgeräte in allen Ländern. Seit 1982 wird der Meter durch die Länge der Strecke festgelegt, die Licht im Vakuum in einer exakt festgelegten sehr kleinen Zeitspanne durchläuft. Weiteres darüber kannst du in einem Lexikon nachlesen.

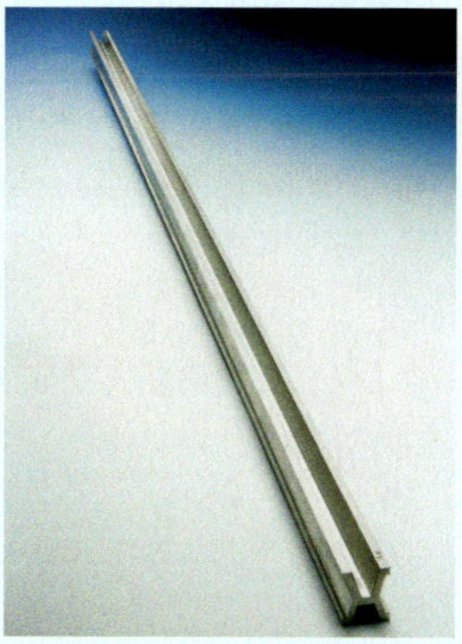

Lösen von Sachaufgaben

1

Oma und Opa wollen für ihre drei 12-jährigen Enkel Cindy, Max und Rico im Garten einen Swimmingpool errichten lassen.
Zunächst überlegen sich alle, wie groß der Pool werden soll.

a) Welchen Vorschlag für die Maße des Swimmingpools würdest du machen? Markiere die Grundfläche im Freien auf einer ebenen Fläche. Begründe deinen Vorschlag und diskutiere mit deinen Mitschülern über andere Lösungsvarianten.

b) Überlegt euch, welche Dinge bei der Planung der Größe des Pools beachtet werden müssen.

2

Der „Familienrat" hat entschieden: Der Pool soll 7 m mal 5 m mal 1,4 m groß werden.
Ein Lkw des beauftragten Bauunternehmens Geisler kann 11 Kubikmeter auf der Ladefläche transportieren.
Ermittle, wie viele Lkw-Ladungen notwendig sind, um das ausgehobene Erdreich abzutransportieren.

BEISPIEL

Bearbeiten eines Sachproblems

Das Erdreich ist ausgehoben, die Seitenwände und der Boden des Pools wurden betoniert. Der Pool soll innen gefliest werden. Außerdem soll der Pool mit einer Fliesenbreite umrandet werden.
Die Großmutter hat im Baumarkt zweckmäßige Fliesen zum m²-Preis von 15,95 € entdeckt. Die Fliesenmaße sind 30 × 30 cm.
Bei Palettenabnahme (1 Palette ≙ 45 m²) wird ein Preis von 14,95 € pro Quadratmeter angeboten. Die Anlieferung kostet pauschal 10 €.
Schlage dem „Familienrat" eine Kaufempfehlung vor.

Lösung:
Zunächst muss die mit Fliesen zu bedeckende Fläche bestimmt werden. Dazu ist es hilfreich, eine **Skizze** anzufertigen.

Um die zur Berechnung notwendigen Formeln notieren zu können, führen wir folgende Variablen ein:

Länge des Pools: $l = 7{,}0$ m
Breite des Pools: $b = 5{,}0$ m
Tiefe des Pools: $h = 1{,}4$ m
Länge und Breite der Fliesen: $f = 0{,}3$ m

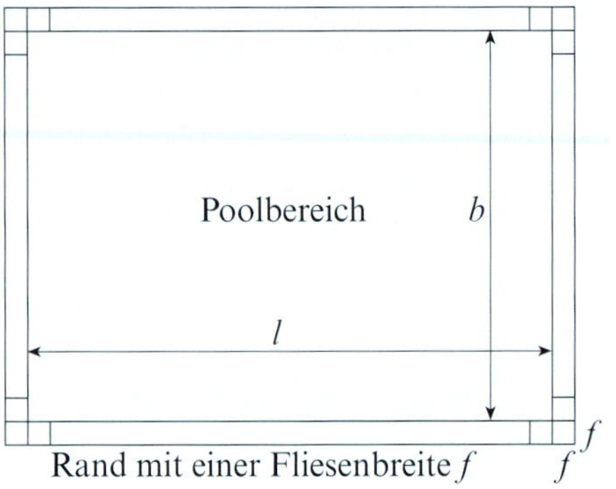

Rand mit einer Fliesenbreite f

BEISPIEL (Forts.)

Die zu fliesende Fläche setzt sich aus mehreren Teilflächen zusammen:

$A_1 = l \cdot b = 7\text{ m} \cdot 5\text{ m} = 35\text{ m}^2$ $A_2 = l \cdot h = 7\text{ m} \cdot 1{,}4\text{ m} = 9{,}8\text{ m}^2$

$A_3 = b \cdot h = 5\text{ m} \cdot 1{,}4\text{ m} = 7\text{ m}^2$ $A_4 = b \cdot f = 5\text{ m} \cdot 0{,}3\text{ m} = 1{,}5\text{ m}^2$

$A_5 = (l + 2 \cdot f) \cdot f = (7\text{ m} + 2 \cdot 0{,}3\text{ m}) \cdot 0{,}3\text{ m} = 2{,}28\text{ m}^2$

$A_{gesamt} = A_1 + 2\,A_2 + 2\,A_3 + 2\,A_4 + 2\,A_5 = 76{,}16\text{ m}^2$

Schließlich muss noch der Verschnitt berücksichtigt werden.
Es sollten also ca. 80 m² gekauft werden.

Jetzt muss noch der günstigste Kaufpreis ermittelt werden.

Beim Kauf von 1 Palette müssten noch 35 m² einzeln gekauft werden.
Der Preis beträgt dann: 45 · 14,95 € + 35 · 15,95 € = 1 231 €.

Zu diesem Preis kommen noch die 10 € Anlieferungsgebühren hinzu:
1 231 € + 10 € = 1241 €.
Es ist also mit einem Kaufpreis von 1 241 € zu rechnen.

NACHGEDACHT
Überlege genau, wie die Teilflächen A_1 bis A_5 im Beispiel zustande kommen.
Warum wird die Fläche A_1 nur einmal berücksichtigt?

AUFGABE
Überprüfe, ob der Kaufpreis bei der Abnahme von 2 kompletten Paletten niedriger ausfallen würde.

3

Der Pool ist fertig gefliest. Mit einem Feuerwehrschlauch werden ab 8.00 Uhr morgens pro Minute 250 Liter Wasser eingefüllt. Um 11.02 Uhr ist der Pool gefüllt.
Wie viel Zentimeter ist der Wasserspiegel um 11.02 Uhr vom Poolrand entfernt?
Stelle ähnlich wie im Beispiel einen Plan für deine Vorgehensweise auf. Führe die einzelnen Schritte aus und stelle sie übersichtlich so dar, als ob du jemandem genau erklären müsstest, wie die Aufgabe gelöst werden kann.

AUFGABE
Welche Masse hat das eingefüllte Wasser? Wie vielen Badewannenfüllungen entspricht das etwa?

4

Überlege dir eine weitere Aufgabe zum Beispiel 1 und stelle sie in der Klasse vor. Du solltest auch einen Lösungsweg vorschlagen.

METHODE

Lösen einer Sachaufgabe

- Lies den Text zunächst sehr aufmerksam im Ganzen.
- Lies danach noch einmal und notiere im Heft die Aufgabenstellungen mit deinen eigenen Worten.
- Suche die gegebenen Größen heraus. Vergib eventuell Variablen.
- Notiere die gesuchten Größen. Vergib erneut Variablen.
- Fertige gegebenenfalls eine Skizze an und trage die Variablen ein.
- Suche nach einem Lösungsweg. Gibt es eventuell mehrere Möglichkeiten? Welche ist am günstigsten? Gleichungen, zeichnerische Lösungen und logische Überlegungen sind dabei möglich.
- Löse mit deinem Lösungsverfahren.
- Gib das Ergebnis oder die Ergebnisse in sinnvoller Genauigkeit an.

5

Im Kursbuch der Deutschen Bahn findet man alle Zugverbindungen in Deutschland. In den Abbildungen sind Fahrplanausschnitte aus dem Kursbuch zu sehen.

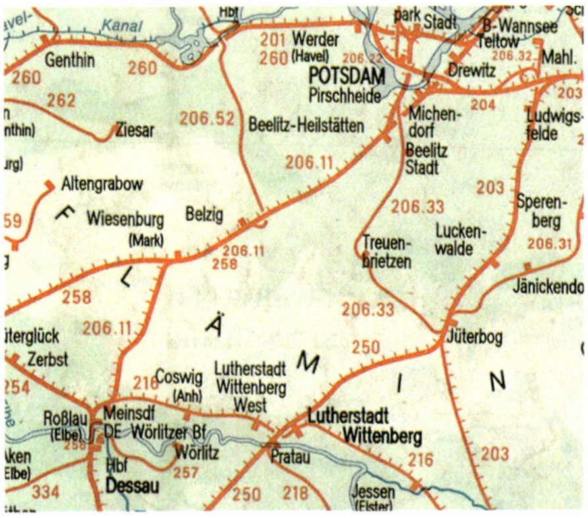

km	Zug		RB 5208 🚲	RB 3203 🚲	RB 4404 🚲	IR 2016 Ⓡ 🚲	RB 5210 🚲
	von					Plauen Ⓚ	
0	**Dessau** Hbf	[3]	7 38	8 14		**8 55**	9 38
5	Roßlau (Elbe)	[3]	7 42	8 19		|	9 42
8	Meinsdorf	[2]	7 45	|		|	9 45
17	Thießen		7 52	|		|	9 52
20	Jeber-Bergfrieden		7 56	|		|	9 56
29	Medewitz (Mark)		8 02	|		|	10 02
35	Wiesenburg (Mark)	[4] ○	8 06	|		|	10 06
35	Wiesenburg (Mark)		8 06	|		|	10 06
48	**Belzig**	206.52 [3] ○	8 15	8 48		|	10 15
48	**Belzig**		8 22	8 49	9 13	|	10 16
55	Baitz		8 28	|	9 18	|	10 22
61	Brück (Mark)		8 33	|	9 23	|	10 27
67	Borkheide		8 40	|	9 30	|	10 34
75	Beelitz-Heilstätten	○	8 45	|	9 36	|	10 39
75	Beelitz-Heilstätten		8 46	|	9 36	|	10 40
80	Seddin		8 50	|	9 49	|	10 44
84	Michendorf	[2]	8 54	|	9 52	|	10 48
87	Wilhelmshorst		8 57	|	9 56	|	10 51
89	Bergholz (b Potsdam)	206.22 [4]	8 59	|	9 58	|	[70] 10 58
91	Potsdam-Rehbrücke	[84]	9 01	[71] 9 21	10 00	|	11 00
94	Potsdam-Drewitz		[73] 9 13	|	10 03	|	11 03
100	Berlin-Wannsee	[4] ○	9 18	9 26	10 08	|	11 08
100	Berlin-Wannsee		9 20	9 27	10 09	|	11 09
113	Berlin-Charlottenburg	○	9 29	9 36	10 18	|	11 18
	✈ Berlin-Schönefeld	○				**10 07**	
	Berlin-Karlshorst	[4] ○				|	
	Berlin-Lichtenberg	[6] ○				**10 27**	
115	**Berlin** Zoologischer Garten	[4] ○					
	nach					Rostock	

Zug			RB 5536	RB 5538
Dessau Hbf	206.11		*8 14*	*9 38*
Belzig		○	*8 48*	*10 15*
von				
Belzig	206.11	[3]	8 52	10 52
X Fredersdorf (b Belzig)			9 04	11 04
X Lütte			9 07	11 07
X Dippmannsdorf-Ragösen			9 13	11 13
Golzow (b Brandenbg)			9 20	11 20
X Golzow (b Brandenbg) Nord			9 23	11 23
X Krahne			9 29	11 29
X Reckahn			9 32	11 32
Brandenburg Hbf	201, 206.51	○	9 43	11 43

Anja wohnt in Dessau. Sie benötigt eine Viertelstunde von ihrer Wohnung bis zum Bahnhof. Ihre Freundin Lena lebt in Berlin, 20 Minuten Fußweg vom Bahnhof Wannsee entfernt. Anja möchte Lena mit der Bahn besuchen.

a) Erläutere die in den Fahrplanausschnitten vorkommenden Eintragungen.

b) Schlage Anja verschiedene Reiseabläufe vor. Gib jeweils an, wann Anja zu Hause losgehen muss, wann der Zug abfährt, wann er ankommt, wie oft er hält und wann Anja bei Lena sein kann. Gib die Länge der Bahnfahrt an.

c) Eine Klasse plant einen Ausflug von Rosslau (Elbe) nach Brandenburg. Für diese Route gibt es keine direkte Verbindung. Man muss in Belzig umsteigen. Suche geeignete Verbindungen heraus. Notiere dabei Abfahrts- und Ankunftszeiten, Reisedauern bzw. Umsteigezeiten.

d) Informiere dich in einem Fahrplan aus deiner Region (Bahn oder Bus) und entwickle eine eigene Aufgabenstellung.

6

Claudia hat zu ihrem Geburtstag eine kleine moderne Taschenlampe (Photonenlampe) erhalten.
Auf der Verpackung steht: „Lebensdauer 100 000 Betriebsstunden".

a) Was bedeutet diese Angabe?

b) Könnte Claudia diese Taschenlampe in 30 Jahren noch nutzen, wenn man davon ausgeht, dass sie pro Tag 8 Stunden durchgängig leuchtet und den Angaben auf der Verpackung geglaubt wird?

c) Wie viele Minuten könnte diese Taschenlampe pro Tag durchgängig leuchten, wenn man von der Annahme ausgeht, dass die Taschenlampe nur 10 % der angegebenen Betriebsstunden funktioniert und 30jährige Nutzungsdauer angenommen wird?

NACHGEDACHT
Ist es sinnvoll, bei dieser Aufgabe zu beachten, dass aller 4 Jahre ein Schaltjahr auftritt? Was ist hier unter „sinnvoller Genauigkeit" zu verstehen?

7

Lars bereitet sich auf eine große Radtour vor. Er besitzt für sein Fahrrad Gepäcktaschen. Er weiß, dass es am günstigsten ist, wenn er das Gepäck so auf die Gepäcktaschen verteilt, dass beide Seiten gleich schwer sind.
Mit einer Küchenwaage wiegt er alles, was er mitnehmen möchte:

Belegte Brötchen	250 g	Minizelt	4,5 kg
Getränke	1200 g	Regenumhang	400 g
Obst	0,65 kg	Taschenlampe	150 g
Schokolade, Kekse	450 g	Badezeug	1 ½ kg
Luftmatratze	1500 g	Radwanderatlas	¼ kg
Werkzeug	300 g	Waschzeug	0,8 kg
Wäsche, Kleidung	1,4 kg	Schlafsack	2,2 kg

Nimm eine Aufteilung des Gepäcks auf beide Seitentaschen vor.

8

Michael wohnt in Felsenstädt. Mit seinen Eltern unternimmt er häufig Radtouren. Dafür hat sich Michael eine Skizze angefertigt.

a) Berechne die folgenden Tourenlängen: (1) Felsenstädt – Steinbach – Mittensen – Felsenstädt; (2) Felsenstädt – Blumenhausen – Walddorf – Grüntal – Mittensen – Felsenstädt; (3) Felsenstädt – Steinbach – Grüntal – Walddorf – Blumenhausen – Felsenstädt.

b) Michael kennt eine Route, die in Felsenstädt beginnt, in Steinbach endet und jeden im Plan eingezeichneten Weg genau einmal durchläuft. Gib einen solchen Weg an und berechne seine Länge.

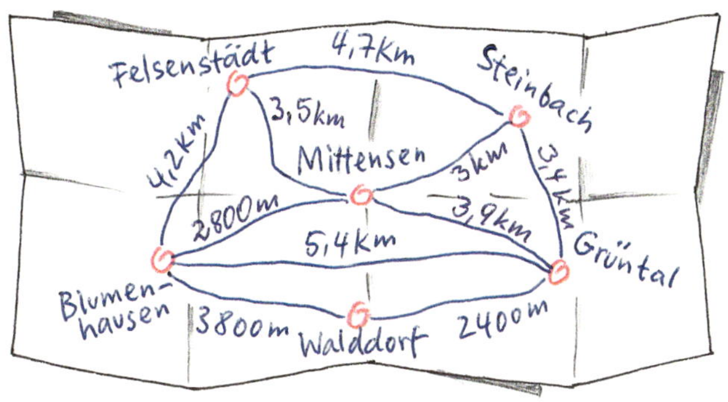

9[L]

Eine Familie überquerte einen Fluss mit einem Boot, das nur 80 kg Last tragen konnte. Der Vater wog 72 kg, die Mutter vier Kilogramm weniger, der Sohn 40 kg und die Tochter 5 kg weniger als der Sohn.
Wie ging das? Wie viele Fahrten waren mindestens notwendig?

10

Eine Verkäuferin in einem Supermarkt stellt Pfirsichdosen aufeinander. In der untersten Reihe stellt sie eine bestimmte Anzahl von Dosen auf. In jede weitere Reihe stellt sie eine Dose weniger. In der obersten Reihe soll genau eine Dose stehen. Die Dosen haben eine Höhe von 118 mm und einen Durchmesser von 10,2 cm. Zwischen den Dosen in einer Reihe soll ein Abstand von je einem halben Zentimeter sein.

a) Wie viele Dosen gehören zu einem Dosenturm, der in der untersten Reihe 8 Dosen besitzt? Welche Höhe und welche Breite hat dieser Turm?

b) Kann man mit 100 Pfirsichdosen einen oben beschriebenen Dosenturm von 1,5 m Höhe aufbauen? Begründe deine Antwort.

11[L]

Das gesunde Herz eines erwachsenen Menschen schlägt in einer Minute etwa 72-mal. Mit jedem Schlag werden 100 g Blut in den Körperkreislauf gepumpt. Wie viel Blut strömt durch das Herz in einer Minute (in einer Stunde, an einem Tag, in einer Woche, in einem Monat [30 Tage], in einem Jahr [365 Tage])? Wähle jeweils eine günstige Einheit.

HINWEIS
Die Planung einer Reise will gut überlegt sein. Die „Europareise" unter www.mathe-plus.de gibt dir hierfür wichtige Tipps.

12

Familie Lustig hat eine Flugreise für 4 Personen nach Spanien gebucht. Die Koffer sind bereits gepackt. Herr Lustig ist der Meinung, dass wieder einmal viel zu viel eingepackt wurde. Er liest noch einmal im Reiseprospekt nach. Dort steht: „Der Reisende hat Anspruch auf Beförderung von 20 kg Reisegepäck (einschließlich Handgepäck)."
Peter Lustig wiegt alle Gepäckstücke und notiert jeweils die Masse: Großer Koffer 26,5 kg, kleiner Koffer 18,2 kg, große Reisetasche 14,6 kg, kleine Reisetasche 8,6 kg, Campingbeutel 6,4 kg, Handgepäck 7,8 kg.
Wie viel muss ausgepackt werden, wenn die Bedingungen des Reiseveranstalters eingehalten werden sollen?

13

Jens wohnt in Zipfelhausen, Martin in Rosendorf. Beide Orte sind 27 Kilometer voneinander entfernt. Beide starten gleichzeitig und fahren einander mit dem Fahrrad entgegen. Martin legt durchschnittlich 16 km, Jens 20 km pro Stunde zurück. Wie weit sind beide nach einer halben Stunde voneinander entfernt? Nach welcher Fahrtzeit werden sie sich treffen?

14

Elbdampferfahrten Dresden – Bad Schandau (Fahrplanausschnitt):

	Hinfahrt			Rückfahrt		
Pirna	10.00	11.00	12.00	14.30	16.15	17.00
Stadt Wehlen	10.45	11.50	12.50	15.15	15.30	16.15
Kurort Rathen	11.15	12.30	13.30	15.45	15.15	16.00

Eine Wandergruppe aus Pirna ist mit dem Schiff nach Rathen gefahren, um dort zu wandern. Auch die Rückfahrt von Stadt Wehlen nach Pirna erfolgte per Schiff. Gib mögliche Abfahrts- und Ankunftszeiten für die Hin- und Rückfahrt an. Berechne die Fahrzeiten für die Hin- und Rückfahrt.
Wie viel Zeit ist dann für die Wanderung? Kann man in dieser Zeit die Strecke von Rathen nach Stadt Wehlen schaffen?

15

Gestaltet gemeinsam ein Poster zum Thema „Ausflüge in unsere weitere Umgebung". Überlegt euch ein schönes Ziel und Reisemöglichkeiten dorthin. Bringt eigene Fotos, Ansichtskarten, Prospekte, Landkarten und Fahrpläne vom Zielort mit. Fertigt auch lustige Zeichnungen an.

Teste dich!

1

Familie Lange nimmt viel Gepäck mit in den Urlaub, so dass Herr Lange eine Dachbox auf seinem PKW anbringen will, um zusätzlichen Stauraum zu haben. Die Dachbox hat eine Höhe von ca. 60 cm. In der Betriebsanleitung seines Autos findet Herr Lange die Angabe 1435 mm (unbelastet) für die Höhe seines Autotyps.
Kann Herr Lange auf der Fahrt in den Urlaub ohne Probleme durch die Unterführung auf dem Bild fahren? Erläutere, was für die Entscheidung zu bedenken ist, und gib dann eine begründete Entscheidung an.

2

65,70 für Krause? 40,85 für Kurt?

Herr Kurt bezahlte an einem Lotterielos halb so viel, wie sein Wettpartner Krause. Sie gewannen zusammen 131,40 €. Welcher Gewinn steht jedem zu?

43,80 für Kurt?

3

1?

Von drei Kugeln ist eine schwerer als jede der beiden anderen, die gleich schwer sind. Wie viele Messungen mit einer Balkenwaage sind mindestens nötig, um festzustellen, welches die schwerere Kugel ist?

2? 3?

4

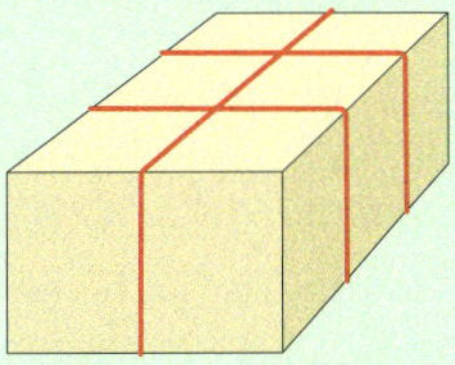

Ein Paket ist wie in der Abbildung verschnürt. Wie lang muss die Schnur sein, wenn das Paket 35 cm lang, 20 cm breit und 15 cm hoch ist? Für die Knoten braucht man zusätzlich etwa 15 cm Schnur.

5

a) Schreibe unter Verwendung von zwei Einheiten (wie bei b)).
5670 kg 34600 g 56070 mg
b) Schreibe in der kleineren Einheit.
24 g 17 mg 12 kg 45 g 6 t 30 kg

6

a) Schreibe unter Verwendung von zwei Einheiten.
350 s 126 min 256 h
b) Rechne in die kleinere Einheit um.
9 min 13 s 12 h 12 min 4 d 6 h

7

Gib eine Zeitangabe aus deinem Leben an, die einen Zeitpunkt bezeichnet, und eine, die eine Zeitspanne bezeichnet.

HINWEISE

1) Versuche zunächst, die Aufgaben ohne Hilfestellung zu lösen.

2) Wenn du doch Hilfe benötigst, findest du auf der angegebenen Seite ein Beispiel oder eine Anregung zum Lösen der Aufgabe.

Aufgabe	Seite
1	101/119
2	114
3	81
4	119
5	110
6	112
7	112

3) Im Anhang ab Seite 218 findest du die Lösungen der Aufgaben.
Vergleiche deine Ergebnisse mit diesen Lösungen und überprüfe so deinen Lernstand.

ZUSAMMENFASSUNG

Eine **Größe** wird durch einen **Zahlenwert** und eine **Einheit** angegeben.
Beim **Messen** vergleicht man mit einer vorgegebenen Einheit.

15 kg
Zahlenwert — Einheit

SI-Einheiten
Zwischen den Ländern der Welt wurden für die Angabe von Größen einheitliche Einheiten (die so genannten SI-Einheiten) vereinbart.
Für die **Basiseinheiten** wird festgelegt, wie groß sie sind. Die übrigen Einheiten werden aus den Basiseinheiten abgeleitet.

Zusätzlich zu den SI-Einheiten werden auch noch andere Einheiten verwendet.
Das sind z.B. alte Einheiten oder englische Einheiten.

Einheiten der Länge

Die Basiseinheit ist der Meter (m).

1 km = 1000 m = 10 000 dm = 100 000 cm = 1 000 000 mm
1 m = 10 dm = 100 cm = 1000 mm
1 dm = 10 cm = 100 mm
1 cm = 10 mm

1 mm = 0,1 cm = 0,01 dm = 0,001 m = 0,000 001 km
1 cm = 0,1 dm = 0,01 m = 0,000 01 km
1 dm = 0,1 m = 0,0001 km
1 m = 0,001 km

Andere Längeneinheiten

Seemeile (sm) 1 sm = 1852 m
Anwendung in der Seefahrt

inch, Zoll (in, ″) 1 in = 1″ = 25,4 mm
Anwendung z. B. in der Computertechnik

foot (ft) 1 ft = 12″ = 30,48 cm

yard (yd) 1 yd = 3 ft = 91,44 cm

mile 1 mile = 1760 yd = 1609,3 m

Einheiten der Masse

Die Basiseinheit ist das Kilogramm (kg).

1 t = 1000 kg = 1 000 000 g = 1 000 000 000 mg
1 kg = 1000 g = 1 000 000 mg
1 g = 1000 mg

1 mg = 0,001 g = 0,000 001 kg = 0,000 000 001 t
1 g = 0,001 kg = 0,000 001 t
1 kg = 0,001 t

Andere Masseeinheiten

Pfund (Pfd) 1 Pfd = 500 g

Zentner (Ztr) 1 Ztr = 100 Pfd = 50 kg

Karat (k) 1 k = 200 mg
Anwendung bei der Masseangabe von Edelsteinen

pound (lb) 1 lb = 16 oz ≈ 454 g

Einheiten der Zeit

Die Basiseinheit ist die Sekunde (s).

1 h = 60 min = 3600 s
1 min = 60 s

Andere Zeiteinheiten

Tag (d) 1 d = 24 h
Woche 1 Woche = 7 d
Jahr (y) 1 y = 365 d

Dezimale Teile und Vielfache von Einheiten

Vorsatz	Bedeutung	Zeichen	Faktor
Dezi	Zehntel	d	0,1
Zenti	Hundertstel	c	0,01
Milli	Tausendstel	m	0,001
Mikro	Millionstel	µ	0,000001

Vorsatz	Bedeutung	Zeichen	Einheit
Hekto	Hundert	h	100
Kilo	Tausend	k	1000
Mega	Millionen	M	1000000
Giga	Milliarden	G	1000000000

Geometrische Grundbegriffe

Louvre, Paris

Symmetrie in der Ebene

1

Tagpfauenauge

Admiral

Schwalbenschwanz

In der Natur gibt es ungefähr 145 000 verschiedene Schmetterlingsarten, davon etwa 3 000 heimische. Die Falter mit vier meist bunt beschuppten Flügeln haben Spannweiten von 0,3 cm bis zu 30 cm.
Die Falter sind **achsensymmetrisch**. Was versteht man darunter?

2

Faltschnitte
Man zeichnet auf ein gefaltetes Blatt Papier eine Figur, schneidet die Figur aus und faltet das Blatt auseinander.
Auf diese Weise entsteht eine achsensymmetrische Figur.

a) Fertige die folgenden Faltschnitte an. Zeichne jeweils die Symmetrieachse ein.

b) Stelle einen Spiegel senkrecht auf die Faltgerade und betrachte die Figur und deren Spiegelbild. Was fällt dir auf?

c) Denke dir selbst weitere Faltschnitte aus.

ANREGUNG
Falte das Blatt mehrmals, bevor du eine Figur aufzeichnest. So entstehen Faltschnitte mit mehreren Symmetrieachsen. Probiere selbst solche Faltschnitte aus.

WISSEN

Achsensymmetrische Figuren können so gefaltet werden, dass die dabei entstehenden zwei Teile der Figur genau deckungsgleich sind.

Die Faltgerade nennt man auch **Symmetrieachse** der Figur.

3

Faltet man ein Blatt Papier, in dessen Innerem sich ein frischer Tintenklecks befindet (siehe Bild), so entsteht ein Klecksbild.

a) Fertige ein Klecksbild an.

b) Was für eine Figur ist entstanden?

c) Zeichne die Symmetrieachse ein.

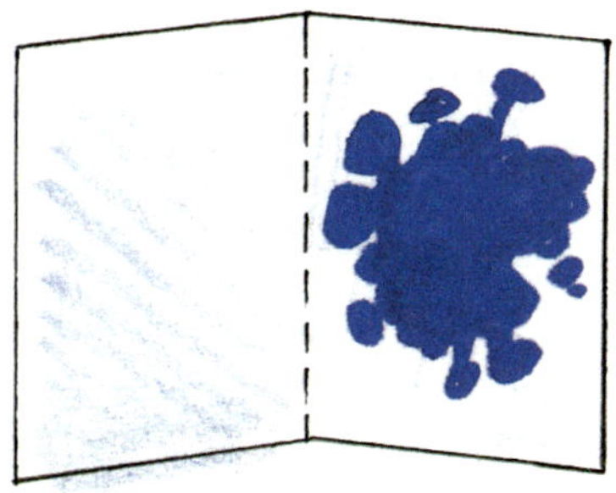

BEACHTE
Pass auf, dass keine Tintenflecke auf deine Kleidung kommen. Sie lassen sich nur sehr schwer wieder entfernen.

4

Nadelkopie

a) Falte ein Blatt Papier und zeichne eine Figur darauf. Durchstich das Blatt an markanten Punkten der Figur mit einer Nadel. Falte das Blatt auseinander und ergänze die Figur.

b) Was für eine Figur entsteht?

c) Zeichne die Symmetrieachse ein.

d) Fertige andere Nadelkopien an.

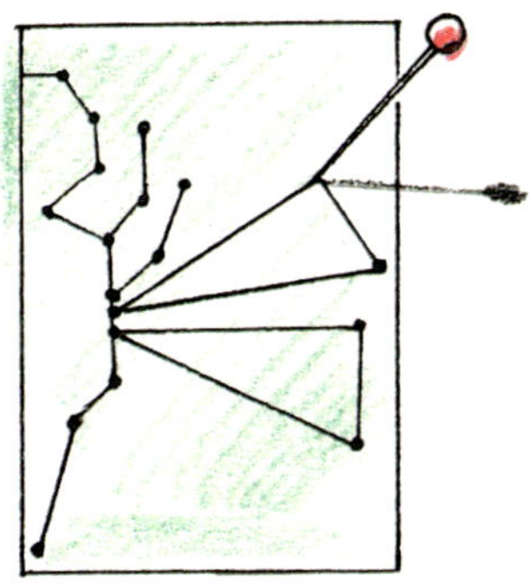

HINWEIS
Je komplizierter die Figur ist, desto kleiner sollten die Abstände der Nadelstiche sein.

5

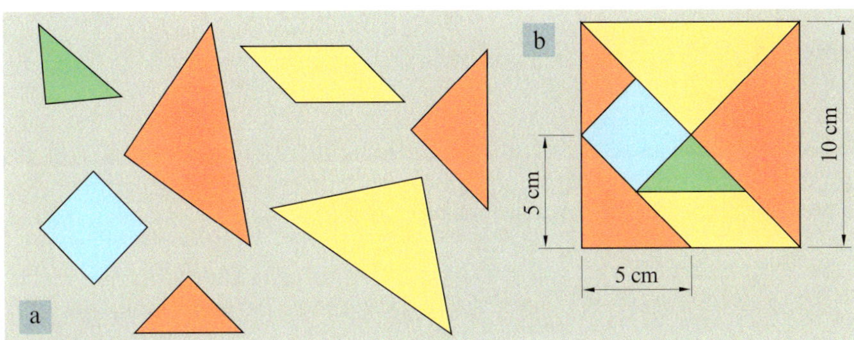

TANGRAM
ist ein altes chinesisches Legespiel. Beim Puzzeln müssen alle sieben Teile verwendet werden. Man kann so über 300 verschiedene Figuren legen, z. B.:

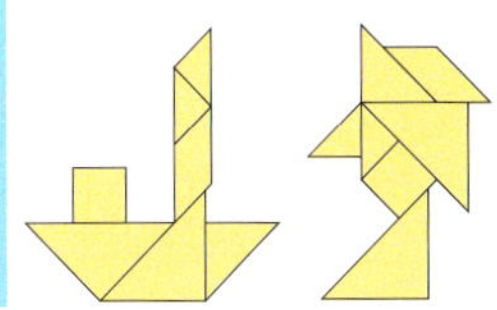

Ein Tangramspiel besteht aus sieben Teilen (Bild a).

a) Bau dir selbst ein Tangramspiel. Zeichne dazu die Figur im Bild b auf Pappe oder Papier und schneide die sieben Teile aus.

b) Wie heißen die Teile des Tangram?

c) Welche Teile des Tangram sind achsensymmetrisch? Zeige die Symmetrieachsen.
Wie kann man die Achsensymmetrie überprüfen?

d) Lege mit zwei (oder mehr) Teilen des Tangram achsensymmetrische Figuren. Arbeite dabei mit deinem Nachbarn zusammen. Benutzt beide Tangramspiele.
Zeichne jede achsensymmetrische Figur im Heft nach und kennzeichne die Symmetrieachsen.

e) Schreibe den Namen unter die Figuren aus d), die du kennst.

6

Übertrage die Figuren ins Heft. Ergänze zu achsensymmetrischen Figuren.

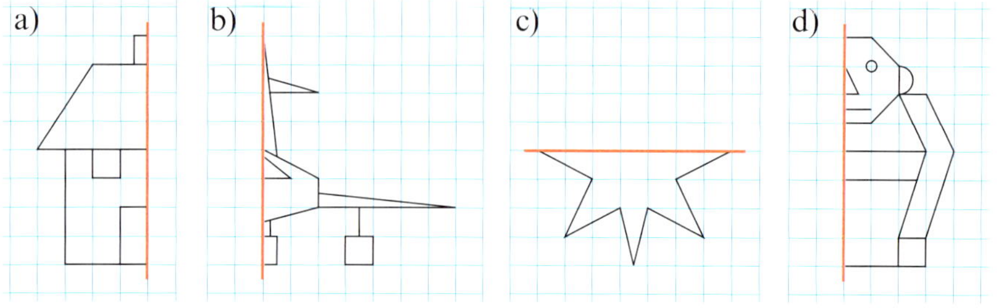

7

Bei achsensymmetrischen Figuren sind zwei Teile genau deckungsgleich.

a) Ist die nebenstehende Figur achsensymmetrisch?

b) Kann die Figur so bewegt werden, dass sie mit ihrer ursprünglichen Lage zur Deckung kommt?

c) Wie kann der Stern so bewegt werden, dass er mit sich selbst zur Deckung kommt?

WISSEN

Manche Figuren können so gedreht werden, dass sie durch eine Drehung, die keine ganze Drehung ist, mit sich selbst zur Deckung kommen.

Solche Figuren sind **drehsymmetrisch**.

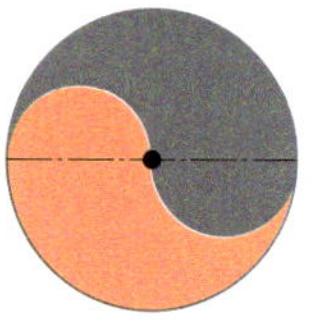

8[L]

Übertrage die Figuren ins Heft. Zeichne die Symmetrieachsen ein und gib ihre Anzahl an. Welche der Figuren sind drehsymmetrisch?

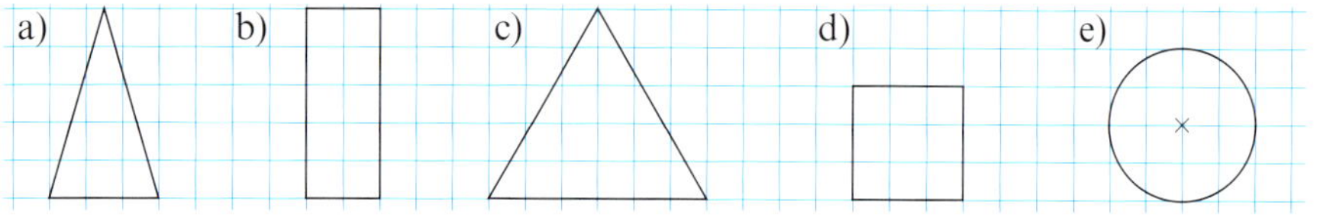

9

Übertrage die Figuren ins Heft. Zeichne in jede Figur (wenn möglich) die Symmetrieachsen ein. Welche Figuren sind nicht achsensymmetrisch? Welche sind drehsymmetrisch? Bezeichne die dir bekannten Figuren.

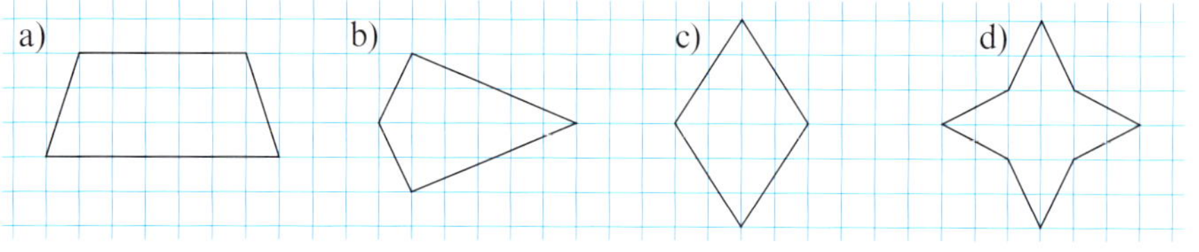

HINWEIS

Unter www.mathe-plus.de könnt ihr Spielmaterial für das Spiel „Symmys“ entwerfen. Dafür benötigt ihr gute Ideen und viel Wissen über Symmetrie.

10

Skizziere die Profile a bis h im Heft und zeichne (wenn möglich) die Symmetrieachsen ein. Welche Profile sind drehsymmetrisch?

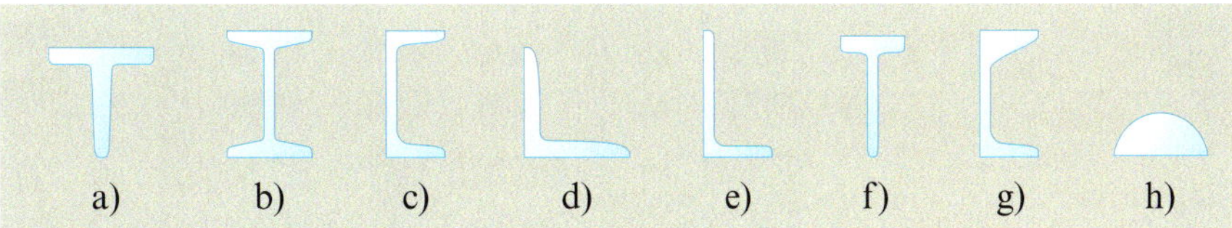

INFORMATION
Ein Profil ist der Querschnitt von Stäben aus Stahl, Leichtmetall, Plastik usw. Diese werden z. B. als Träger im Bauwesen oder als Fensterdichtungen eingesetzt.

11

In Natur und Architektur findet man zahllose Beispiele für Achsensymmetrie (siehe z. B. die Seiten 126 und 130).

a) Suche in deiner Umgebung nach Dingen, die (beinahe) achsensymmetrisch bzw. drehsymmetrisch sind.
b) Skizziere sie und gib die Lage der Symmetrieachsen an.
c) Welche Einzelheiten weichen von der Achsensymmetrie ab?

12

a) Falte jeweils ein Stück Papier (DIN A5) und führe nur einen geraden Schnitt aus. Nach dem Auseinanderfalten sollen die nebenstehenden Figuren entstehen (weiß – ausgeschnittener Teil).
b) Erfinde weitere Aufgaben dieser Art.

AUFGABEN ZUR WIEDERHOLUNG

1. Welche Aussagen sind wahr, welche sind falsch?
   Begründe deine Antwort.
   a) Es gibt zehn verschiedene zweistellige natürliche Zahlen, die auf 5 enden.
   b) Es gibt neun verschiedene zweistellige natürliche Zahlen, die auf 0 enden.
   c) Es gibt 900 verschiedene dreistellige natürliche Zahlen.
   d) Aus den Ziffern 1, 2 und 3 kann man genau fünf verschiedene dreistellige natürliche Zahlen bilden, in denen jede Ziffer genau einmal vorkommt.
   e) Aus den Ziffern 1, 2 und 3 kann man mehr als 20 verschiedene dreistellige natürliche Zahlen bilden, wenn man jede der Ziffern mehrfach verwenden darf.

2. Überschlage das Ergebnis.
   a) $189 \cdot 41$ **b)** $307 \cdot 72$
   c) $492 \cdot 52$ **d)** $760 \cdot 47$
   e) $561 \cdot 52$ **f)** $1981 \cdot 21$
   g) $978 \cdot 19$ **h)** $254 \cdot 31$

3. Welche Zahl kann das sein?
   a) Sie ist dreistellig, besteht aus drei gleichen Ziffern und ist kleiner als 210.
   b) Sie ist vierstellig, besteht aus vier gleichen Ziffern und ist größer als 8 890.

4. **a)** Gib für a und b Zahlen an, sodass die Ungleichung erfüllt ist:
   $a + b > a \cdot b$.
   b) Gib für p und q Zahlen an, sodass gilt:
   $2p - q = 2q$.

Symmetrie im Raum

(Fast) ebenensymmetrische Körper

Häuser sind oft ebenensymmetrisch

WISSEN

Viele Gegenstände unserer Umgebung sind symmetrisch.
Manche Körper haben statt einer Symmetrieachse eine **Symmetrieebene**.
Solche Körper nennt man **ebenensymmetrische Körper**.

1

Die Körper und das Gebäude in den Bildern oben sind ebenensymmetrisch. Beschreibe die Lage der Symmetrieebenen.

2[L]

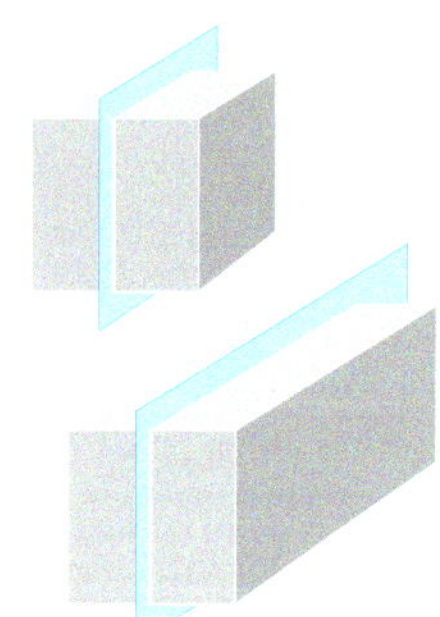

Im Bild ist eine Symmetrieebene bei einem Würfel und bei einem Quader eingezeichnet.

a) Hat ein Würfel weitere Symmetrieebenen? Wie viele gibt es insgesamt?
b) Hat ein Quader weitere Symmetrieebenen? Wie viele gibt es insgesamt?

3

a) Beschreibe die Lage der Symmetrieebenen bei den einzelnen Dachformen im Bild.
b) Wie viele Symmetrieebenen hat jede Dachform?

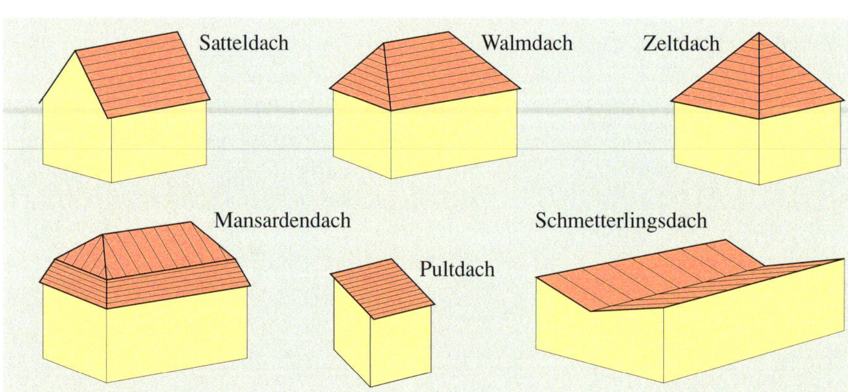

WISSEN

Somapuzzle
Das Somapuzzle besteht aus 7 Teilen, die zu einem Würfel zusammengesetzt werden können.
Die sieben Teile des Somapuzzles bestehen aus insgesamt 27 Würfeln. Diese sind wie abgebildet zu den sieben Teilen zusammengeklebt.

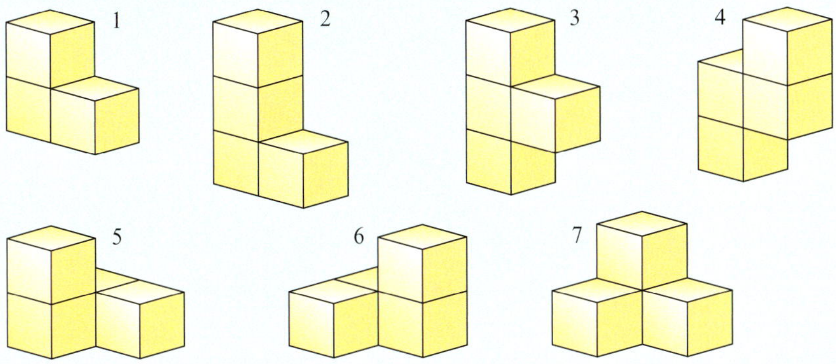

TIPP
Hast du z. B. in einem alten, nicht mehr benötigten Baukasten 27 gleich große Würfel, so klebe die sieben Teile des Somapuzzles zusammen. Hast du keine 27 gleich großen Würfel, so kannst du sie dir selbst herstellen. Nimm z. B. eine Holzleiste mit quadratischem Querschnitt. Säge davon 27 Würfel ab.

4

a) Untersuche, wie viele Symmetrieebenen jedes Teil des Somapuzzles hat. Beschreibe deren Lage.
b) Welche Teile des Somapuzzles haben keine Symmetrieebenen?

5

a) Aus den Teilen des Somapuzzles kann man z. B. die Körper im Bild unten bauen. Versuche es selbst.
b) Untersuche die Körper auf Symmetrieebenen. Beschreibe deren Lage.
c) Wie viele Symmetrieebenen haben die Körper?

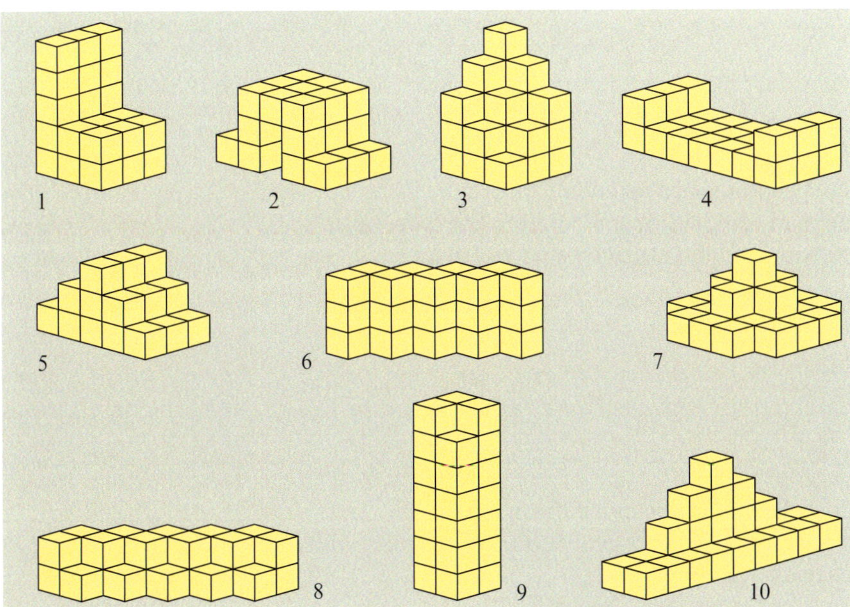

ZUM KNOBELN
Setze aus deinem Somapuzzle einen Würfel zusammen (Kantenlänge 3 kleine Würfelkanten).

Strecke, Gerade, Strahl

1

Frank und Jan stehen am Ufer eines Sees und blicken zur gegenüberliegenden Badestelle. Ihren Dialog kannst du nebenstehendem Bild entnehmen. Meinen beide dasselbe?

2

Anett und Jana messen die Sprungweiten. Die Sportlehrerin sagt, dass sie beim Messen das Bandmaß straff spannen müssen. Warum?

WISSEN

Eine gerade Verbindungslinie zweier Punkte A und B bezeichnet man als **Strecke** $\overline{AB}$.
Die Strecke $\overline{AB}$ ist die kürzeste Verbindung der Punkte A und B.

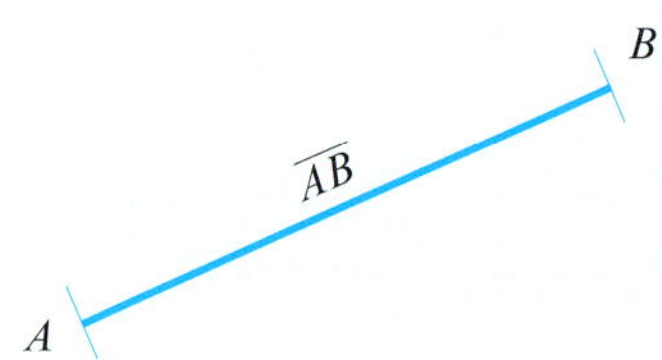

BEACHTE
In der Umgangssprache verwendet man das Wort „Strecke“ nicht nur für gerade Verbindungslinien.
Denke z. B. an „Rennstrecke“ oder „Fahrstrecke“.

3

a) Beschreibe wie man mit einem Lineal oder einem Geodreieck eine Strecke zeichnet.
b) Gerade Verbindungslinien erhält man auch mit einer gespannten Schnur. Wo wendet man das praktisch an?

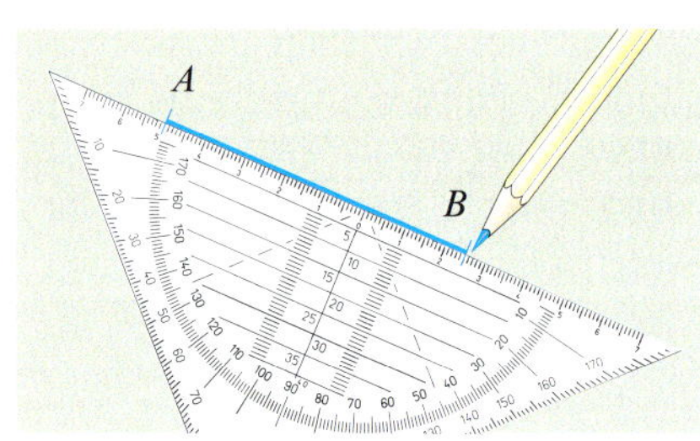

4

Die vier Punkte A, B, C, D liegen auf einer geraden Linie.
a) Notiere alle Strecken, die man mit diesen vier Punkten erhalten kann.
b) Miss die Längen der Strecken. Welche Strecken sind gleich lang? Wie viele sind es?

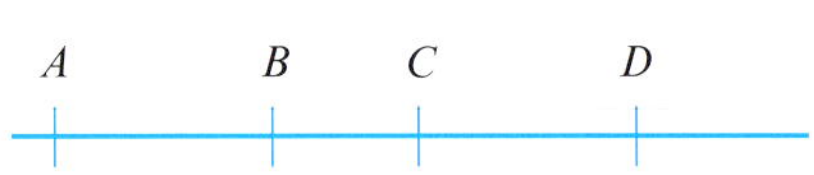

5

Gib alle Strecken an, die du im Bild in der Randspalte erkennst.
Diese Figur lässt sich in einem Zug zeichnen (ohne abzusetzen oder Strecken mehrfach zu überstreichen).
Findest du solche Züge? Schreibe wenigstens einen auf.

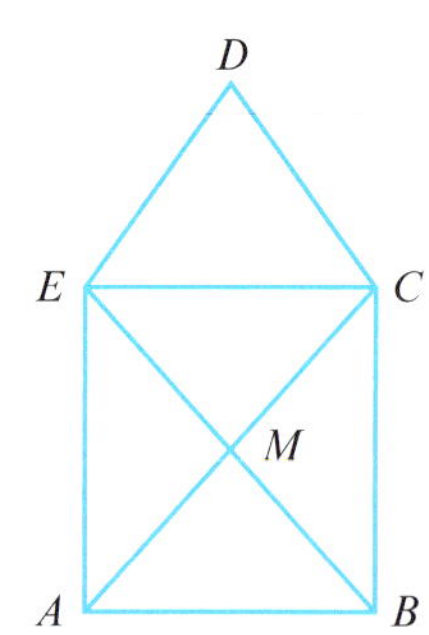

6

Auf einer Schatzkarte war zu lesen: „Auf der Insel sind der Höhleneingang, die Bergspitze und der Felsen leicht zu finden. Der Schatz liegt am Strand und auf einer geraden Linie durch zwei dieser Stellen.“
Übertrage die Schatzkarte auf Transparentpapier.
Wo befinden sich die Stellen, an denen man suchen sollte?

WISSEN

Verlängert man eine Strecke $\overline{AB}$ über die Endpunkte hinaus, so entsteht eine **Gerade**. Man bezeichnet sie mit AB.

Verlängert man eine Strecke $\overline{AB}$ nur über einen der beiden Endpunkte hinaus, so entsteht ein **Strahl** (auch **Halbgerade** genannt).
Bei Verlängerung über B hinaus bezeichnet man den Strahl mit $\overrightarrow{AB}$.

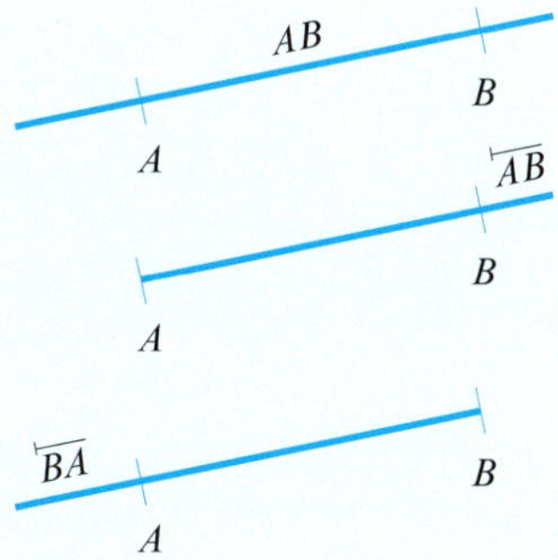

Eine Gerade hat keinen Anfangs- und keinen Endpunkt.
Ein Strahl (eine Halbgerade) hat einen Anfangspunkt, aber keinen Endpunkt.

HINWEIS
Strecken, Geraden, Strahlen (Halbgeraden) werden auch mit kleinen Buchstaben bezeichnet.

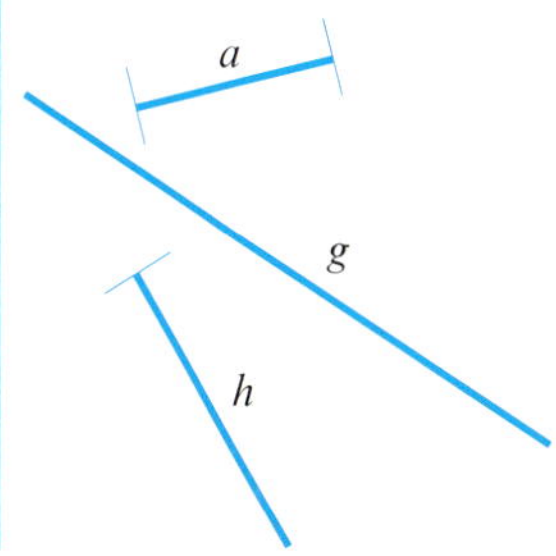

7

Welche der gezeichneten Linien sind Geraden, Strecken, Strahlen?

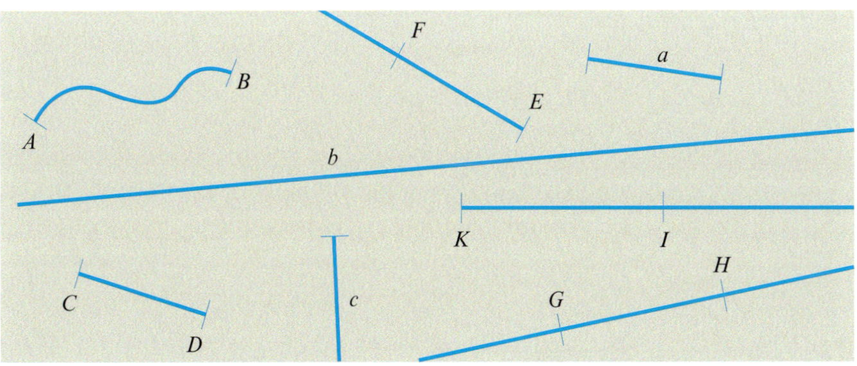

BEACHTE
Man kann immer nur einen Teil einer Geraden oder eines Strahls zeichnen bzw. abbilden.

8

Auf einer Geraden liegen vier Punkte A, B, C, D. Notiere alle Strahlen, die man mit diesen vier Punkten angeben kann. Wie viele sind es?
Vergleiche mit den Ergebnissen von Aufgabe 4 a).

Punkte und Strecken im Koordinatensystem

1

Die Position der Schachfiguren kann man durch die Angaben am Rand des Schachbrettes genau beschreiben. Der schwarze König hat z. B. die Position **(D; 4)**.
Gib die Positionen der anderen Schachfiguren an.

HINWEIS
Mit (D; 4) wird das Feld bezeichnet, das sowohl im Streifen D als auch im Streifen 4 liegt, in dem sich beide Streifen also kreuzen.

2

Für Schachfiguren reichen Angaben wie (D; 4) aus. Willst du aber die genaue Lage eines Punktes angeben, so reichen sie nicht aus. Warum?

WISSEN

Das Koordinatensystem

Die Lage von Punkten gibt man mithilfe eines Koordinatensystems an. Das Koordinatensystem besteht aus zwei zueinander senkrechten Achsen: der x-Achse und der y-Achse.

Die x-Koordinate ist die Zahl auf der x-Achse, die zum Punkt gehört. Die y-Koordinate ist die Zahl auf der y-Achse, die zum Punkt gehört.

BEACHTE
Die x-Koordinate nennt man auch **Abszisse**, die y-Koordinate **Ordinate**.

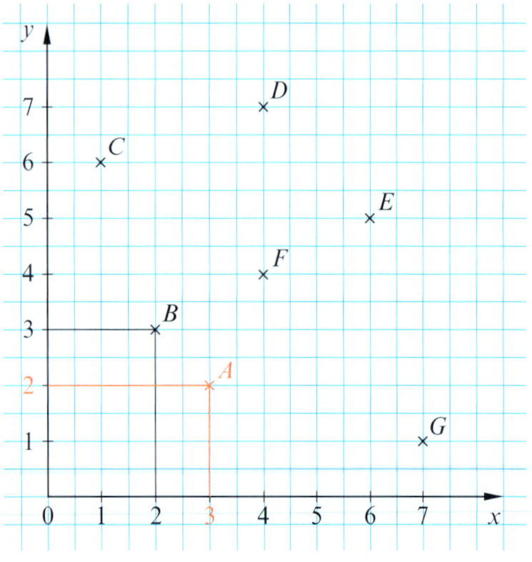

Der Punkt A hat die Koordinaten $A(3|2)$.

Der Punkt B hat die Koordinaten $B(2|3)$.

MERKE
Die x-Koordinate wird immer zuerst aufgeschrieben. Warum muss man diese Festlegung treffen?

3

a) Gib die Koordinaten der Punkte C, D, E, F und G im Bild oben an.
b) Zeichne selbst einige Punkte in das Koordinatensystem ein und gib dann ihre Koordinaten an.

4

a) Zeichne ein Koordinatensystem mit 6 Einheiten auf beiden Achsen.
b) Trage die Punkte $A(1|1)$, $B(3|2)$, $C(4|3)$ und $D(5|3)$ ein.
c) Prüfe, ob drei dieser Punkte auf einer gemeinsamen Geraden liegen.

5

Gib die Koordinaten der Punkte in den beiden Bildern an.

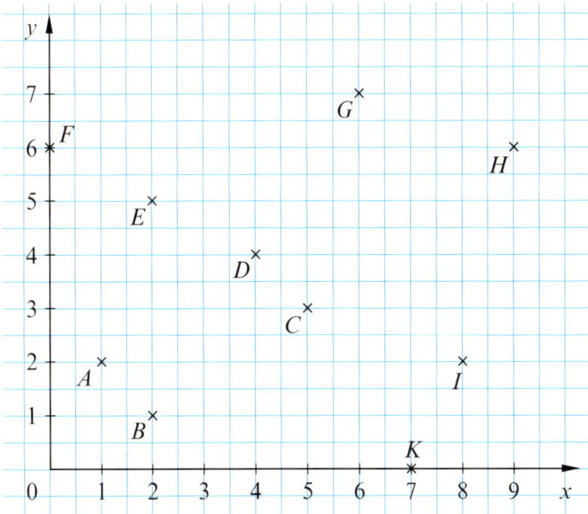

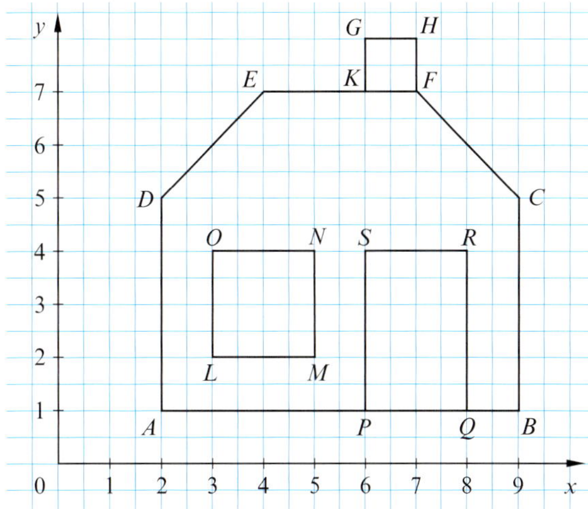

6

Im Garten stehen vier Pfähle. Vom ersten Pfahl aus soll eine Wäscheleine über alle Pfähle gespannt werden.

a) Wie viele Möglichkeiten gibt es, die vier Pfähle durch drei Strecken in einem Zug zu verbinden?
b) Wie viele Möglichkeiten gibt es, wenn vier Strecken zugelassen sind?
c) Kann man die vier Pfähle auch durch fünf Strecken verbinden?

WISSEN

Verbindet man mehrere Punkte der Reihe nach durch Strecken, so entsteht ein **Streckenzug**. Man unterscheidet offene Streckenzüge (z.B. $\overline{ABCDE}$) und geschlossene (z.B. $\overline{ABCDEA}$).

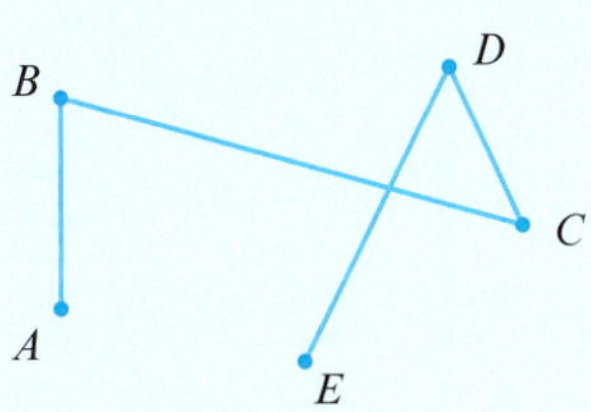

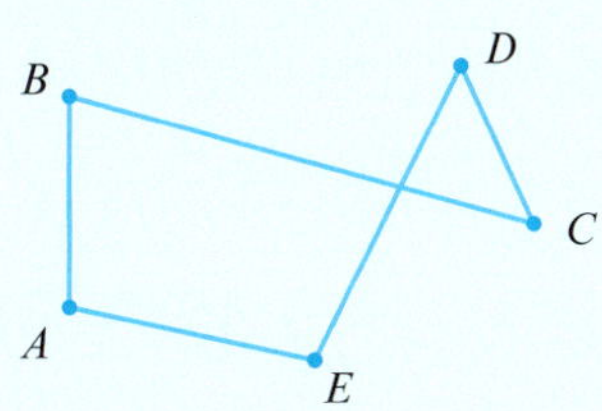

INFORMATION

Geschlossene Streckenzüge, die sich nicht überschneiden, bilden den Rand eines Vierecks (Fünfecks, Sechsecks, …), wenn sie vier (fünf, sechs, …) Punkte verbinden.
Die Punkte heißen **Eckpunkte**.

7

Zeichne die Punkte A, B, C, D, E jeweils in ein Koordinatensystem (Einheit 1 cm). Verbinde die Punkte A, B, C, D, E zu einem Streckenzug.
Ermittle die Länge des Streckenzuges $ABCDE$.

a) $A(2|2)$, $B(10|1)$, $C(9|4)$, $D(5|7)$, $E(9|9)$
b) $A(1|2)$, $B(1|4)$, $C(8|4)$, $D(8|6)$, $E(10|6)$
c) $A(10|10)$, $B(8|2)$, $C(5|6)$, $D(2|2)$, $E(0|10)$
d) $A(0|2)$, $B(2|4)$, $C(4|2)$, $D(2|0)$, $E(0|2)$

BEISPIEL
Streckenzug $\overline{ABCDE}$

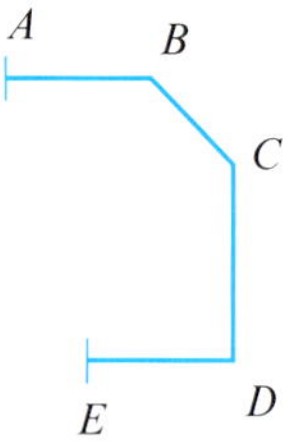

Länge des Streckenzuges $ABCDE$:
$\overline{AB} + \overline{BC} + \overline{CD} + \overline{DE}$
$= 1\text{ cm} + 0{,}8\text{ cm}$
$+ 1{,}3\text{ cm} + 1\text{ cm}$
$= 4{,}1\text{ cm}$

8

Zeichne für jede Teilaufgabe ein Koordinatensystem: Einheit 1 cm; auf beiden Achsen 8 Einheiten. Trage die Punkte in das Koordinatensystem ein. Verbinde die Punkte A und B, B und C, C und D usw. durch Strecken.
Welche Figur erhältst du so?

a) $A(4|4)$, $B(7|6)$, $C(4|8)$, $D(4|3)$, $E(2|3)$, $F(3|1)$, $G(7|1)$, $H(8|3)$.
Verbinde H mit D.
b) $A(4|8)$, $B(2|6)$, $C(3|6)$, $D(1|4)$, $E(3|4)$, $F(0|1)$, $G(3|1)$, $H(3|0)$, $K(5|0)$, $L(5|1)$, $M(8|1)$, $N(5|4)$, $O(7|4)$, $P(5|6)$, $Q(6|6)$.
Verbinde Q mit A.

9

Arbeitet bei dieser Aufgabe zu zweit oder in einer Gruppe.
Jeder zeichnet ein eigenes Koordinatensystem und darin eine selbst ausgedachte Figur, ohne sie zu zeigen.
Jeder nennt dann die Koordinaten aller wichtigen Punkte seiner Figur. Die anderen sollen nun versuchen, damit die Figur nachzuzeichnen.

10

Trage die Punkte jeweils in ein Koordinatensystem ein. Zeichne dann alle möglichen Verbindungsstrecken dieser Punkte ein. Wie viele Verbindungsstrecken findest du? Gib sie an.

a) $A(1|1)$, $B(5|2)$, $C(3|4)$
b) $A(3|1)$, $B(6|3)$, $C(2|5)$, $D(1|3)$
c) $A(1|3)$, $B(3|0)$, $C(5|1)$, $D(6|4)$, $E(3|5)$
d) $A(1|0)$, $B(1|1)$, $C(2|1)$, $D(2|2)$, $E(2|3)$, $F(3|3)$

11[L]

Zeichne die Geraden AB und CD in ein Koordinatensystem.
Entscheide, ob beide Geraden einander schneiden. Gib gegebenenfalls die Koordinaten des Schnittpunktes S an.

a) $A(1|2)$, $B(7|5)$, $C(4|1)$, $D(1|7)$
b) $A(0|2)$, $B(6|4)$, $C(2|1)$, $D(5|7)$
c) $A(1|6)$, $B(7|4)$, $C(8|2)$, $D(2|4)$
d) $A(0|4)$, $B(4|0)$, $C(7|3)$, $D(5|1)$
e) $A(1|0)$, $B(6|5)$, $C(4|0)$, $D(6|4)$
f) $A(2|1)$, $B(5|5)$, $C(4|2)$, $D(7|6)$

BEACHTE
Einander schneidende Geraden AB und CD:

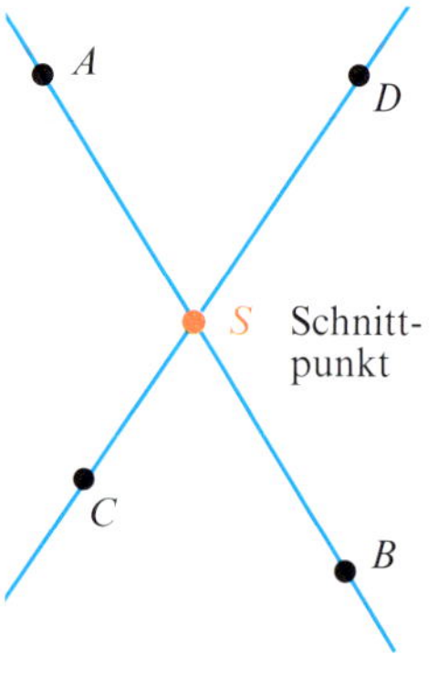

12

a) Gib einen Namen für den Streckenzug im Bild rechts an, indem du die Koordinaten der Eckpunkte benutzt.

b) Welche beiden Buchstaben sind hier gemeint?

$\overline{(1|5)\,(4|5)\,(1|1)\,(4|1)}$

$\overline{(5|2)\,(7|2)\,(7|3)\,(5|3)\,(5|1)\,(7|1)}$

c) Was bedeuten diese Streckenzüge zusammen? Wähle 1 Kästchen als Einheit für das Koordinatensystem.

$\overline{(1|1)\,(1|5)\,(3|3)\,(5|5)\,(5|1)}$

$\overline{(6|3)\,(6|1)\,(8|1)\,(8|3)\,(6|3)}$

$\overline{(11|3)\,(9|3)\,(9|2)\,(11|2)\,(11|1)\,(9|1)}$

$\overline{(12|2)\,(14|2)\,(14|3)\,(12|3)\,(12|1)\,(14|1)}$

$\overline{(15|5)\,(15|1)\,(16|1)}$

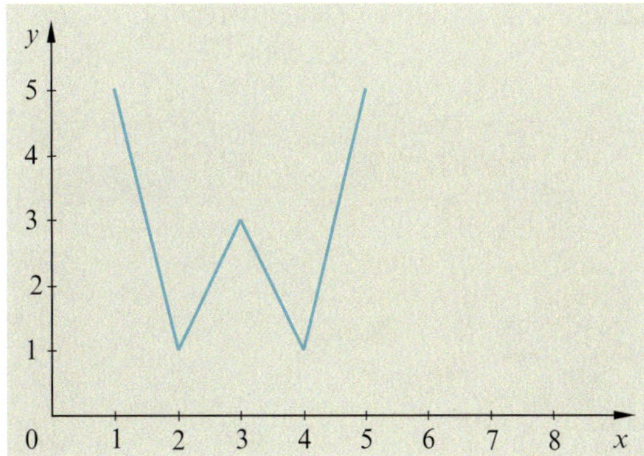

d) Schreibt selbst ein Wort mithilfe von Streckenzügen auf einen Zettel. Tauscht dann die Zettel aus und bestimmt das Wort.

METHODE

Zeichnen mit dem Geodreieck

Parallelen zeichnen

Mithilfe der rot markierten Linien kannst du Parallelen im Abstand von 5 mm, 10 mm, 15 mm, ... zeichnen.

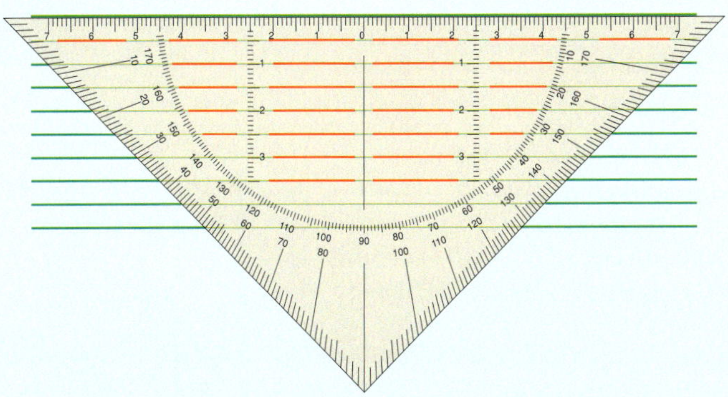

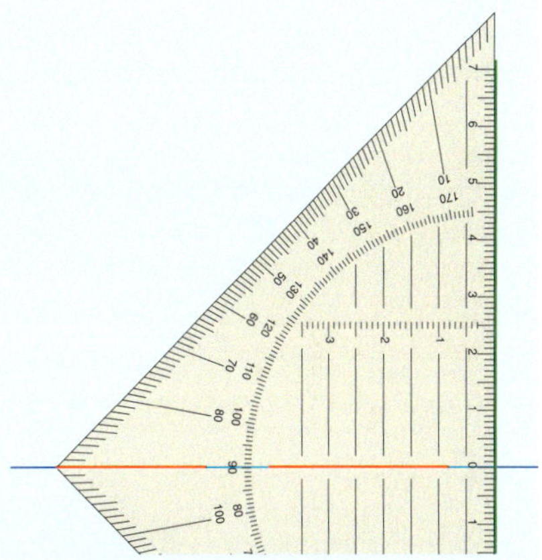

Senkrechte zeichnen

Wenn du die rot markierte Linie genau an die blaue Gerade anlegst, kannst du mit dem Geodreieck die Senkrechte zu einer Geraden oder Strecke zeichnen.

Figuren zeichnen

Rechts siehst du eine geometrische Figur, die nur mithilfe eines Geodreiecks gezeichnet wurde. Versuche, sie nachzuzeichnen.

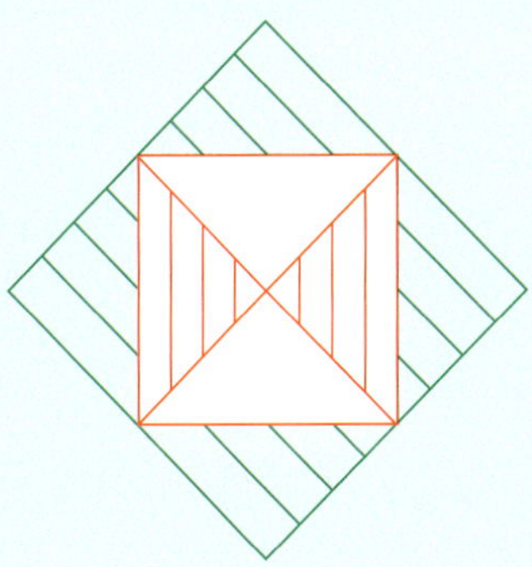

Umfang von Figuren

1

2

Miss mit einem Bandmaß den Umfang verschiedener Dinge.

a) Dosen (runde und eckige)
b) Bälle (Tennis-, Fuß-, Medizinball)
c) Körperteile: Kopf, Hals, Oberarm, Unterschenkel, Bauch
d) kantige Körper (z. B. verschieden große Spielwürfel, Schulranzen)

WUSSTEST DU SCHON?
Der Umfang einer geradlinig begrenzten Figur ist gleich der Summe aller Seitenlängen.

3

Ermittle den Umfang der folgenden Figuren.

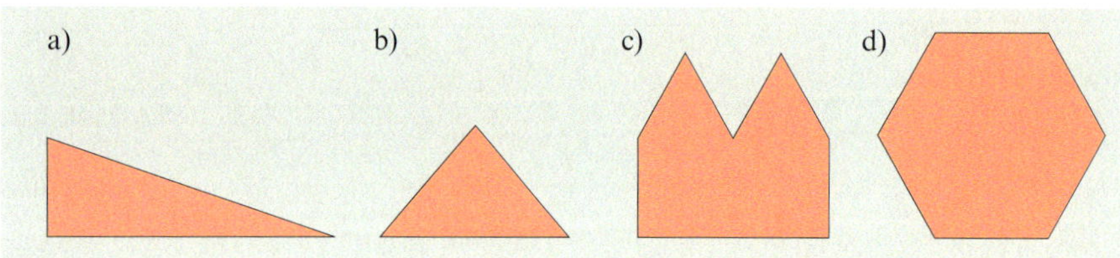

4L

Zeichne die Punkte in ein Koordinatensystem (Einheit: 1 cm). Verbinde sie der Reihe nach (den letzten Punkt mit A). Ermittle jeweils den Umfang.

a) $A(0|1)$, $B(1|3)$, $C(5|3)$, $D(4|1)$
b) $A(2|4)$, $B(4|2)$, $C(2|0)$, $D(0|2)$
c) $A(1|1)$, $B(3|1)$, $C(3|5)$, $D(2|5)$, $E(2|3)$, $F(1|3)$

NACHGEDACHT
Ring mit Ecken?

Ein „Boxring“ hat eine quadratische Form (etwa 6 m × 6 m) und wird von 3 Seilen rundherum umspannt. Berechne die Gesamtlänge der Seile.

5

Jörn möchte aus Holzleisten Rahmen für Poster basteln. Welche Leistenlänge benötigt er für einen Rahmen von 40 cm × 50 cm (50 cm × 60 cm)?

6

a) Zeichne ein Rechteck mit den Seitenlängen $a = 6$ cm und $b = 4$ cm. Wie lang ist der Umfang des Rechtecks?
b) Zeichne ein Quadrat mit demselben Umfang wie das Rechteck aus a).

WISSEN

Der **Umfang** eines Rechtecks oder Quadrats lässt sich leicht berechnen, wenn man die Seitenlängen kennt.
Der Umfang ist jeweils die Summe aller vier Seitenlängen.

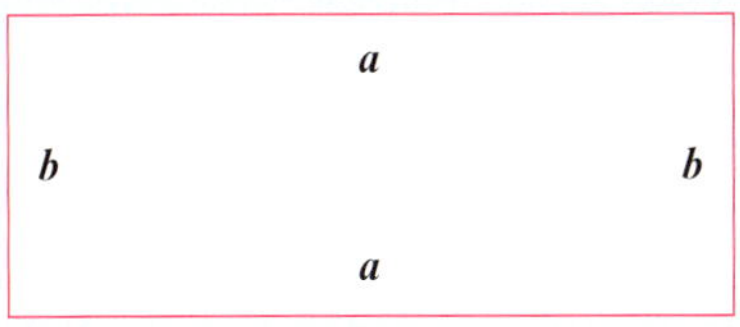

Formel für den Umfang u eines Rechtecks mit den Seitenlängen a und b:

$$u = 2 \cdot a + 2 \cdot b = 2 \cdot (a + b)$$

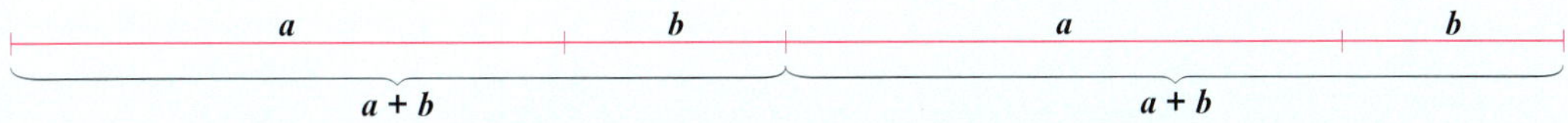

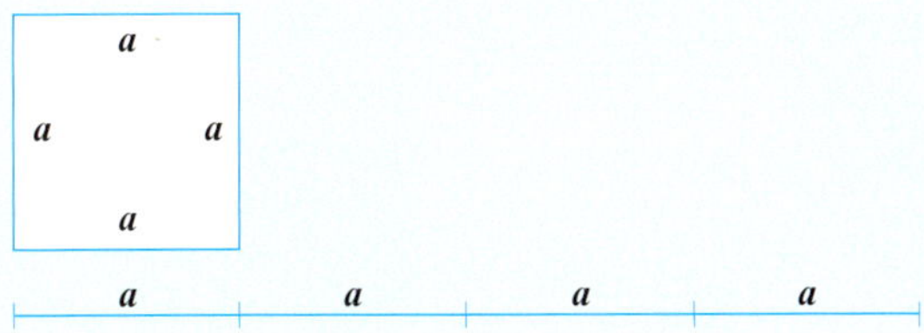

Formel für den Umfang u eines Quadrats mit der Seitenlänge a:

$$u = 4 \cdot a$$

7

Berechne den Umfang u der Rechtecke.

a) $a = 4$ cm, $b = 5$ cm **b)** $a = 8$ cm, $b = 11$ cm **c)** $a = 3$ dm, $b = 8$ dm
d) $a = 85$ cm, $b = 45$ cm **e)** $a = 10$ m, $b = 50$ m **f)** $a = 18$ cm, $b = 32$ cm
g) $a = 120$ cm, $b = 70$ cm **h)** $a = 50$ cm, $b = 2$ m **i)** $a = 25$ cm, $b = 30$ cm

8

Berechne den Umfang u der Quadrate.

a) $a = 6$ cm **b)** $a = 12$ cm **c)** $a = 25$ cm **d)** $a = 4$ dm **e)** $a = 1{,}5$ dm
f) $a = 9$ m **g)** $a = 32$ m **h)** $a = 2$ km **i)** $a = 18$ km **j)** $a = 370$ m

9L

Gegeben ist der Umfang u und eine Seitenlänge eines Rechtecks. Berechne die Länge der anderen Seite.

a) $a = 3$ cm, $u = 16$ cm **b)** $a = 5$ cm, $u = 26$ cm **c)** $b = 24$ cm, $u = 70$ cm
d) $b = 2$ dm, $u = 12$ dm **e)** $a = 9$ m, $u = 20$ m **f)** $b = 20$ m, $u = 80$ m
g) $a = 3$ dm, $u = 2$ m **h)** $b = 6$ cm, $u = 9$ dm **i)** $b = 15$ m, $u = 550$ m

BEISPIEL

Gegeben ist ein Rechteck mit $u = 14$ cm, $a = 2$ cm.
Gesucht ist die Länge der anderen Seite, hier also b.
$a + b$ ist im Rechteck immer der halbe Umfang.
Also: $a + b = 7$ cm.
Mit $a = 2$ cm folgt:
2 cm + b = 7 cm bzw.
b = 7 cm – 2 cm = 5 cm.

10

Berechne aus dem Umfang u die Seitenlänge des Quadrats.

a) $u = 16$ cm **b)** $u = 36$ cm **c)** $u = 80$ cm **d)** $u = 1$ m **e)** $u = 500$ m

11

Ein Rechteck hat einen Umfang von 36 cm. Die längeren Seiten sind doppelt so lang wie die kürzeren. Wie lang sind die Seiten?

Flächeninhalt von Figuren

1

Zur Zeit des Goldrauschs war es üblich, dass die Goldgräber ein bestimmtes Gebiet (Claim) zum Schürfen erhielten. In Goldcity hatte jeder das Recht, sich mit einem 100 m langen Seil einen rechteckigen Claim abzustecken. Das Bild zeigt die beiden Goldgräber John und Tom mit ihren Claims. Wer von beiden ist cleverer?

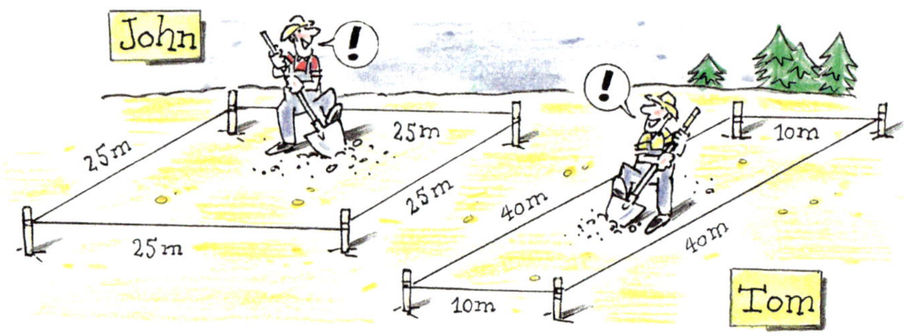

TIPPS

zu **Aufgabe 1**
Zeichne beide Rechtecke ins Heft (1 cm ≙ 10 m).
Überlege, wie man die Größen der Rechteckflächen vergleichen kann.
Versuche beide Rechtecke zu zerlegen.

zu **Aufgabe 2 b**
Probiere im Heft mit maßstabgerechten Zeichnungen (z. B. 1 cm ≙ 25 m).

zu **Aufgabe 3**
Ist euer Schulhof mit Platten ausgelegt, so zählt die Platten in den Rechtecken.
Liegen keine Platten, so zeichnet vorher mit Kreide ein Quadratgitter auf den Schulhof (Kantenlänge der Quadrate 1 m).

2

Mit 400 m Weidedraht soll eine rechteckige Koppel abgesteckt werden.

a) Gib verschiedene Möglichkeiten für die Seitenlängen an.
b) Bei welchen Seitenlängen ist die Koppel am größten?

3

Aufgabe mit der ganzen Klasse auf dem Schulhof:
Versucht, mit einem 20 m langen Seil eine möglichst große rechteckige Fläche einzuschließen. Welche Fläche ist von allen möglichen am größten? Lässt sich auch eine kleinste Fläche finden?

BEISPIEL

Um den Flächeninhalt des nebenstehenden Rechtecks zu ermitteln, zerlegen wir es in Einheitsquadrate von 1 cm Seitenlänge.

Es lässt sich in 6 Quadrate von jeweils 1 cm^2 Flächeninhalt zerlegen.

Sein Flächeninhalt A beträgt demnach: $A = 6 \cdot 1\ cm^2 = 6\ cm^2$.

1 cm^2	1 cm^2	1 cm^2
1 cm^2	1 cm^2	1 cm^2

4[L]

Zeichne die Rechtecke mit den angegebenen Maßen ins Heft. 1 K bedeutet dabei die Breite bzw. Höhe eines Kästchens.
Zerlege die Rechtecke in Quadrate von 1 cm Kantenlänge und gib den Flächeninhalt der Rechtecke in Quadratzentimetern an.

a) 12 K × 2 K **b)** 10 K × 4 K **c)** 8 K × 8 K **d)** 14 K × 6 K

TIPP
Zerlege die Rechtecke zunächst in Streifen der Höhe 1 cm. Zerlege dann jeden Streifen in Quadrate der Breite 1 cm.

5

Zeichne die Rechtecke mit den gegebenen Maßen auf Millimeterpapier. Ermittle ihren Flächeninhalt in Quadratmillimetern.

a) 10 mm × 5 mm **b)** 8 mm × 15 mm **c)** 9 mm × 7 mm **d)** 12 mm × 14 mm

6[L]

Wie groß ist der Flächeninhalt

a) einer Tischplatte 7 dm × 14 dm, **b)** eines Klassenraumes 8 m × 15 m,
c) eines Waldstücks 2 km × 3 km, **d)** der abgebildeten Briefmarke?

7

Zeichne drei verschiedene Rechtecke mit dem Flächeninhalt $A = 24\ \text{cm}^2$.

8

Eine 1,10 m × 1,80 m große Wand soll mit Fliesen der Größe 10 cm × 10 cm beklebt werden. Fertige dazu eine Zeichnung an (1 Fliese ≙ 1 Kästchen). Wie viele Fliesen werden benötigt (ohne Berücksichtigung der Fugen)? Erläutere das Vorgehen bei der Berechnung der Fliesenanzahl.

HINWEIS
Die Aufgabe 8 liefert uns eine Idee für das Ermitteln von Flächeninhalten: Statt die Einheitsquadrate abzuzählen berechnet man ihre Anzahl.

9

Erläutere an einer Zeichnung: Ein Rechteck mit Seitenlängen von 7 cm und 5 cm lässt sich in $7 \cdot 5 = 35$ Einheitsquadrate von $1\ \text{cm}^2$ zerlegen. Sein Flächeninhalt beträgt $A = 35\ \text{cm}^2$.

WISSEN

Flächeninhalt von Rechteck und Quadrat

Sind Länge a und Breite b eines Rechtecks in derselben Einheit gegeben, so kann man dessen Flächeninhalt nach einer Formel berechnen. Für $a = b$ erhält man eine Formel für den Flächeninhalt des Quadrats.

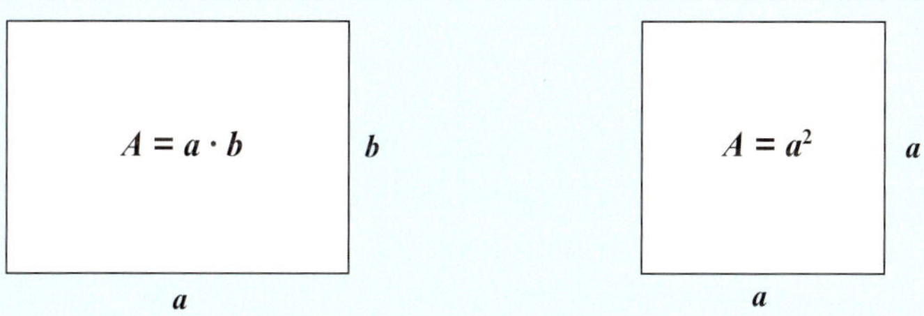

Merke: Flächeninhalt eines Rechtecks ist Länge mal Breite.

BEISPIEL
Flächeninhalt eines Rechtecks mit $a = 19$ dm und $b = 9$ dm:

$A = a \cdot b$
$= 19\ \text{dm} \cdot 9\ \text{dm}$
$= 171\ \text{dm}^2$

10

Berechne den Flächeninhalt A der Rechtecke.

a) $a = 8$ mm, $b = 12$ mm **b)** $a = 6$ cm, $b = 15$ cm **c)** $a = 3$ dm, $b = 8$ dm
d) $a = 5$ m, $b = 12$ m **e)** $a = 1$ km, $b = 2$ km **f)** $a = 15$ cm, $b = 12$ cm
g) $a = 11$ mm, $b = 17$ mm **h)** $a = 25$ m, $b = 110$ dm **i)** $a = 8$ cm, $b = 90$ mm

HINWEIS
Achte immer darauf, dass beim Rechteck Länge und Breite in derselben Einheit angegeben sind.

11

Berechne den Flächeninhalt A der Quadrate.

a) $a = 5$ mm **b)** $a - 12$ cm **c)** $a = 3$ dm **d)** $a = 5$ m
e) $a = 35$ cm **f)** $a = 4$ dm **g)** $a = 70$ m **h)** $a = 2$ km
i) $a = 25$ cm **j)** $a = 43$ m **k)** $a = 124$ dm **l)** $a = 65$ km

12

Berechne den Flächeninhalt der Rechtecke.
Wandle vorher die Längeneinheiten geschickt um.

a) $a = 6$ dm, $b = 15$ cm **b)** $a = 2$ cm, $b = 25$ mm **c)** $a = 3$ m, $b = 3$ dm
d) $a = 5$ mm, $b = 2$ cm **e)** $a = 4$ m, $b = 50$ cm **f)** $a = 2$ m, $b = 2$ mm

BEISPIELE
zu **Aufgabe 12**
$a = 3$ dm $= 30$ cm
$b = 6$ cm
$A = 30$ cm $\cdot$ 6 cm
$= 180$ cm²

zu **Aufgabe 13**
$a = 5$ cm, $A = 75$ cm²
$A = a \cdot b$ bzw.
$b = A : a$
$b = 75$ cm² : 5 cm
$= 15$ cm

13[L]

Berechne von den Rechtecken die fehlende Seite und den Umfang u.

a) $a = 4$ mm, $A = 68$ mm² **b)** $a = 11$ cm, $A = 99$ cm²
c) $a = 17$ m, $A = 306$ m² **d)** $b = 8$ km, $A = 96$ km²
e) $a = 15$ cm, $A = 6$ dm² **f)** $a = 40$ m, $A = 1$ ha

14

Berechne den Umfang und den Flächeninhalt der Rechtecke mit den folgenden Seitenlängen. Welches der Rechtecke ist ein Quadrat?

	a)	**b)**	**c)**	**d)**	**e)**	**f)**
Länge	8 cm	13 dm	5 cm	2 m	80 mm	1 dm
Breite	3 cm	13 dm	5 cm	1 m	30 mm	1 dm

15

Berechne die in Klammern angegebene Größe.

a) $a = 3$ m; $b = 2{,}8$ m (A)
b) $A = 60$ m²; $b = 5$ m (a)
c) $b = 14$ cm; $A = 126$ cm² (a)
d) $a = 3{,}5$ dm; $A = 28$ dm² (b)

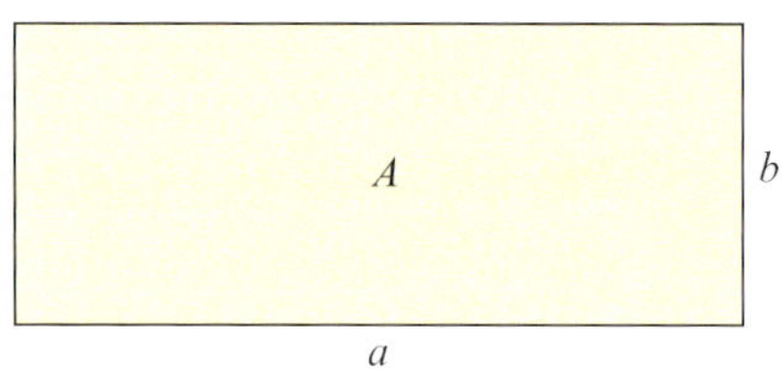

16

Familie Meyer ist in eine neue Wohnung eingezogen.

a) Herr Meier will das Wohnzimmer mit Teppichboden auslegen. Das Zimmer ist 6,25 m lang und 4,30 m breit. 1 m² Auslegeware kostet 23,50 €. Wie viel Euro muss Herr Meier für den Teppichboden aufwenden, wenn er ohne Verschnitt rechnet?

b) In einem Zimmer sind 48 m² zu tapezieren. Die Tapetenrollen sind 53 cm breit und 10 m lang.
Wie viel Quadratmeter kann man mit einer Rolle tapezieren? Wie viele Rollen sind ungefähr erforderlich für 48 m²?

17

Arbeite gemeinsam mit anderen Schülerinnen und Schülern.

a) Steckt auf dem Schulhof eine Fläche von der Größe 1 a ab.

b) Ermittelt durch Abmessen und Berechnen die Fläche von eurem Klassenraum, eurem Tisch, der Turnhalle, einem Schwimmbecken.

c) Gebt Flächen aus eurer Umgebung an, die etwa die Größe 1 m² (1 a, 10 a, 1 km²) besitzen.

INFORMATION

Einige grobe Flächenmaße:

Stecknadelkopf	1 mm²
Fingernagel	1 cm²
Taschenrechner	1 dm²
Wohnzimmer	20–40 m²
Fußballstadion	1 ha
Bodensee	540 km²
Island	100 000 km²
Europa	10 000 000 km²

18

Miss und ermittle den Flächeninhalt. Zerlege in Gedanken in Rechtecke.

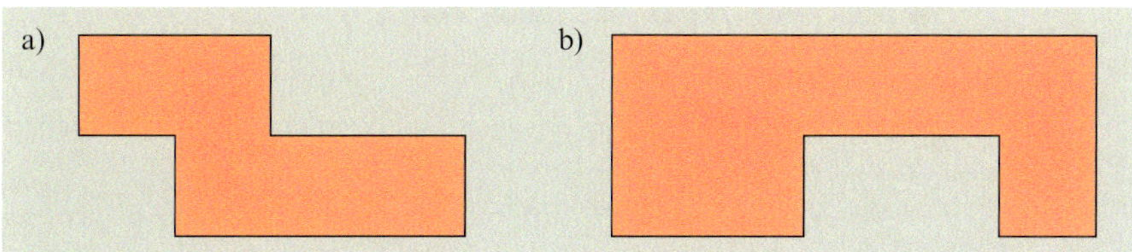

19^L

Zeichne die durch ihre Eckpunkte gegebenen Figuren in ein Koordinatensystem (Einheit 1 cm). Ermittle ihren Flächeninhalt.

a) $A(1|1)$, $B(7|1)$, $C(7|4)$, $D(5|4)$, $E(5|7)$, $F(1|7)$

b) $A(1|2)$, $B(6|2)$, $C(6|6)$, $D(5|6)$, $E(5|3)$, $F(3|3)$, $G(3|6)$, $H(1|6)$

c) $A(2|0)$, $B(7|0)$, $C(7|1)$, $D(5|1)$, $E(5|4)$, $F(7|4)$, $G(7|5)$, $H(0|5)$, $I(0|4)$, $J(2|4)$

HINWEIS

Hat man erstmal ein Grundstück erworben, möchte man vielleicht auch ein Haus darauf bauen.
Doch wie soll der Grundriss der neuen Behausung aussehen? Wie groß sollen die Zimmer sein?
In dem Projekt „Traumwohnung“ unter

www.mathe-plus.de

kannst du dir dein eigenes Reich zusammenstellen.

20

Berechne die Größe der Grundstücke.

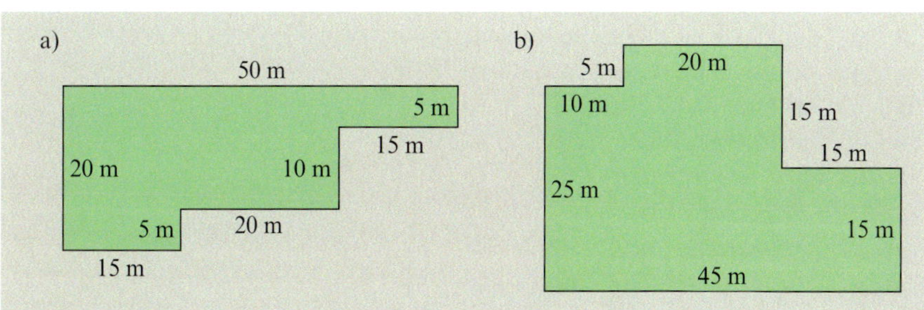

21

Ein rechteckiges Grundstück mit der Größe 4 a hat eine Breite von 16 m.

a) Wie lang ist das Grundstück? Wie lang ist die Grundstücksgrenze?

b) Auf das Grundstück werden ein Haus mit 120 m² Grundfläche sowie eine Garage mit 18 m² gebaut. Wie groß ist die Fläche für den Garten?

c) Die Hälfte des Gartens soll mit einem Rasen versehen werden.
Wie groß ist die Fläche des Rasens?

Ein Blick in die Natur

Formen in der Natur

Bienen bauen Waben aus Wachs, die der Aufzucht der Brut und der Speicherung von Vorräten dienen. Erstaunlich ist die Regelmäßigkeit des Bienenbaus. Die Grundfigur, aus der der Bau der Bienen besteht, nennt man regelmäßiges Sechseck.

Die Bienenkönigin wird vom Imker gekennzeichnet

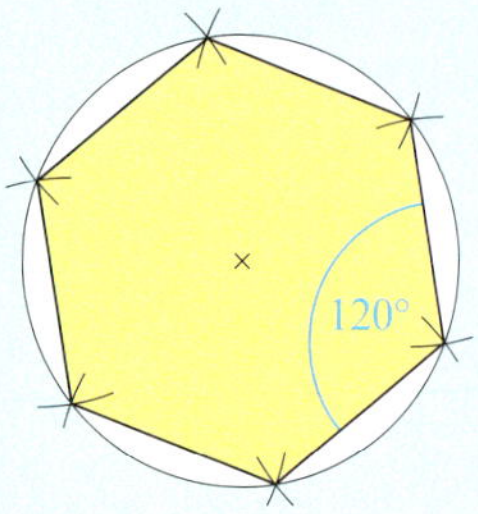

regelmäßiges Sechseck

Wusstest du schon, dass auch Schneekristalle regelmäßig sind? Im Winter kann man im Freien solche Kristalle unter dem Mikroskop anschauen:

Verschiedene Schneekristalle

1

a) Beschreibe die Grundfigur, aus der der Bau einer Biene besteht.
b) Zeichne 10 gleich große regelmäßige Sechsecke und schneide sie aus. Lege sie so zusammen, dass eine Bienenwabe entsteht.
c) Warum kann man regelmäßige Fünfecke nicht so zusammenlegen wie die Sechsecke? Probiere es aus, bevor du anwortest.

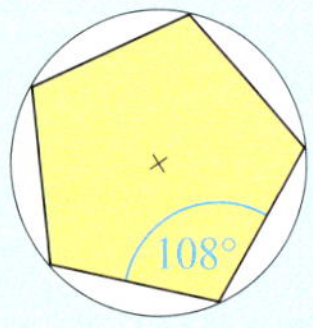

regelmäßiges Fünfeck

2

a) Welche Gemeinsamkeiten kannst du bei den drei verschiedenen Schneekristallen finden?
b) Untersuche, wie viele verschiedene Symmetrieachsen jeder Schneekristall hat.
c) Welchen Winkel schließen die Symmetrieachsen miteinander ein?
d) Untersuche die Schneekristalle auf Drehsymmetrie.

Von den Schmetterlingen wissen wir schon, dass sie – zumindest auf den ersten Blick – achsensymmetrisch sind. Wie ist das aber zum Beispiel bei Käfern, Vögeln oder beim Gesicht eines Menschen?

Blütenbock

Marienkäfer

Feldsandlaufkäfer

Kartoffelkäfer

3

a) Untersuche, ob die Käfer genau achsensymmetrisch sind.
b) Stelle fest, ob beim Marienkäfer die Punkte symmetrisch auf den Flügeln verteilt sind.

4

a) Beschreibe die Symmetrie des Kormorans.
b) Betrachte in einer Zoohandlung die Färbung der Wellensittiche und Papageien.
Welche Abweichungen von der Symmetrie kannst du finden?

Der Kormoran lebt am Wasser

5

Unten siehst du vier Bilder von einer Person. Das linke Bild ist ein Foto.
a) Kannst du herausfinden, wie die anderen Bilder entstanden sind?
b) Betrachte dein Gesicht im Spiegel. Welche Abweichungen von der Symmetrie kannst du finden?
c) Nimm ein Passfoto von dir und einen Taschenspiegel. Erzeuge damit drei weitere Bilder, die den Bildern in der unteren Reihe entsprechen.

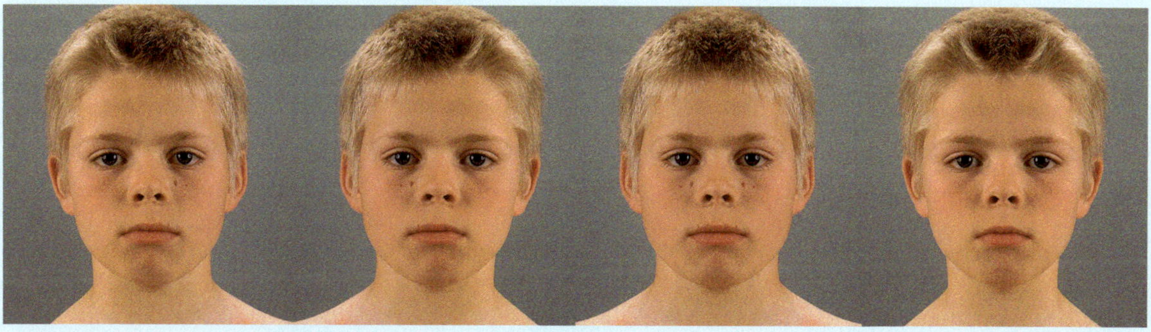
Was hat der Fotograf hier gemacht?

Körperformen

1

Welche ebenen und räumlichen Figuren erkennst du an deinem Schulgebäude und an den Körpern in der Randspalte?

Verschiedene Körperformen

WISSEN

Alle Gegenstände unserer Umwelt sind **Körper**. Sie unterscheiden sich durch ihre Farbe, ihre Größe, ihren Verwendungszweck, das Material (aus dem sie bestehen), aber auch durch ihre Gestalt.
Zu den Grundformen gehören:

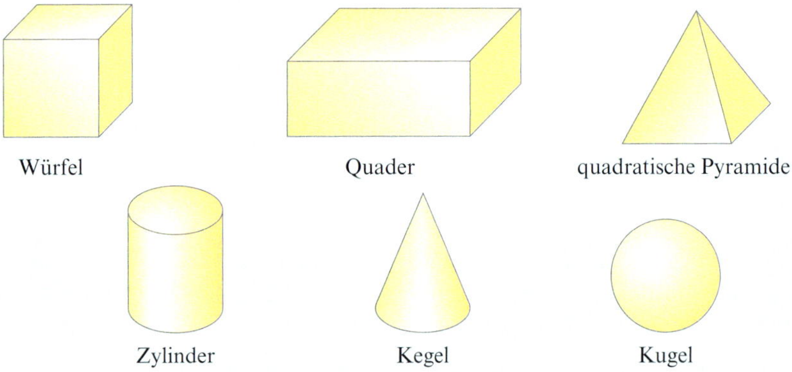

2

a) Welche Grundform haben ein Schuhkarton, eine Apfelsine, eine Eistüte, eine Milchdose, ein Ziegelstein, ein Stück Würfelzucker, eine CD, ein Telefonbuch, ein Globus, ein Zelt, eine Schultüte, ein Geldstück, eine Streichholzschachtel, eine Seifenblase, eine Batterie, ein Baumstamm?
b) Findest du weitere Beispiele zu den Grundformen von Körpern?

WAS MEINST DU DAZU?
Antje sagt:
„**Würfel**zucker ist eigentlich eine falsche Bezeichnung."
Hat sie Recht?
Schau dir die Zuckerstücke genau an.

3

Forme die abgebildeten Körper aus Knete. Wodurch unterscheiden sie sich?

WISSEN

Viele Körper haben **Ecken**, **Kanten** und **Flächen**.
Zwei zusammenstoßende Flächen bilden eine Kante. Zusammenstoßende Kanten bilden eine Ecke.

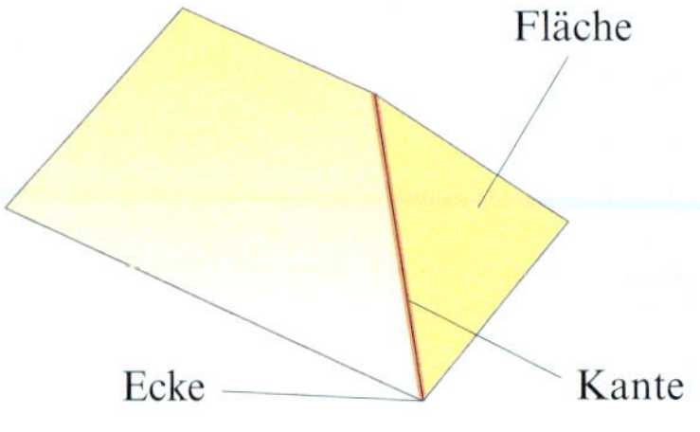

AUFTRAG
Nimm verschiedene Verpackungen in die Hand.
Welche Form haben die Begrenzungsflächen?

4

Welche Gestalt haben die Flächen eines Quaders und einer quadratischen Pyramide? Welche Flächenform erkennst du am Kegel und am Zylinder?

5L

Ein Ratespiel: Elke hat in ihrem Baukasten verschiedene Körper. Sie versteckt jeweils einen Körper auf dem Fensterbrett hinter einem Blatt Pergamentpapier. Die Sonne wirft einen Schatten des Körpers auf das Pergamentpapier. Ihre Freundinnen sollen raten, welchen Körper sie versteckt hat.
Welcher Körper könnte es gewesen sein?
(Manchmal sind auch mehrere Körper möglich.)

ZUM KNOBELN
Gibt es einen Körper, der ohne Zwischenraum durch jede der beiden Öffnungen des Brettes hindurchpasst?

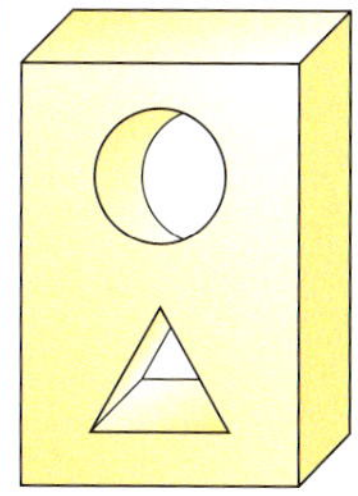

6

Es sollen Körpermodelle aus Holzstäbchen (es eignen sich z. B. Zahnstocher oder Holzspieße) und Knetekügelchen gebastelt werden.

a) Baue das Modell eines Würfels. Worauf musst du achten? Wie viele Stäbchen und Knetekügelchen benötigst du dazu?
b) Baue das Modell eines Quaders. Was ist dabei genauso wie beim Würfel, was ist anders?
c) Baue auch andere Körper. Lass dir selbst Körperformen einfallen.

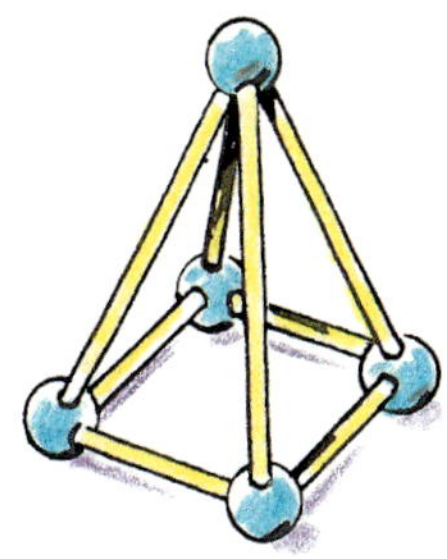

Kantenmodell einer Pyramide

7

a) Ermittle für den Quader, die quadratische Pyramide, den Zylinder, den Kegel und die Kugel die Anzahl der Ecken, Kanten und Flächen.
b) Welcher Körper hat besonders viele und welcher besonders wenige Flächen (Ecken; Kanten)?
c) Welcher Körper hat drei Flächen, zwei Kanten und keine Ecke?
d) Gibt es einen Körper, der genau eine Fläche, eine Kante und eine Ecke besitzt? Begründe.

8

Sieh dir noch einmal die Körper auf der Seite 146 an.

a) Welche dieser Körper haben eine gewölbte Fläche?
b) Sind darunter auch Körper, die gleichzeitig ebene und gewölbte Flächen haben?
c) Nenne Körper mit gekrümmten Kanten.
d) Welche Körper kann man über die Tischplatte rollen?

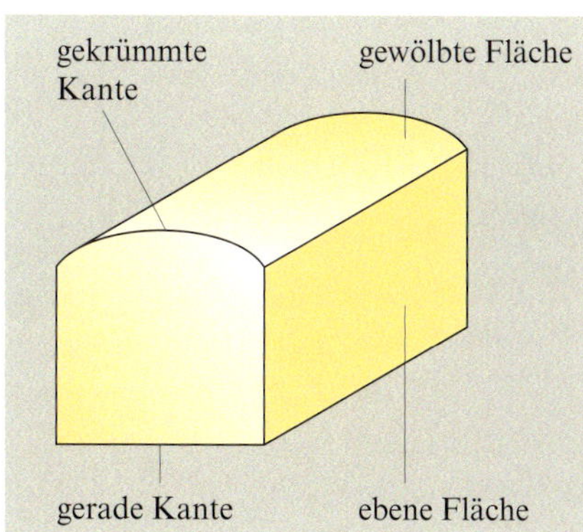

9

Wie kann man z. B. bei einem Brett oder einer Platte prüfen, ob sie eben sind und gerade Kanten haben?

Netze von Quadern

1

Nimm eine quaderförmige Pappschachtel. Schneide sie an den Kanten auseinander, an denen sie zusammengeklebt ist. Schneide alle Teile ab, die bei der geschlossenen Verpackung nicht zu sehen waren. Breite die zerschnittene Verpackung auf dem Tisch aus. Beschreibe das entstandene Gebilde.

Trinkpäckchen

WISSEN

Das ausgebreitete zusammenhängende Gebilde der Begrenzungsflächen eines Körpers bezeichnet man als **Netz** des Körpers.

Aufgeschnittene Verpackung

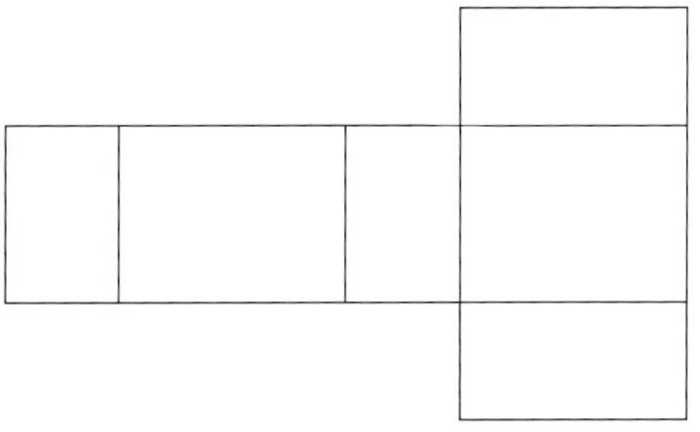
Netz der Verpackung

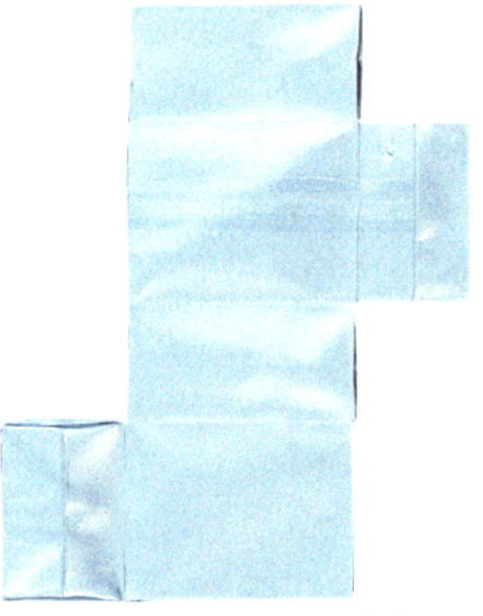
aufgeschnittenes Trinkpäckchen

2

a) Verfahre mit anderen Verpackungen so wie bei Aufgabe 1. Worin unterscheiden sich die entstandenen Netze?

b) Kann man an den Netzen noch erkennen, welcher Körper es war?

3

Aus den Netzen im Bild (mit Klebefalzen) lassen sich Körper zusammenkleben.

a) Welche Körperformen entstehen aus den dargestellten Körpernetzen?

b) Baue die Körper nach. Übertrage dazu die Figuren auf Kästchenpapier. Nimm für ein Kästchen im Bild jeweils 4×4 Kästchen auf dem Papier.

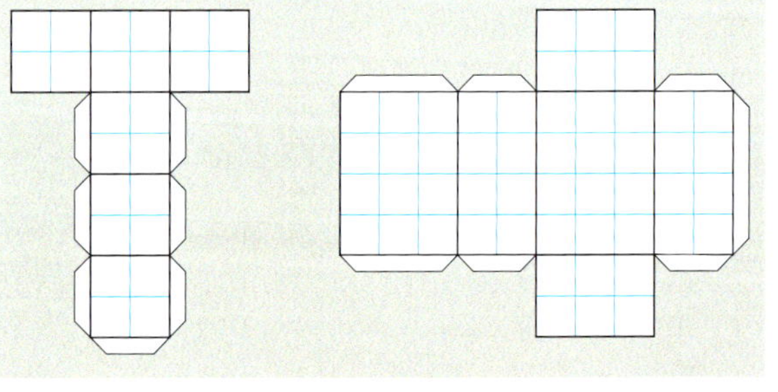

4

a) Aus 12 Würfeln mit der Kantenlänge 2 cm soll ein Quader zusammengesetzt werden.
Gib mindestens drei verschiedene Möglichkeiten an. Zeichne dazu die Quadernetze und gib die Kantenlängen der Quader an.

b) Kann man aus 12 Würfeln einen neuen Würfel zusammensetzen?

c) Nenne drei Anzahlen von Würfeln, bei denen man aus kleinen Würfeln einen großen Würfel zusammensetzen kann. Begründe.

5

a) Vergleiche die Begrenzungsflächen eines Würfels. Das Würfelnetz hilft dir dabei. Vergleiche ebenso die Begrenzungsflächen eines nicht würfelförmigen Quaders.
b) Felix überlegt: „Ein Würfel hat 8 Ecken, An jeder Ecke stoßen 3 Flächen zusammen. Ein Würfel muss also 24 Flächen haben."
Worin liegt der Fehler?

6

a) Lege eine Streichholzschachtel auf dein Heft. Umfahre die unten liegende Fläche mit dem Bleistift. Kippe nun die Schachtel um eine Kante und umfahre wieder die unten liegende Fläche mit einem Bleistift. Wiederhole das so oft, bis jede der 6 Flächen einmal unten gelegen hat.
b) Was ist durch die Abwicklung entstanden?
c) Zeichne zwei weitere Netze der Streichholzschachtel durch Abwicklung.

HINWEIS
Das Verfahren aus Aufgabe 6a nennt man **Abwicklung**.

7

Nicht jede Figur, die sich aus 6 Quadraten zusammensetzt, ist ein Würfelnetz. Auch nicht jede Figur, die sich aus 6 Rechtecken zusammensetzt, ist ein Quadernetz.
Begründe, warum die Figuren im Bild keine Würfel- bzw. Quadernetze sind.
Hinweis: Überlege erst. Übertrage dann die Figuren auf Kästchenpapier, schneide sie aus und versuche sie zusammenzufalten.

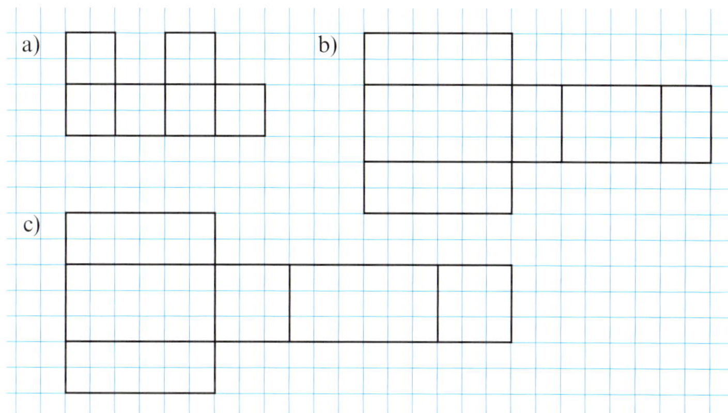

8

a) Zeichne 3 verschiedene Würfelnetze auf Kästchenpapier. Wähle als Kantenlänge jeweils 2 cm.
b) Zeichne 3 verschiedene Netze eines Quaders auf Kästchenpapier. Die Länge des Quaders soll 3 cm, die Breite 2 cm und die Höhe 1 cm betragen.
c) Färbe die Flächen, die beim zusammengefalteten Würfel bzw. Quader einander gegenüber liegen, mit gleicher Farbe.
d) Schneide die Netze aus. Überprüfe durch Zusammenfalten, ob du die Aufgabe richtig gelöst hast.

9

a) Zeichne zwei Würfelnetze (Kantenlänge 3 cm).
b) In nebenstehendem Quadernetz sind gemeinsame Körperkanten jeweils mit der gleichen Farbe gekennzeichnet. Färbe in deinen Würfelnetzen gemeinsame Kanten ebenfalls gleich ein.
c) Überprüfe durch Ausschneiden und Zusammenfalten.

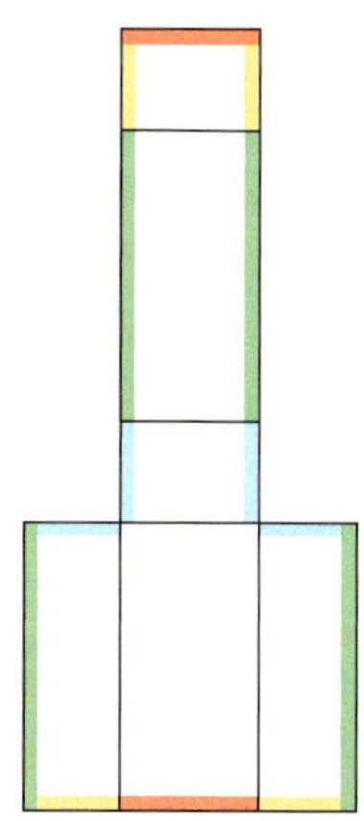

10

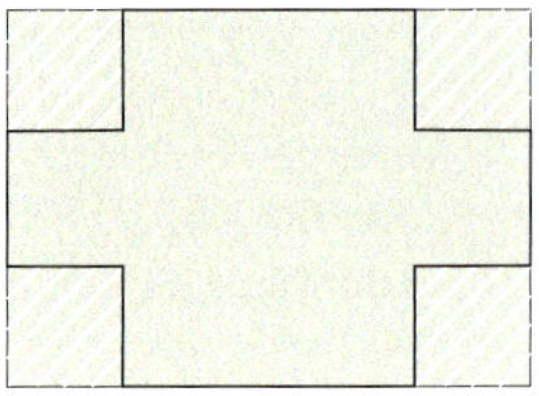

Aus einem rechteckigen Stück Pappe soll eine oben offene Schachtel gebastelt werden. Elke sagt: „Das geht ganz einfach: Man muss an jeder Ecke ein quadratisches Stück herausschneiden und dann die vier überstehenden Teile hochklappen."

a) Warum müssen alle herauszuschneidenden Stücke quadratisch sein?
b) Erhält man nach Elkes Anweisung ein Quadernetz?
c) Stelle eine solche Schachtel her; stelle dann eine zweite Schachtel her, bei der du größere (kleinere) Quadrate an den Ecken abschneidest. Passt in beide Schachteln gleich viel hinein?
Tipp: Probiere aus, ob in beide Schachteln gleich viel Sand passt.
d) Wenn das rechteckige Pappestück 30 cm lang und 18 cm breit ist, wie groß dürfen die herauszuschneidenden Stücke dann höchstens sein (in ganzen Zentimetern)?
e) Wie muss das Pappestück aussehen, damit man einen oben offenen Würfel bekommt?

11[L]

a) Baue aus einem rechteckigen Stück schwarzer Pappe einen Lampion (*Tipp:* Beachte Aufgabe 10.).
b) Wie groß ist die Summe der Kantenlängen, wenn der Lampion 18 cm hoch sein soll und wenn er eine quadratische Grundfläche mit der Seitenlänge 12 cm haben soll?
c) Wie groß muss das Ausgangsstück Pappe mindestens sein, wenn der Lampion die in b) genannten Maße haben soll?

12

Ein Quader hat folgende Maße:
Länge: 4 cm,
Breite: 3 cm,
Höhe: 2 cm.
Zeichne ein Netz des Quaders und zeichne die farbigen Strecken auch im Netz ein.

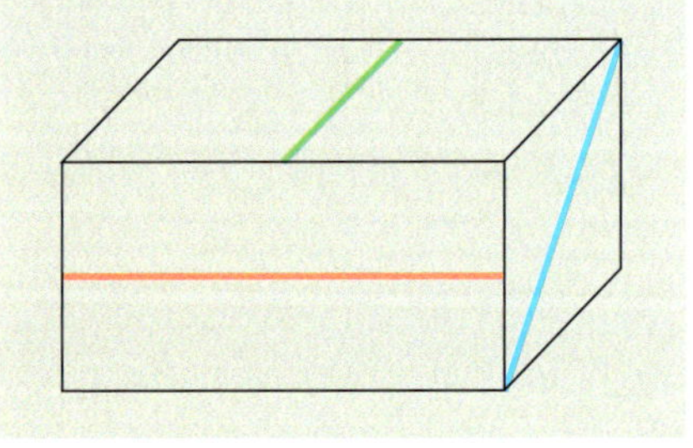

13

Ein Quader ist 6 cm lang, 4 cm breit und 3 cm hoch. Ein Käfer krabbelt über den Quader. Dabei legt er folgenden Weg zurück: Er krabbelt geradlinig von A über B, C und D nach E.

a) Zeichne ein Netz des Quaders und trage den Weg des Käfers ein.
b) Zeichne ein zweites (vom ersten verschiedenes) Netz des Quaders und trage den Weg des Käfers ein.

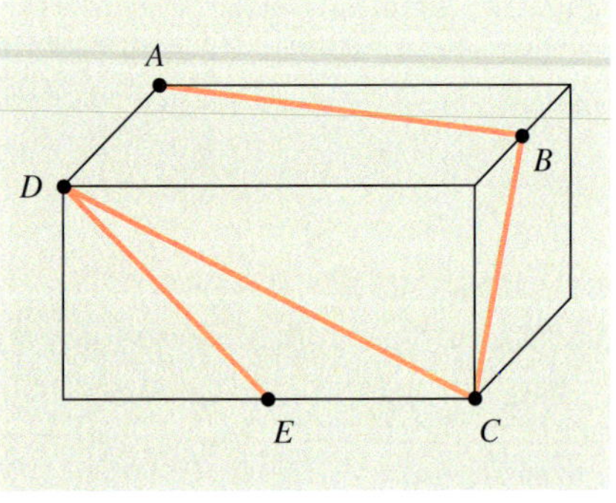

14

Für einen Roboter soll ein Kantenmodell aus Draht hergestellt werden.

a) Wie viele gerade Drahtstücke werden gebraucht?
b) Skizziere zunächst den Kopf eines solchen Roboters in dein Heft. Überlege dir, wie lang, hoch und breit der Kopf sein soll und wie viel Draht du für den Kopf insgesamt brauchst. Verfahre genauso mit den Armen, dem Rumpf und den Beinen.
c) Wie viel Draht brauchst du insgesamt?

AUFGABE
Zeichne deinen Roboter aus Aufgabe 14 b maßstabsgetreu in dein Heft.

15

a) Messt euren Klassenraum aus und zeichnet für ihn ein Quadernetz. Wählt einen geeigneten Maßstab.
b) Warum ist euer Klassenraum kein wirklicher Quader?
c) Gibt es Gegenstände des täglichen Lebens, die genaue Quader sind?

16[L]

Beim „Zauberwürfel“ hat jede Fläche eine andere Farbe (weiß, gelb, orange, rot, grün, blau). Außerdem ist er in kleine Würfel aufgeteilt.

a) Durch wie viele Schnitte wird er in die kleinen Würfel aufgeteilt?
b) Wie viele kleine Würfel sind insgesamt entstanden?
c) Wie viele Würfel haben zwei farbige Seiten?
d) Wie viele Würfel haben gar keine farbige Seite?
e) Wie viele Würfel haben genau (mindestens, höchstens) eine farbige Seite?

Zauberwürfel

HINWEIS
Beim Zauberwürfel können die einzelnen Schichten gedreht werden, sodass die kleinen Würfel ihre Lage zueinander verändern.

17

Ein Paket soll verschnürt werden. Es ist 38 cm lang, 25 cm breit und 22 cm hoch.

a) Wie viel Schnur braucht man für die einfache Verschnürung?
b) Wie viel Schnur braucht man für die aufwendigere Verschnürung?
c) Weshalb muss man für die Bestimmung der Länge der Schnur nicht nur die Maße des Pakets beachten?
d) Überlege dir eine andere Art der Verschnürung und formuliere damit eine Aufgabe für deine Mitschüler.

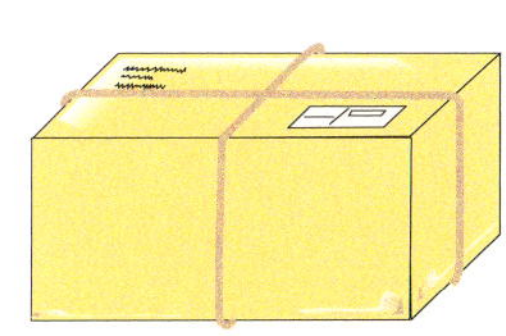

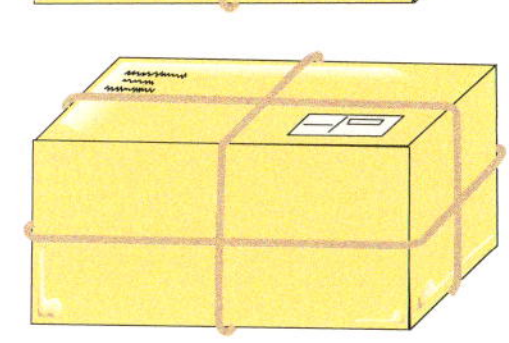

Netze weiterer Körper

1

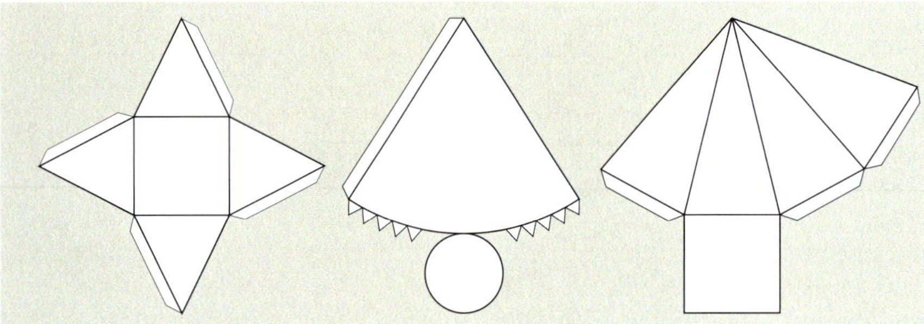

Aus den Netzen im Bild lassen sich Körper zusammenkleben.

a) Welche Körper entstehen aus den Netzen?

b) Baue die Körper nach. Übertrage dazu die Figuren auf Kästchenpapier.

2

Der Körper im nebenstehenden Bild ist ein gerades Prisma.

a) Welche Form haben die Begrenzungsflächen?

b) Zeichne drei verschiedene Netze eines geraden Prismas.

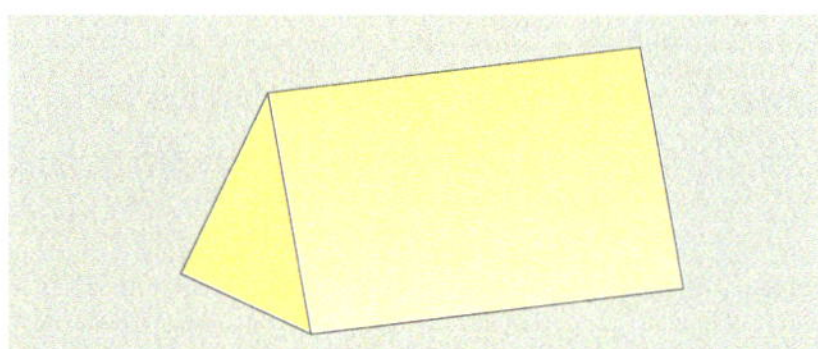

3

Welche Netze gehören zu Pyramiden?

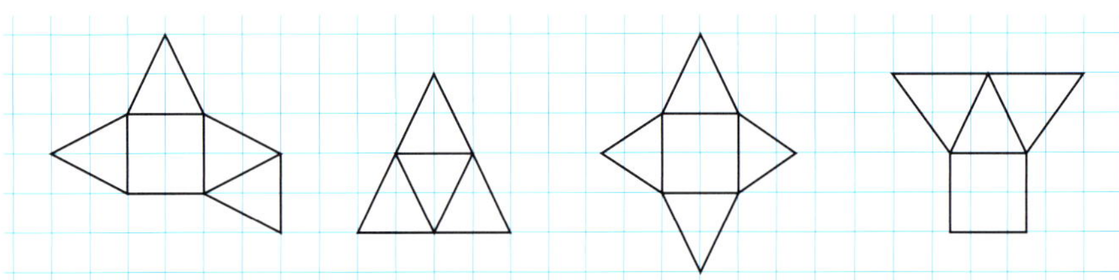

4

Ein Körper, der als Flächen vier gleiche Dreiecke hat, ist ein Tetraeder.

a) Weshalb kann man einen Tetraeder als dreiseitige Pyramide bezeichnen?

b) Zeichne das Netz eines Tetraeders.

c) Setze aus 4 Tetraedern ein größeres Tetraeder zusammen.

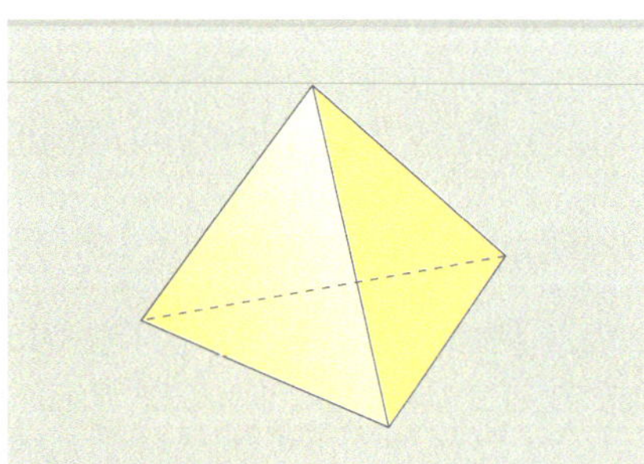

ANREGUNG
Baut gemeinsam aus 16 Tetraedern einen solchen Körper.

5

Setzt man zwei quadratische Pyramiden, bei denen alle Kantenlängen gleich sind, aufeinander, so entsteht ein Oktaeder.

a) Warum nennt man diesen Körper so?
b) Zeichne das Netz eines Oktaeders.
c) Wie viele Ecken, Kanten, Flächen hat ein Oktaeder?
d) Vergleiche einen Oktaeder mit einem Tetraeder. Was fällt auf?

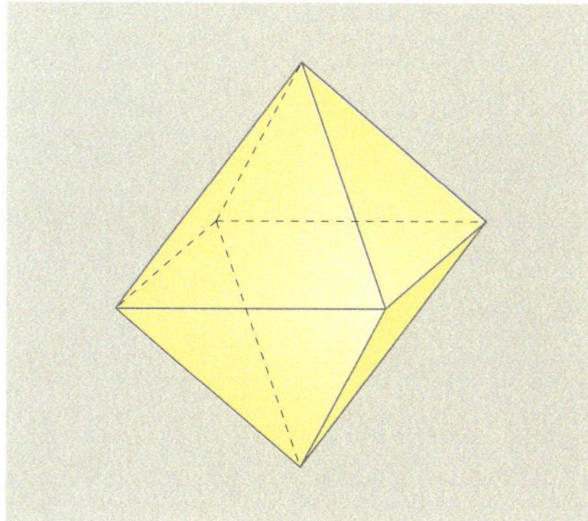

WUSSTEST DU SCHON?
octo (griechisch) = acht

Oktave = achter Ton einer Tonleiter vom Grundton an

Oktopode = achtarmiger Tintenfisch (Krake)

6

Dächer von Häusern haben ganz verschiedene Formen.

Haus mit Satteldach

Haus mit Walmdach

a) Beschreibe die Dachformen der Häuser auf dem Foto.
b) Viele Häuser haben ein Satteldach oder ein Walmdach. Aus welchen Flächen bestehen die Netze eines Satteldachs und eines Walmdachs?
c) Zeichne das Netz eines Satteldachs und das Netz eines Walmdachs.
d) Wie viele Ecken, Kanten und Seitenflächen haben ein Satteldach und ein Walmdach?

HINWEIS
In Deutschland gibt es viele schöne Burgen. Warst du schon mal auf einer Burg? An den Gebäuden einer Burganlage kann man viele geometrische Körper erkennen.

www.mathe-plus.de
Projekt „Burgen“

7

Welche Netze gehören zu einem Haus? Begründe.

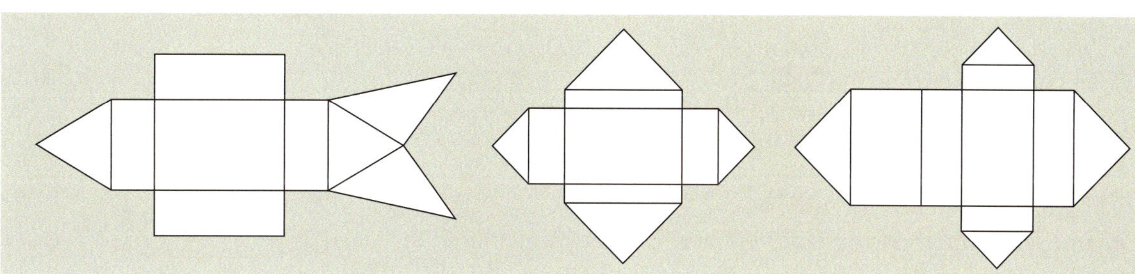

Schrägbilder

1

Eric und Lisa wollen einen Würfel zeichnen. Sie haben mehrere Versuche unternommen.

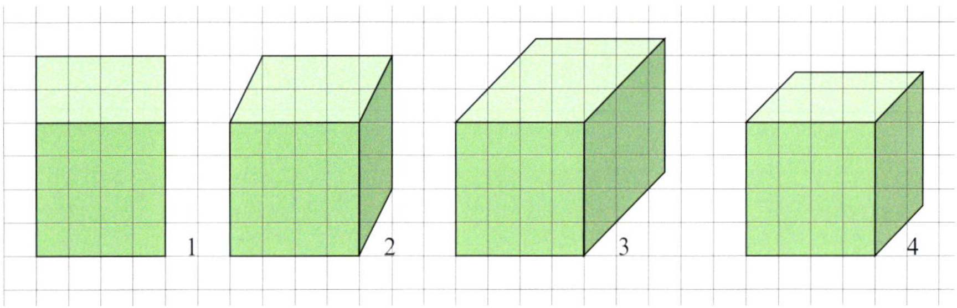

a) Beschreibe, von welchem Standort Eric und Lisa jeweils auf den Würfel geschaut haben.

b) Welches Bild vermittelt am besten den Eindruck von einem Würfel?

Die Darstellungen im Bild zur Aufgabe 1 sind alles Schrägbilder eines Würfels. Sie unterscheiden sich darin, wie die nach hinten verlaufenden Kanten gezeichnet wurden.

WISSEN

Ein **Schrägbild** vermittelt einen guten Eindruck von einem Würfel, wenn man es wie folgt zeichnet:

1. Vorderfläche zeichnen
2. nach hinten verlaufende Kanten im Winkel von 45° antragen, aber verkürzt auf die Hälfte der wahren Länge
3. hintere Eckpunkte miteinander verbinden

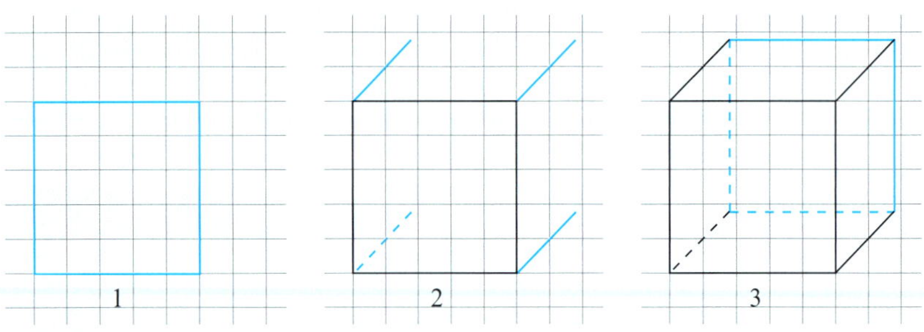

Den Winkel von 45° kann man gut zeichnen, indem man die Diagonalen der Karos ausnutzt.

INFORMATION

Beim Schrägbild werden die zur Zeichenebene (Zeichenblatt) parallelen Strecken in wahrer Länge abgebildet. Die senkrecht zur Zeichenebene stehenden Strecken werden als **Tiefenlinien** bezeichnet. Sie werden in einem festen Winkel (hier 45°) angetragen und verkürzt (hier auf die Hälfte).

2

Zeichne ein Schrägbild von einem Würfel mit der Kantenlänge a.

a) $a = 2$ cm **b)** $a = 4$ cm **c)** $a = 5{,}4$ cm **d)** $a = 2{,}8$ cm

3

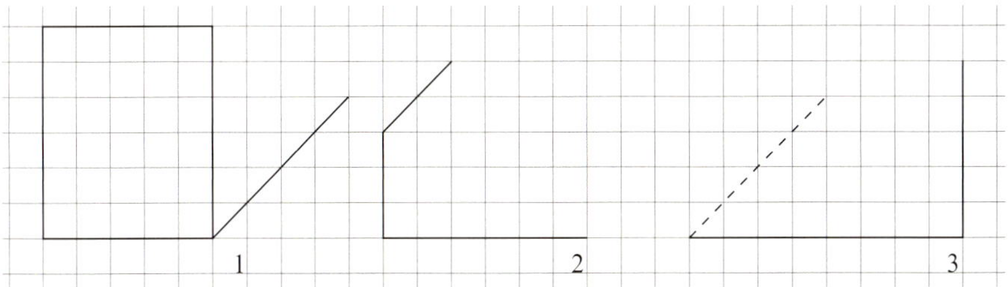

a) Übertrage die angefangenen Schrägbilder von Quadern auf Kästchenpapier und ergänze sie zu vollständigen Schrägbildern.
b) Entnimm deinem gezeichneten Schrägbild 1 die Maße des Quaders und berechne seinen Oberflächeninhalt.
c) Zeichne ein Netz des Quaders 1.

4

Zeichne ein Schrägbild eines Quaders mit den Kantenlängen a, b und c.

a) $a = 3$ cm; $b = 2$ cm; $c = 6$ cm **b)** $a = 4$ cm; $b = 2{,}5$ cm; $c = 3{,}2$ cm
c) $a = 4$ cm; $b = 5$ cm; $c = 3$ cm **d)** $a = 3{,}5$ cm; $b = 7$ cm; $c = 4{,}6$ cm

5

Stelle einen Quader auf den Tisch. Halte ein Auge zu und schaue mit dem anderen genau von oben auf den Quader. Zeichne, was du siehst.

WISSEN

Schaut man genau von oben auf einen Körper, so sieht man seinen **Grundriss**. Der Grundriss hängt von der Lage des Körpers ab.

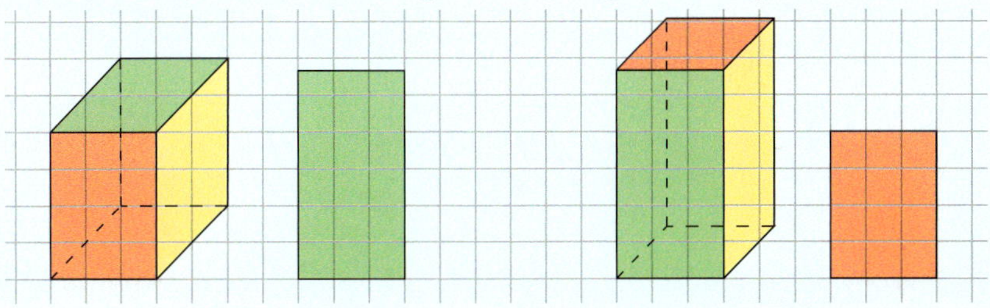

BEACHTE
Verschiedene Körperformen und ihre Grundrisse.

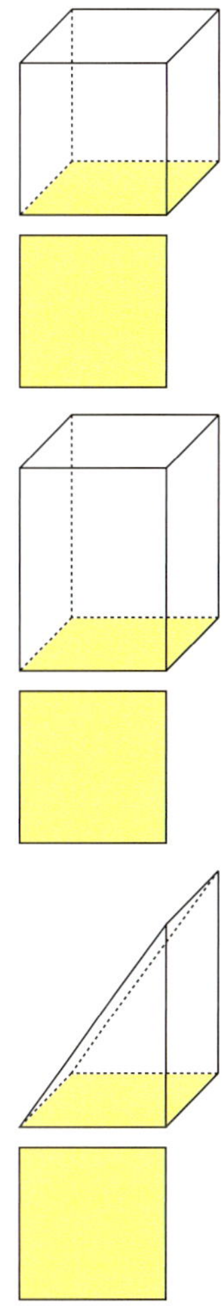

Zu einem Grundriss können verschiedene Körper gehören.

6

a) Zeichne den Grundriss eines Würfels mit der Kantenlänge $a = 3{,}8$ cm.
b) Zeichne drei voneinander verschiedene Grundrisse eines Quaders mit den Kantenlängen $a = 4{,}1$ cm, $b = 2{,}8$ cm und $c = 5{,}2$ cm.

7

Zeichne drei voneinander verschiedene Körper im Schrägbild, die zu dem Grundriss im nebenstehenden Bild gehören können.

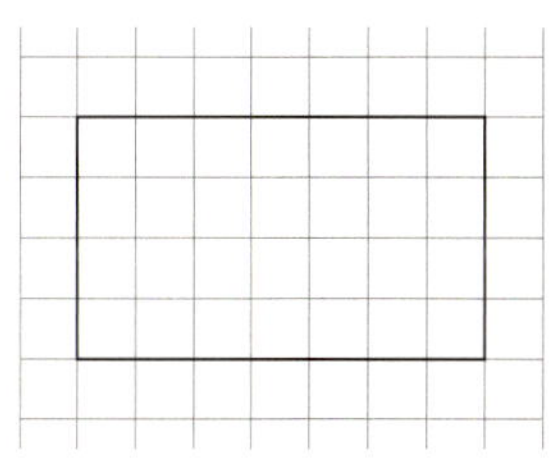

8

Das Bild zeigt das Netz eines Quaders. Übertrage es auf ein Blatt Papier oder dünne Pappe, schneide es aus und klebe es zu einem Quader zusammen. Färbe vorher die Klebestreifen so, dass sie auf gleichfarbene Ränder des Quaders treffen.

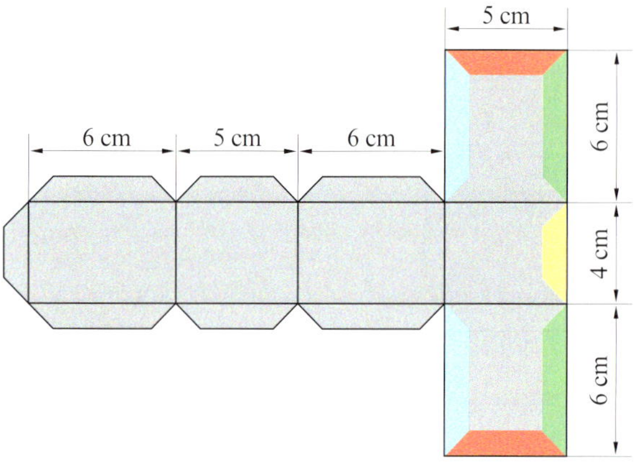

9

Ein Quader besitzt die Kantenlängen $a = 8$ cm, $b = 3$ cm und $c = 4$ cm. Berechne die Gesamtlänge der Kanten und den Oberflächeninhalt.

WISSEN

Wenn man einen quaderförmigen Gegenstand von einem festen Standpunkt aus anschaut, kann man einige Kanten nicht sehen. Es ist üblich, im zugehörigen Schrägbild diese Kanten gestrichelt zu zeichnen (s. Bild).

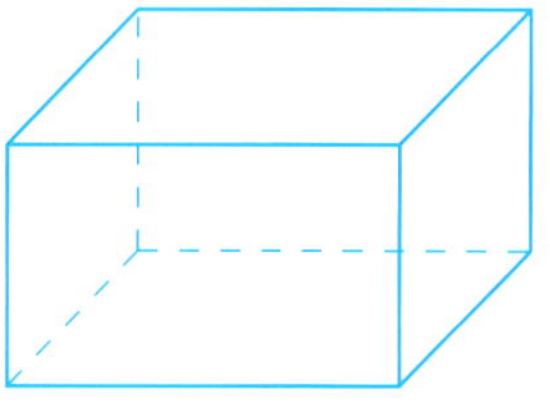

10

Stelle Länge, Breite und Höhe einer Streichholzschachtel fest und zeichne je ein passendes Schrägbild mit dem größten bzw. kleinsten Rechteck als Vorderfläche. Zeichne die unsichtbaren Kanten gestrichelt.

11

Zeichne zu einem Quader mit den Kantenlängen 6 cm, 4 cm und 2 cm drei Schrägbilder. Jedes Mal soll eine andere Rechteckfläche im Vordergrund stehen. Die unsichtbaren Kanten sollen gestrichelt gezeichnet werden.

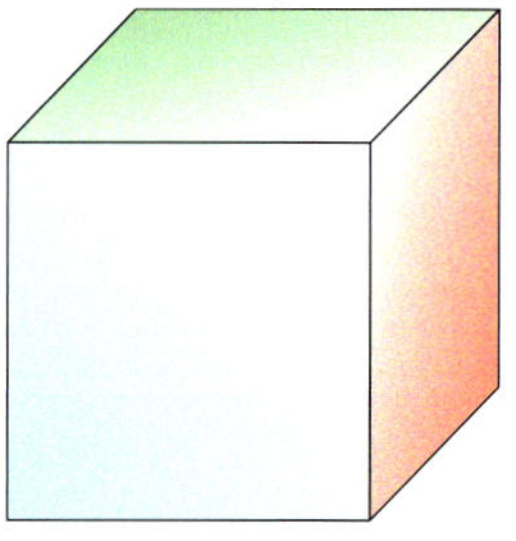

12

Der Würfel im Bild rechts ist hinten gelb, links orange und unten weiß. Zeichne ein Netz des Würfels und färbe die Quadrate entsprechend.

13

Anke fertigt aus 60 cm Blumendraht ein Kantenmodell eines Quaders an. Wie lang wird ihr Quader bei den angegebenen Abmessungen?

a) 5 cm breit und 4 cm hoch
b) 4 cm breit und 3 cm hoch
c) 10 cm breit und 3 cm hoch
d) alle Kanten gleich lang

HINWEIS
Bei Aufgabe 13 sollen die Drahtlängen, die zur Verbindung der Drahtenden mit den Rahmen benötigt werden, außer Acht bleiben.

14

Bei Schrägbildern muss man die nach hinten verlaufenden Kanten nicht unbedingt als Kästchendiagonalen, d. h. unter einem Winkel von 45°, einzeichnen. Nimm ein Geodreieck und zeichne die schräg verlaufenden Kanten eines 4-cm-Würfels unter einem Winkel von 30°. Auch so entsteht ein räumlicher Eindruck der Figur.

15

In den Bildern passen die Netze 1, 2, 3 offenbar nicht zu den unmittelbar daneben befindlichen Quadern a, b, c.
Welches Netz passt zu welchem Quader?

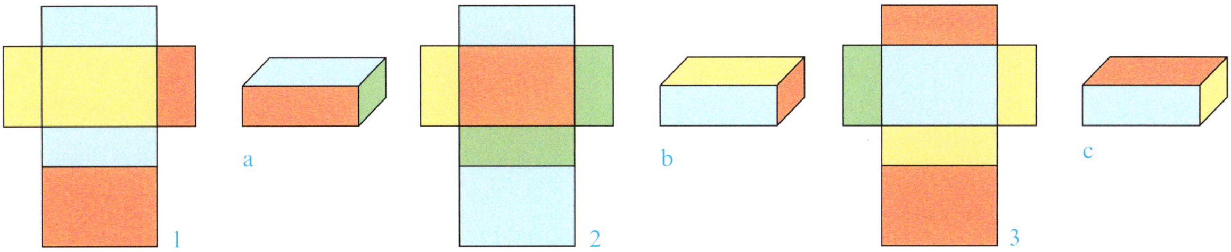

16

Im Bild ist viermal derselbe Würfel, aber jedesmal aus einem anderen Blickwinkel, zu sehen.

a) Beschreibe die vier Standpunkte mit den Worten „von oben, von unten, von rechts, von links“.

b) Zeichne in ähnlicher Weise vier Bilder von einem Quader mit den Maßen 2 cm, 3 cm, 4 cm. Dabei soll die vordere Fläche ein Rechteck mit den Maßen 2 cm und 3 cm sein.

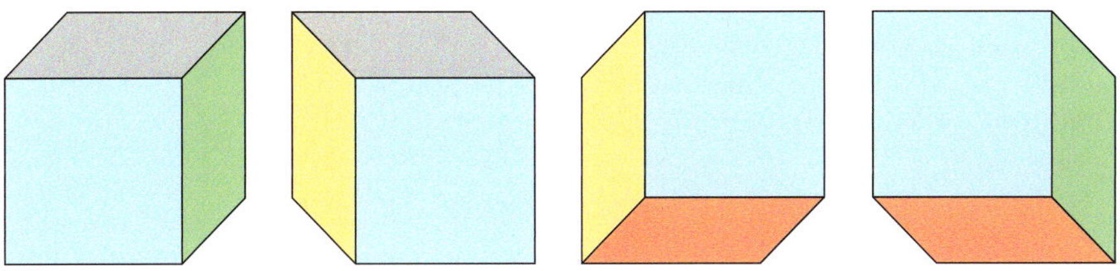

17

Zeichne das innerhalb des Würfels gekennzeichnete Dreieck in natürlicher Größe. Die Kantenlänge des Würfels beträgt 3 cm.

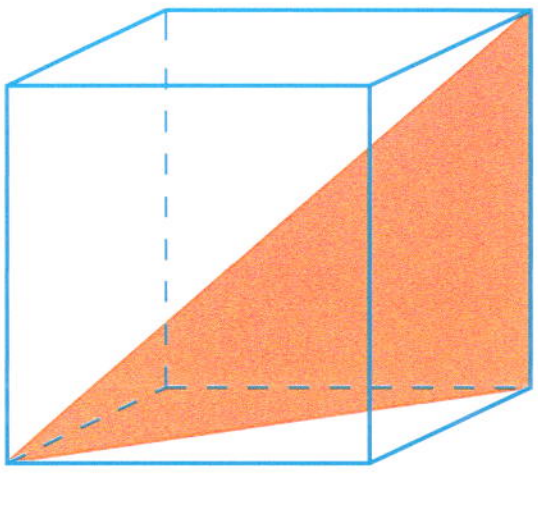

18

In zwei der drei Würfelbilder im Bild sind Flächen hervorgehoben.

a) Von welchem Standpunkt aus scheint man den linken bzw. den mittleren Würfel zu betrachten?

b) Vielleicht gelingt es dir deine Augen beim Betrachten des rechten Würfels zum „perspektivischen Sprung“ zu zwingen, d. h. zum gewollten Wechsel zwischen den beiden unter a) festgestellten Standpunkten.

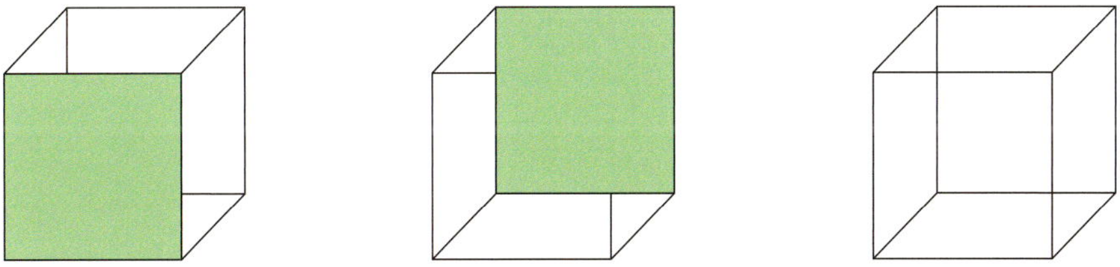

Oberflächeninhalt von Quadern und Würfeln

1

Das Bild zeigt ein Quadernetz.

a) Wie groß sind die Länge, Breite und Höhe des Quaders?

b) Beschreibe die Lage jeder einzelnen Fläche zur Grundfläche (rot) nach dem Zusammenbauen.

c) Berechne die Flächeninhalte der Rechteckflächen.
Welche Flächen sind gleich groß?

d) Berechne die Summe aller Flächeninhalte.
Welche Bedeutung hat diese Summe für den Quader?

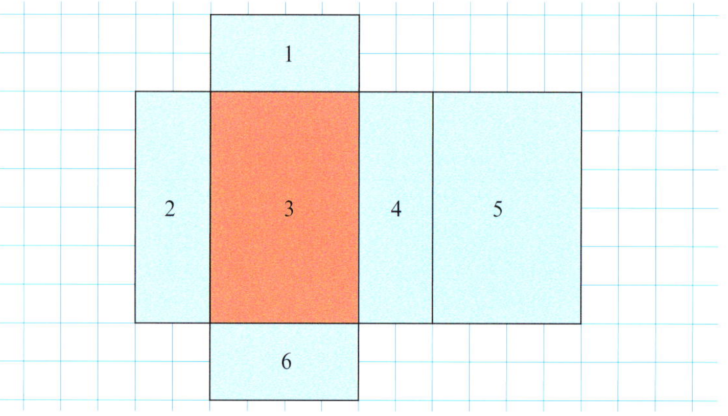

WISSEN

Die sechs Flächen eines Quaders bilden seine **Oberfläche.**

2

Nicole will für ihre Großmutter eine Zeitschriftenbox basteln. Dazu möchte sie eine geschlossene Schachtel mit kostbarem italienischen Papier bekleben. Die Schachtel ist 40 cm lang, 30 cm breit und 10 cm hoch. Es sollen nur die Außenflächen beklebt werden.

a) Zeichne ein Quadernetz (1 cm im Heft für 10 cm) und berechne die Größe aller Flächen.

b) Nicole hat insgesamt 1 m^2 Papier. Kann sie damit noch eine zweite gleichartige Schachtel bekleben?

c) Versuche auch ohne Zeichnen eines Netzes eine Methode anzugeben, die Größe der Oberfläche des Quaders auszurechnen.

3

Zeichne das Netz eines Quaders mit den Kantenlängen $a = 5$ cm, $b = 3$ cm und $c = 2$ cm. Berechne alle Flächeninhalte der Rechteckflächen.

4

Für eine Aufführung bauen die Schülerinnen und Schüler der Theatergruppe einen großen Würfel mit der Kantenlänge 2 m. Er muss noch mit Farbe bemalt werden. Sie haben einen Rest, der für 20 m^2 reicht. Genügt das?

5

a) Zeichne das Netz eines Würfels mit der Kantenlänge $a = 2$ cm.

b) Wodurch unterscheiden sich die Netze von Würfel und Quader?

c) Wie lässt sich der Gesamtflächeninhalt des Netzes mit a ausdrücken?

WISSEN

Formeln für den Oberflächeninhalt von Quader und Würfel

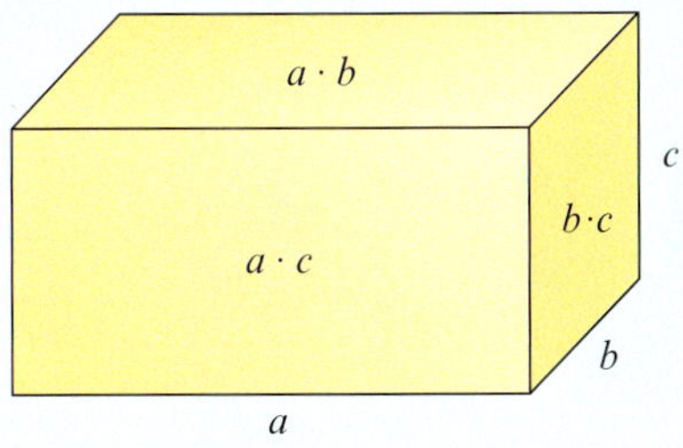

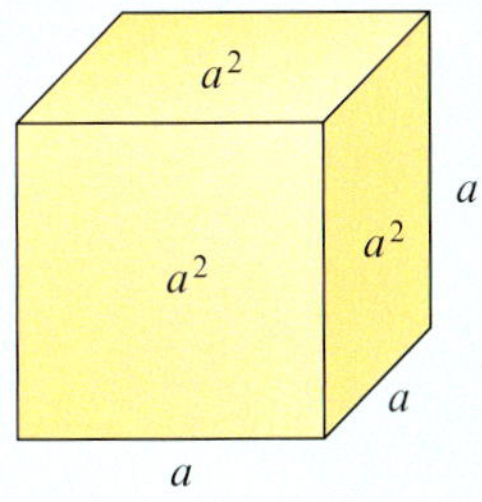

$$A = 2 \cdot a \cdot b + 2 \cdot a \cdot c + 2 \cdot b \cdot c = 2 \cdot (a \cdot b + a \cdot c + b \cdot c)$$

$$A = 6 \cdot a^2$$

BEACHTE
Jeweils zwei Flächen, die sich am Quader gegenüberliegen, haben denselben Flächeninhalt, der sich mit der Rechteckformel berechnen lässt.

Jeder Würfel ist ein Quader mit 6 gleichen Außenflächen.

BEISPIELE

Oberflächeninhalt eines Quaders mit $a = 20$ cm, $b = 30$ cm, $c = 15$ cm

$A = 2 \cdot a \cdot b + 2 \cdot a \cdot c + 2 \cdot b \cdot c$
$A = 2 \cdot 20\text{ cm} \cdot 30\text{ cm} + 2 \cdot 20\text{ cm} \cdot 15\text{ cm} + 2 \cdot 30\text{ cm} \cdot 15\text{ cm}$
$= 2 \cdot 600\text{ cm}^2 + 2 \cdot 300\text{ cm}^2 + 2 \cdot 450\text{ cm}^2$
$= 1\,200\text{ cm}^2 + 600\text{ cm}^2 + 900\text{ cm}^2 = 2\,700\text{ cm}^2 = 27\text{ dm}^2$

Der Quader hat einen Oberflächeninhalt von 27 dm².

Oberflächeninhalt eines Würfels mit $a = 7$ cm

$A = 6 \cdot a^2$
$A = 6 \cdot 7\text{ cm} \cdot 7\text{ cm} = 6 \cdot 49\text{ cm}^2 = 294\text{ cm}^2$

Der Würfel hat einen Oberflächeninhalt von 294 cm².

6[L]

Berechne den Oberflächeninhalt A des Quaders.

a) $a = 4$ cm, $b = 3$ cm, $c = 5$ cm **b)** $a = 15$ cm, $b = 6$ cm, $c = 25$ cm
c) $a = 3$ m, $b = 10$ m, $c = 5$ m **d)** $a = 6$ dm, $b = 2$ dm, $c = 8$ dm
e) $a = 1$ dm, $b = 5$ cm, $c = 4$ mm **f)** $a = b = 5$ cm, $c = 2$ dm

TIPP
Sind die Kantenlängen mit unterschiedlichen Einheiten gegeben, so rechne erst alle Längen in dieselbe Einheit um.

7

Berechne den Oberflächeninhalt A des Würfels.

a) $a = 2$ cm **b)** $a = 6$ cm **c)** $a = 12$ cm **d)** $a = 25$ cm **e)** $a = 50$ cm
f) $a = 4$ mm **g)** $a = 10$ mm **h)** $a = 3$ dm **i)** $a = 12$ dm **j)** $a = 11$ m

8[L]

Von einem Würfel ist nur der Oberflächeninhalt A bekannt.
Finde die Kantenlänge a heraus.

a) $A = 24\text{ cm}^2$ **b)** $A = 216\text{ cm}^2$ **c)** $A = 600\text{ cm}^2$
d) $A = 1\,350\text{ cm}^2$ **e)** $A = 486\text{ cm}^2$ **f)** $A = 96\text{ m}^2$
g) $A = 294\text{ dm}^2$ **h)** $A = 1{,}50\text{ dm}^2$ **i)** $A = 6$ a

BEISPIEL
$A = 54\text{ cm}^2$
$a^2 = A : 6 = 54\text{ cm}^2 : 6 = 9\text{ cm}^2$
$a = 3$ cm

Das Volumen von Quadern

1

Sind die Körper gleich groß?

2

In welche Kiste passt mehr hinein?

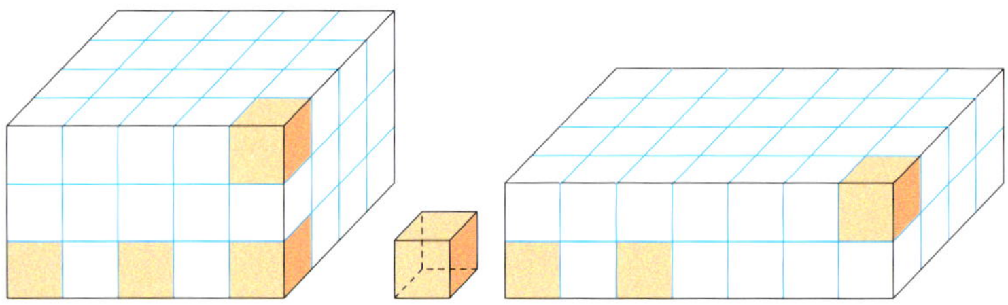

WISSEN

Oft sind die Rauminhalte zweier Körper zu vergleichen. Um festzustellen, welcher Körper den größeren **Rauminhalt** hat, benötigt man eine ausreichende Anzahl kleinerer, gleichartiger Gegenstände.
In der Regel nimmt man zum Vergleich kleine „Einheitswürfel“ (vgl. Seite 106). Man prüft dann nach, in welchen Körper mehr davon passen. Oft genügt es, dies nur in Gedanken zu tun.

BEACHTE

Anstelle von Rauminhalt sagt man auch **Volumen**.

3

Zwei quaderförmige Holzklötze haben die Abmessungen 4 cm, 3 cm, 2 cm bzw. 3 cm, 3 cm, 3 cm. Welcher nimmt den größeren Raum ein?
Zeichne die beiden Holzklötze maßstabsgetreu in dein Heft.
Versuche dann, sie in Einheitswürfel zu unterteilen und zähle die Einheitswürfel ab.
Du kannst dich am Beispiel in der Randspalte orientieren.

BEISPIEL

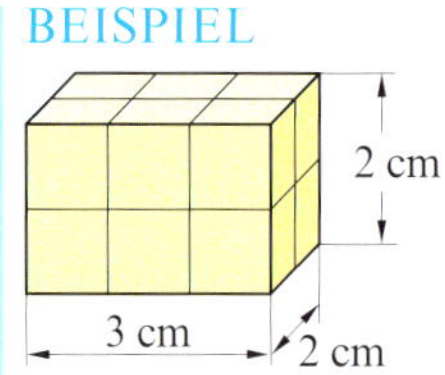

In den Quader passen 12 Einheitswürfel mit 1 cm Kantenlänge.

4

Peter möchte ein Aquarium kaufen, in dem seine Fische möglichst viel Bewegungsfreiheit haben. In dem Laden gibt es drei Aquarien, die infrage kommen, weil sie nicht zu teuer sind.

a) 80 cm × 60 cm × 80 cm
b) 1 m × 70 cm × 50 cm
c) 90 cm × 50 cm × 80 cm

Für welches Aquarium wird sich Peter entscheiden?
Hinweis: Rechne mit Einheitswürfeln von 1 dm Kantenlänge.

BEISPIEL

Man kann das Volumen eines Quaders, dessen Kantenlängen in Zentimetern gegeben sind, in drei Schritten bestimmen.

1. Aus der 1. Kantenlänge Anzahl der Einheitswürfel ermitteln, die entlang einer Kante liegen, also eine Stange bilden (Anzahl gleich Zahlenwert der Länge).
2. Aus der 2. Kantenlänge Anzahl der Stangen ermitteln, die den Boden bedecken; Anzahl der Würfel in der Bodenschicht berechnen.
3. Aus der 3. Kantenlänge Anzahl der Schichten ermitteln, die den ganzen Quader ausfüllen; Anzahl der im Quader enthaltenen Einheitswürfel berechnen.

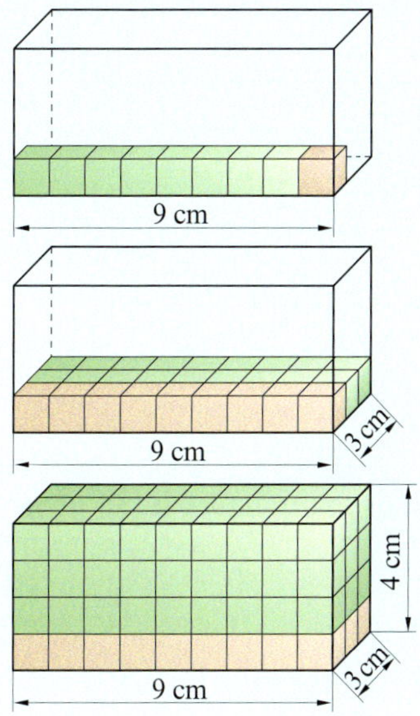

1 Stange: 9 Würfel

1 Schicht: 3 Stangen
$3 \cdot 9 = 27$ Würfel

Quader: 4 Schichten
$4 \cdot 27 = 108$ Würfel

5

Wie groß ist das Volumen deines Schlafzimmers bzw. eurer Küche? Miss die Kantenlängen, runde die Messwerte auf Dezimeter und rechne.

WISSEN

Volumenformel für einen Quader: $V = a \cdot b \cdot c$

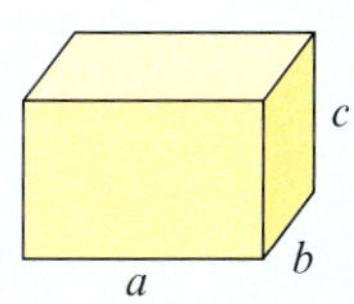

Volumenformel für einen Würfel: $V = a^3$

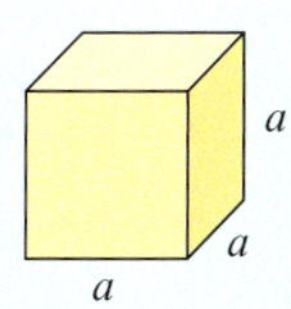

ERINNERE DICH
Ein Würfel ist ein Quader, bei dem alle Kantenlängen gleich lang sind.

6

Berechne das Volumen der folgenden Quader.

	a)	b)	c)	d)	e)	f)
Länge	12 cm	3 m	12 mm	5 dm	5 cm	0,5 m
Breite	4 cm	4 m	8 mm	2 dm	1,5 cm	2,5 m
Höhe	20 cm	12 m	3 mm	10 dm	4 cm	2 m

BEISPIEL
Quader mit den Maßen
$a = 5$ cm, $b = 50$ cm,
$c = 15$ cm
Volumen des Quaders:
$V = a \cdot b \cdot c$
$V = 5 \text{ cm} \cdot 50 \text{ cm} \cdot 15 \text{ cm}$
$V = 3750 \text{ cm}^3$

7[L]

Berechne die fehlenden Größen des Quaders.

	a)	b)	c)	d)	e)
Länge	16 m	4 dm	6 cm		125 mm
Breite	5 m	12 dm		10 mm	80 mm
Höhe	4 m		2 cm	50 mm	15 mm
Volumen		96 dm^3	36 cm^3	1 000 mm^3	

BEISPIEL
$a = 3$ cm,
$b = 5$ cm,
$V = 90\ cm^3$
$V = a \cdot b \cdot c$
Für die Zahlenwerte gilt:
$90 = 3 \cdot 5 \cdot x$
$90 = 15 \cdot x$
$x = 6$
Somit ist $c = 6$ cm.

8[L]

Berechne Volumen und Oberflächeninhalt des Quaders.

a) $a = 4$ cm, $b = 8$ cm, $c = 2$ cm **b)** $a = 2$ m, $b = 5$ m, $c = 12$ m
c) $a = 7$ dm, $b = 1$ dm, $c = 3$ dm **d)** $a = 8$ mm, $b = 2$ mm, $c = 1{,}5$ mm
e) $a = 3{,}5$ cm, $b = 1$ cm, $c = 2$ cm **f)** $a = 2$ m, $b = 4{,}5$ m, $c = 3$ m

NACHGEDACHT
Das Volumen eines Würfels beträgt 27 cm^3.
Wie groß ist seine Oberfläche?

9

Berechne Volumen und Oberflächeninhalt des Würfels der Kantenlänge.

a) 3 cm **b)** 5 dm **c)** 2 m **d)** 8 mm **e)** 1 cm
f) 12 m **g)** 15 m **h)** 70 cm **i)** 12 dm **j)** 100 mm

10

Wie ändert sich das Volumen eines Quaders, wenn man
a) eine Kantenlänge verdreifacht;
b) alle drei Kantenlängen verdoppelt;
c) zwei Kantenlängen halbiert;
d) zwei Kantenlängen verdoppelt und die dritte halbiert?

11

Aus einem Pappquadrat von 10 cm Seitenlänge soll durch Ausschneiden von kleinen Quadraten an den vier Ecken und anschließendes Falten entlang der gestrichelten Linien eine Schachtel entstehen (s. Bild). Die Seitenlänge der kleinen Quadrate soll 1 cm, 2 cm usw. sein. Berechne das Volumen und setze die Tabelle fort.
Wie hoch ist die Schachtel mit dem größten Volumen?

Seitenlänge	Höhe	Volumen
8 cm	1 cm	
6 cm		

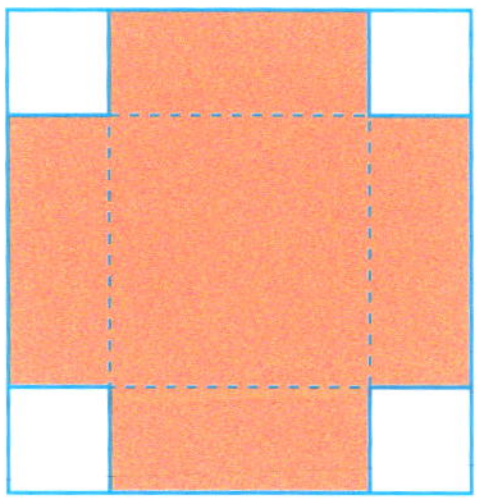

12

Eine quaderförmige Verpackung aus Pappe für Salz hat die Kantenlängen 6 cm, 4 cm, 12 cm. Aus technischen Gründen beträgt die Füllhöhe allerdings nur 10,5 cm.
a) Wie viel Raum wird dadurch „verschenkt“?
b) Wie viel cm Pappe könnte man sparen, wenn die Höhe der Verpackung mit der technischen Füllhöhe übereinstimmte?

13

a) Nimm zwei gleiche Bausteine – ersatzweise zwei Streichholzschachteln – und probiere aus, wie viele verschiedene neue Quader man daraus bilden kann.
b) Zeichne Schrägbilder von den neuen Quadern.
c) Berechne die Gesamtkantenlänge, den Oberflächeninhalt und das Volumen der neuen Quader. (Länge, Breite und Höhe der verwandten Bausteine können gegebenenfalls vorher gerundet werden.)

BEACHTE
Viele Körper sind aus Quadern zusammengesetzt. Um sie zu berechnen, kann man sie gedanklich in Teilquader zerlegen.

14

Das Bild zeigt ein Winkelhaus mit Flachdach. Berechne
a) das Außenvolumen des Hauses,
b) die Dachfläche,
c) die Gesamtfläche der Seitenwände einschließlich der Fenster.

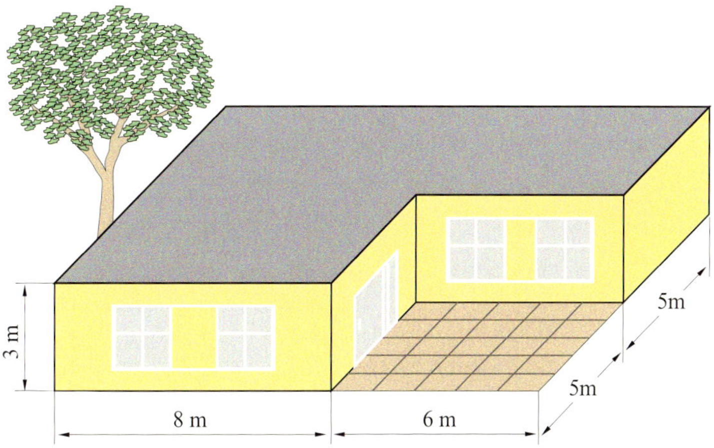

15L

Berechne das Volumen der Körper im Bild unten durch Zerlegen in geeignete Quader. (Maße in cm)

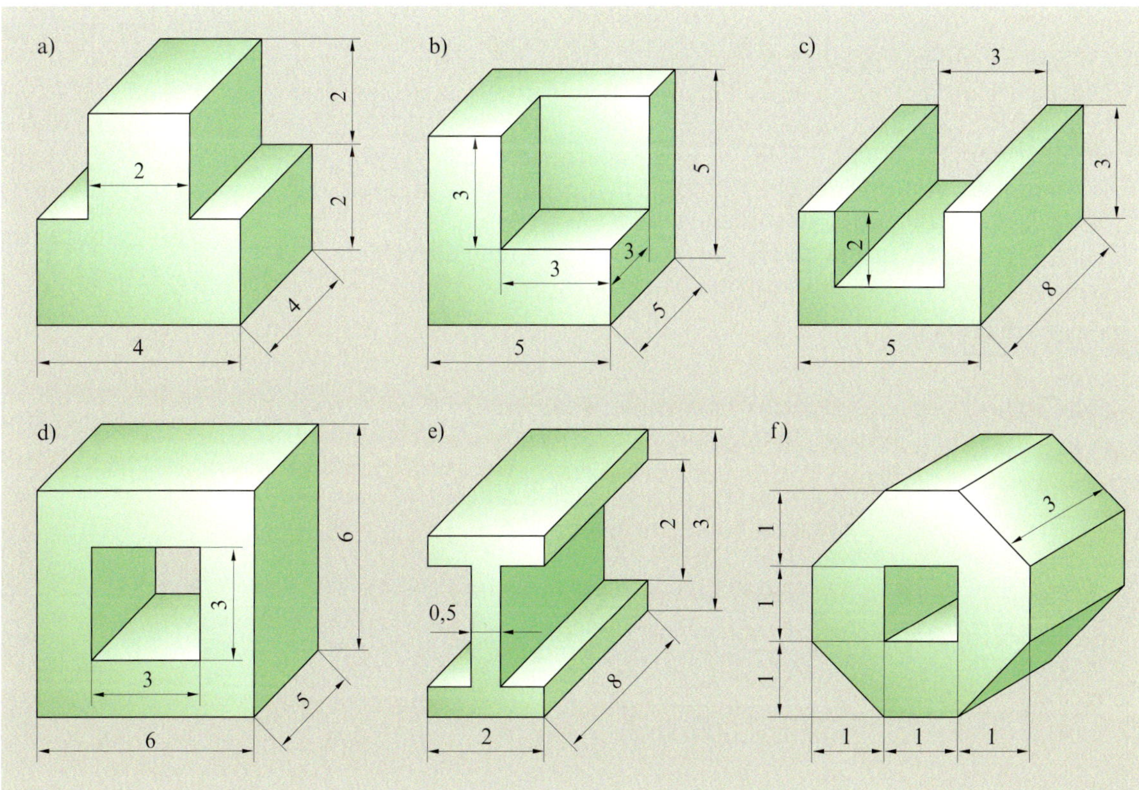

16

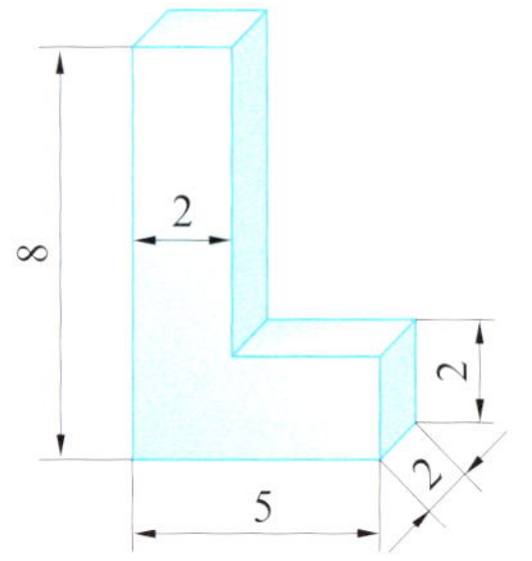

a) Zeichne den im Bild dargestellten L-förmigen Gegenstand als Schrägbild ins Heft. Hierbei sollen auch die verdeckten Kanten als gestrichelte Linien eingezeichnet werden. (Maße in cm)
b) Entwirf ein passendes Netz auf einem Stück Papier oder Pappe.
c) Ergänze das Netz durch Klebestreifen, schneide es aus und bilde daraus den Gegenstand.
d) Berechne das Volumen und den Oberflächeninhalt des Gegenstandes.

17

Bei einem Würfel der Kantenlänge 12 cm wird eine Kante um 7 cm verkürzt und eine andere Kante um 4 cm verlängert. Die dritte Kante bleibt unverändert.
Zeichne ein Schrägbild des neuen Körpers und berechne sein Volumen.

18

Das Bild zeigt das Endstück eines Schornsteins, der aus Ziegeln zusammengesetzt ist. Ein solcher Ziegel hat die Form einer quadratischen Säule. Er ist 24 cm lang und je 11 cm breit und hoch.
a) Aus wie vielen Steinen besteht das Schornsteinendstück?
b) Wie groß sind die Innenmaße des Schornsteinendstücks?

19

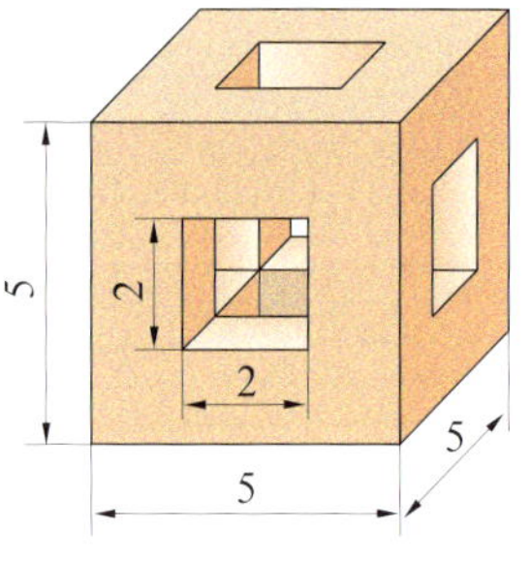

Wie könnte man den abgebildeten hölzernen Körper herstellen?
a) Mit dem Handwerkszeug eines Tischlers: Beschreibe, was du mit dem ursprünglichen Würfel machen würdest.
b) Mithilfe von Bauklötzen: Gib an, wie viele verschiedene Typen von Klötzen man bräuchte, welche Abmessungen diese haben müssten und in welcher Anzahl jeder Typ vorhanden sein müsste.
Tipp: Übertrage das Bild ins Heft und ergänze es durch Hilfslinien.
c) Berechne das Volumen des Körpers. (Maße in cm)

WISSEN

Umfang:	Rechteck mit den Seitenlängen a, b:	$u = 2 \cdot a + 2 \cdot b = 2 \cdot (a + b)$
	Quadrat mit der Seitenlänge a:	$u = 4 \cdot a$
Flächeninhalt:	Rechteck mit den Seitenlängen a, b:	$A = a \cdot b$
	Quadrat mit der Seitenlänge a:	$A = a^2$
Oberflächeninhalt:	Quader mit den Kantenlängen a, b, c:	$A = 2 \cdot a \cdot b + 2 \cdot a \cdot c + 2 \cdot b \cdot c$ $= 2 \cdot (a \cdot b + a \cdot c + b \cdot c)$
	Würfel mit der Kantenlänge a:	$A = 6 \cdot a^2$
Volumen:	Quader mit den Kantenlängen a, b, c:	$V = a \cdot b \cdot c$
	Würfel mit der Kantenlänge a:	$V = a^3$

Teste dich!

1

Zeichne drei Punkte, die nicht auf einer Geraden liegen.
Zeichne alle Geraden, die durch je zwei dieser Punkte gehen.
Markiere eine Strecke blau, eine Gerade grün, einen Strahl rot.

2

Wie viele Symmetrieachsen haben die folgenden Flaggen?

a) **b)** **c)** **d)** **e)** **f)**

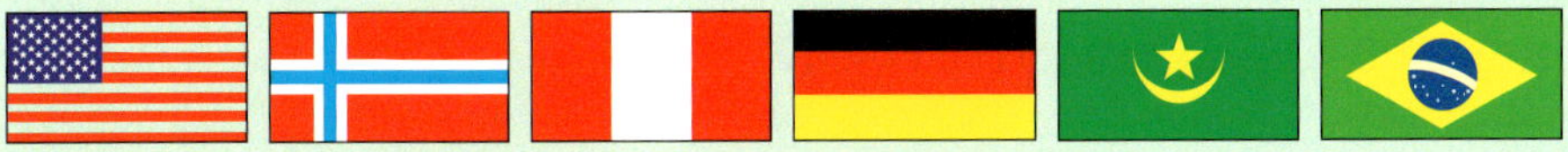

3

Berechne Umfang und Flächeninhalt der folgenden Figuren.

a)

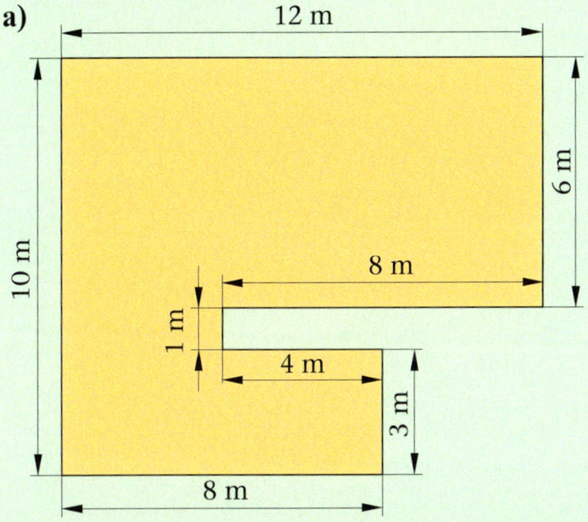

b)

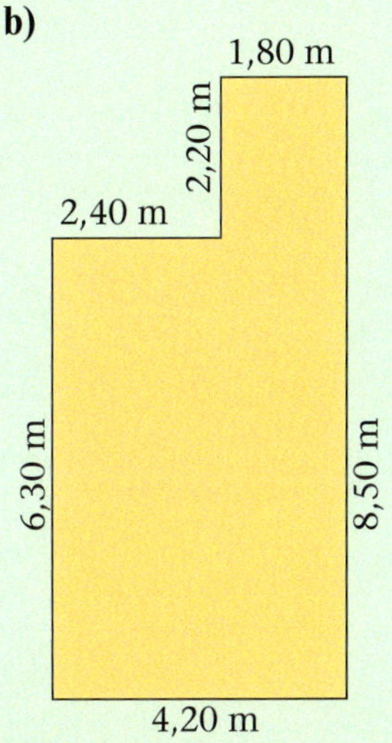

4

Das Bild zeigt im Maßstab 1 : 5 eine Verpackung, die erst aufgeschnitten und dann in der Ebene ausgebreitet wurde.

a) Zu welcher Körperform passt die Verpackung?

b) Zeichne das Schrägbild dieses Körpers im Maßstab 2 : 1 in dein Heft.

c) Berechne Volumen und Oberflächeninhalt dieses Körpers.

HINWEISE

1) Versuche zunächst, die Aufgaben ohne Hilfestellung zu lösen.

2) Wenn du doch Hilfe benötigst, findest du auf der angegebenen Seite ein Beispiel oder eine Anregung zum Lösen der Aufgabe.

Aufgabe	Seite
1	132/133
2	126
3	138/143
4	148/154/159/161

3) Im Anhang ab Seite 218 findest du die Lösungen der Aufgaben.
Vergleiche deine Ergebnisse mit diesen Lösungen und überprüfe so deinen Lernstand.

ZUSAMMENFASSUNG

Achsensymmetrie

Achsensymmetrische Figuren können so gefaltet werden, dass die dabei entstehenden zwei Teile der Figur genau deckungsgleich sind.

Die Faltgerade nennt man auch Symmetrieachse der Figur.

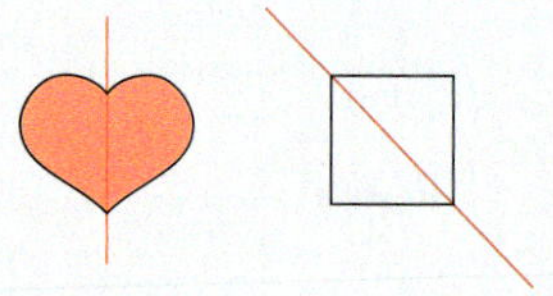

Koordinatensystem

Ein Koordinatensystem besteht aus zwei zueinander senkrechten Achsen: der x-Achse und der y-Achse.
Die x-Achse nennt man auch Abszissenachse. Die y-Achse nennt man auch Ordinatenachse.
Mithilfe eines Koordinatensystems kann man die Lage von Punkten beschreiben.

Umfang und Flächeninhalt von Rechteck und Quadrat

Der **Umfang eines Rechteckes** ist die Summe aller vier Seitenlängen.

Der **Flächeninhalt eines Rechteckes** ist das Produkt zweier Seitenlängen.

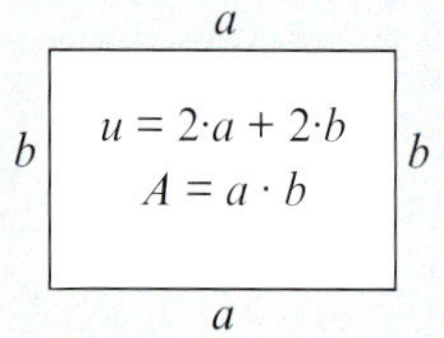

Der **Umfang eines Quadrates** ist das Vierfache der Seitenlänge.

Der **Flächeninhalt eines Quadrates** ist das Quadrat der Seitenlänge.

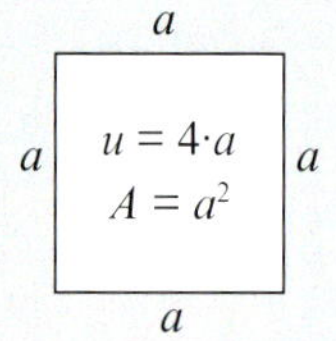

Körpernetze

Alle Begrenzungsflächen zusammen bilden das Netz eines Körpers, wenn man sie flach und zusammenhängend auf den Tisch legt.

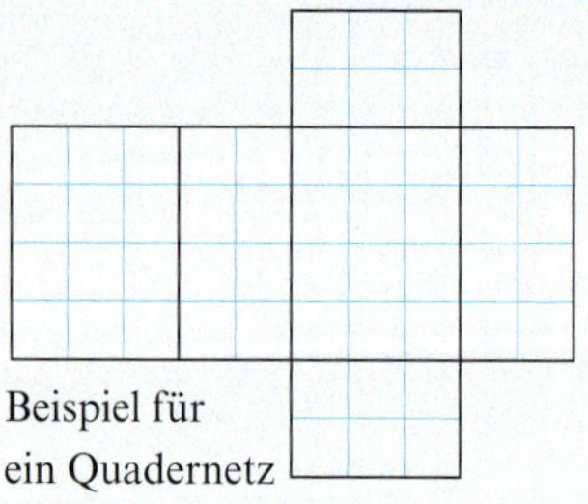
Beispiel für ein Quadernetz

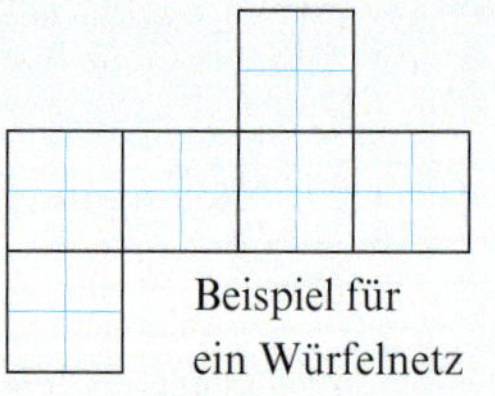
Beispiel für ein Würfelnetz

Schrägbild

1. Ein Rechteck mit den Originalseitenlängen als Vorderwand zeichnen.
2. Die nach hinten verlaufenden Kanten mit halber Seitenlänge schräg (45°) zeichnen.
3. Die Endpunkte reihum verbinden. Verdeckte Kanten gestrichelt zeichnen.

Oberflächeninhalt und Volumen von Quader und Würfel

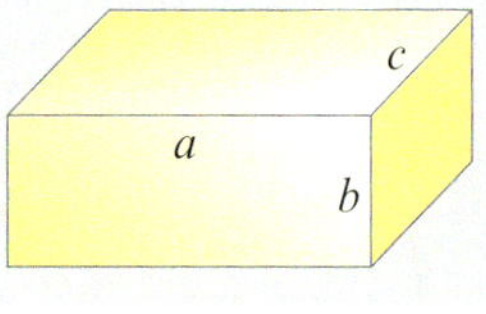

$A_0 = 2(ab + ac + bc)$
$V = abc$

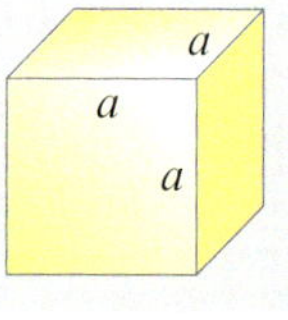

$A_0 = 6a^2$
$V = a^3$

Brüche

Die Hälfte aller Deutschen besitzt ein Auto. Der Anteil der Autobesitzer an der Gesamtbevölkerung ist also $\frac{1}{2}$.

Ein Mofa oder ein Motorrad fährt hingegen nur eine von dreißig Personen; dies entspricht $\frac{1}{30}$.

Gerade macht Ute ihre Fahrprüfung. Der Fahrlehrer erzählt ihr, dass unter den letzten 20 Prüflingen 13 bestanden haben (das sind $\frac{13}{20}$).

BEISPIEL

Ronny hilft seiner Klassenleiterin beim Einsammeln der Anzahlung für die Landschulheimwoche der Klasse 5 d. Heute werden 26 € von jedem Schüler kassiert. Das sind zwei Drittel der Gesamtkosten. Wie viel kostet der Aufenthalt im Landschulheim pro Schüler?

Was ist zu tun, wenn ein Bruchteil gegeben und das Ganze gesucht ist?

Wir wissen: $\frac{2}{3}$ des Ganzen sind 26 €. $\frac{2}{3} \mathrel{\hat{=}} 26$ €) : 2

Dann sind $\frac{1}{3}$ des Ganzen 13 €. $\frac{1}{3} \mathrel{\hat{=}} 13$ €) · 3

Und das Ganze sind $3 \cdot 13$ € = 39 €. $1 \mathrel{\hat{=}} 39$ €

9

Gib jeweils das Ganze an.

a) $\frac{1}{6}$ sind 15 € **b)** $\frac{2}{3}$ sind 48 cm **c)** $\frac{1}{3}$ sind 99 kg

d) $\frac{1}{5}$ sind 10 min **e)** $\frac{3}{4}$ sind 18 cm **f)** $\frac{1}{15}$ sind 21 s

g) $\frac{1}{4}$ sind 115 t **h)** $\frac{6}{5}$ sind 120 l **i)** $\frac{7}{8}$ sind 84 ha

BEISPIEL

Der Freistaat Sachsen hat eine Fläche von ungefähr 1 800 000 ha. Davon sind etwa 450 000 ha Waldgebiet. Welcher Anteil der Fläche Sachsens ist Wald?

Ganze Fläche ≙ 1 800 000 ha) : ?

Waldfläche ≙ 450 000 ha

1 800 000 : 450 000 = 4, also gilt auch

1 800 000 : 4 = 450 000

Also: Ein Viertel der Fläche Sachsens ist Waldfläche.

ZUM KNOBELN

Welcher Bruchteil von 1 m ist jeweils gegeben?
50 cm,
25 cm,
7 dm,
250 mm,
13 dm,
7 500 cm

10

Stelle die folgenden Angaben als Bruchteil dar.

a) 13 Gewinne auf 130 000 Lose **b)** 85 von 1 020 Schülern
c) 1,20 € von 10,80 € **d)** 40 s von einer Minute
e) 42 g von 546 g **f)** 750 Treffer auf 2 250 Würfe
g) 120 s von einer Stunde **h)** 2 dm von 1 m

11

Bei der letzten Mathematikarbeit hat $\frac{1}{7}$ der 28 Schüler der Klasse 5 d eine 1 geschrieben, $\frac{1}{4}$ eine 2, $\frac{1}{4}$ eine 3 und $\frac{3}{14}$ eine 4.

Gibt es Schüler, die eine schlechtere Note bekamen?

HINWEIS

Sind mit diesen Angaben alle Schüler erfasst?

12

Jeanettes Freund hat sich vor einem halben Jahr einen Computer für 2 700 € gekauft. Da er aus beruflichen Gründen ins Ausland geht, will er den Computer an Jeanette für $\frac{2}{3}$ des Neupreises verkaufen.

Wie viel muss Jeanette bezahlen?

13

Herr Steffen verkauft seinen Gebrauchtwagen für 2 600 €. Das ist $\frac{1}{4}$ des Neuwertes. Wie viel hat das neue Auto gekostet?

14

Die Waldschule in Burgenhausen hat 630 Schülerinnen und Schüler, $\frac{4}{7}$ davon sind Mädchen, $\frac{5}{9}$ der Mädchen fahren gern Rollschuh bzw. Skateboard.

a) Wie viele Mädchen hat die Schule?
b) Wie viele der Mädchen fahren gern Rollschuh bzw. Skateboard?

HINWEIS
Im Projekt „Inline-Skaten“ unter www.mathe-plus.de muss die Rennstrecke eingeteilt werden, damit verschiedene Altersgruppen nur Teile der Gesamtstrecke ablaufen müssen.

15

Der abgebildete Würfel besteht aus 27 kleinen gleich großen Würfeln. Die sichtbaren Seitenflächen des großen Würfels seien wie in der Abbildung nummeriert.

a) Der wievielte Teil der Seitenfläche I ist gelb?
b) Der wievielte Teil der Seitenflächen II und III zusammen ist orange?
c) Der wievielte Teil der Seitenflächen I, II und III zusammen ist grün?

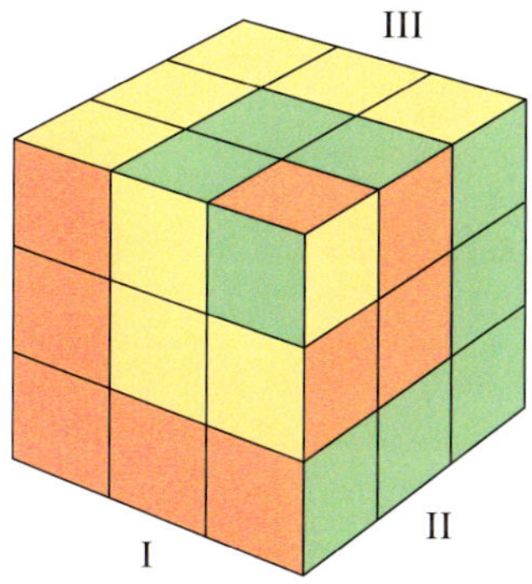

16

Veranschauliche folgende Brüche an Rechtecken.

a) $\frac{1}{2}$ **b)** $\frac{7}{10}$ **c)** $\frac{3}{5}$ **d)** $\frac{3}{4}$ **e)** $\frac{5}{10}$ **f)** $\frac{1}{5}$ **g)** $\frac{7}{5}$ **h)** $\frac{8}{12}$

17

Überprüfe, ob folgende Takte vollständige $\frac{4}{4}$-Takte sind, d.h. ob ihre Notenwerte zusammen $\frac{4}{4} = 1$ ergeben. Überlege gegebenenfalls, welcher Notenwert zum vollständigen Takt fehlt.

a)  **b)**  **c)** 

d)  **e)** 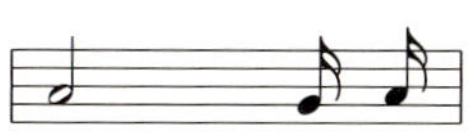 **f)** 

BEACHTE
Notenwerte als Bruchteile:
- halbe Note
- Viertelnote
- Viertelpause
- Achtelnote
- Achtelpause
- Sechzehntelnote
- punktierte Viertelnote (Wert: $\frac{1}{4} + \frac{1}{8} = \frac{3}{8}$)

18

In einer 5. Klasse trainieren ein Drittel aller Schüler in einer Sportgemeinschaft. Die Hälfte davon sind Leichtathleten, drei Schüler spielen in einer Fußballmannschaft und zwei Schüler turnen.

a) Wie viele Schüler hat diese 5. Klasse?

b) Sammle in deiner Klasse andere statistische Angaben, formuliere damit ähnliche Aufgaben und löse diese.

AUFGABE

Welche Strecke ist länger?

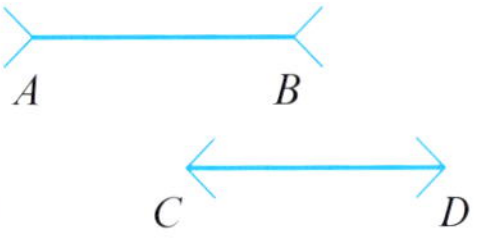

$\overline{AB}$ oder $\overline{CD}$?

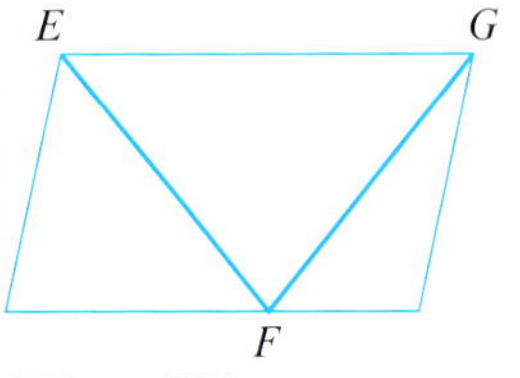

$\overline{EF}$ oder $\overline{FG}$?

19

Gegeben ist eine Strecke $\overline{AB}$.

a) Schätze, welchen Bruchteil der Strecke $\overline{AB}$ die Strecken $\overline{CD}$, $\overline{EF}$, $\overline{GH}$, $\overline{IK}$ darstellen.

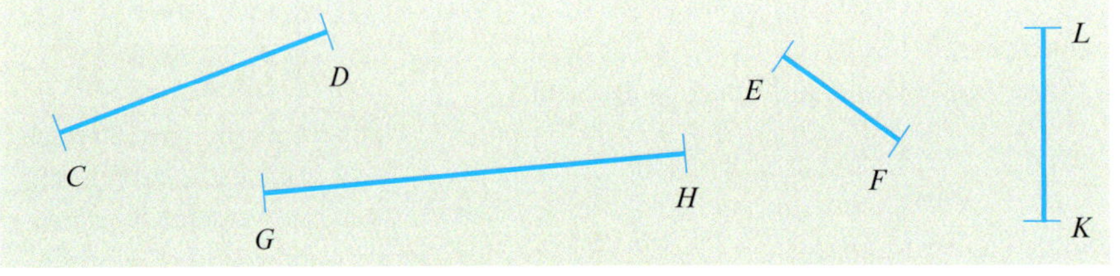

b) Wie kann man kontrollieren, ob der Schätzwert richtig war?

c) Berechne nacheinander die Hälfte, ein Viertel, drei Viertel, zwei Drittel, fünf Achtel und dreizehn Zehntel von 360 km.

20

Was ist mehr?

a) $\frac{1}{4}$ von 72 € oder $\frac{3}{4}$ von 72 €

b) $\frac{2}{5}$ von 135 l oder $\frac{3}{5}$ von 85 l

c) $\frac{2}{3}$ von 660 kg oder $\frac{4}{3}$ von 330 kg

d) $\frac{1}{2}$ von 56 m oder $\frac{1}{4}$ von 108 m

e) $\frac{6}{7}$ von 105 € oder $\frac{3}{4}$ von 64 €

f) $\frac{4}{9}$ von 108 kg oder $\frac{7}{11}$ von 121 kg

g) $\frac{5}{6}$ von 1 h oder $\frac{5}{4}$ von 40 min

h) $\frac{1}{2}$ l von 7 l oder $\frac{1}{2}$ l von 9 l

HINWEIS

Vokabeln zu Aufgabe 21:

lorry: Lkw
to drive: fahren
to load: laden
to unload: entladen
coal: Kohle
the following: die folgende
to deliver: liefern
one third: $\frac{1}{3}$
one fifth: $\frac{1}{5}$
of what is left: was übrig war
one fourth: $\frac{1}{4}$

21

Lorry driver Larry is driving through the town.
At his first stop he has to load 15 tons of coal.
For the next stops he has the following delivery order:
1st stop: unload one third
2nd stop: unload one fifth of what is left
3rd stop: unload half of what is left
4th stop: unload one fourth of what is left.
How much coal does Larry have to unload at his last stop?

22

Wirf 100-mal einen Spielwürfel. Halte in einer Strichliste fest, wie oft die einzelnen Augenzahlen auftreten. Gib für jede mögliche Augenzahl den Anteil an der Gesamtzahl der Würfe als Bruch an.

23

Rita hat mit einem schwarzen und einem weißen Würfel gewürfelt und die Augenzahlen in einer Tabelle festgehalten.

schwarz	2	1	4	5	2	4	3	6	2	2	3	1	5	5	6
weiß	6	2	3	1	5	4	2	4	2	4	5	3	4	6	6

schwarz	1	3	6	6	3	4	5	2	1	5	5	2	4	6	3
weiß	1	4	5	2	6	3	5	6	3	3	3	2	6	1	1

a) Gib den Anteil der Würfe an, bei denen auf beiden Würfeln die gleiche Augenzahl zu sehen war.
b) Gib den Anteil der Würfe an, bei denen auf beiden Würfeln ungerade Zahlen auftraten.
c) Wie groß ist der Anteil der Würfe, bei denen die Augenzahl des weißen Würfels kleiner als die des schwarzen Würfels war?
d) Stelle deinem Nachbarn weitere Fragen.

ZUM KNOBELN

Eine Bäuerin verkauft an eine Nachbarin von den vorrätigen Eiern die Hälfte und ein halbes Ei.
Vom Rest verkauft sie an die andere Nachbarin wieder die Hälfte und ein halbes Ei.
Ein Ei blieb dann übrig.
Wie viele Eier hatte die Bäuerin am Anfang?
Tipp:
Natürlich werden nur ganze Eier verkauft.

AUFGABEN ZUR WIEDERHOLUNG

1. Rechne im Kopf.
a) 5 628 + 1 **b)** 1 + 345 **c)** 5 860 – 1
d) 1 – 1 **e)** 1 · 4 729 **f)** 4 002 · 1
g) 1 : 1 **h)** 456 : 1 **i)** 1 · 1

2. Rechne im Kopf.
a) 1 713 + 0 **b)** 0 + 491 **c)** 6 321 – 0
d) 0 – 172 **e)** 647 · 0 **f)** 0 · 2 381
g) 0 · 0 **h)** 0 : 4 **i)** 0 : 7 439
j) 8 : 0 **k)** 0 : 0 **l)** 0 : 1
m) (681 + 474) · 0 **n)** 0 · (3 754 – 101)

3. Rechne schriftlich.
a) 40 702 + 3 609 **b)** 50 309 – 20 820
c) 102 067 + 30 893 **d)** 107 003 – 19 406
e) 3 006 · 702 **f)** 10 001 · 2 004
g) 5 050 : 50 **h)** 30 045 : 5
i) 363 636 : 6 **j)** 140 021 : 7

4. Löse das Kreuzzahlrätsel im Heft.

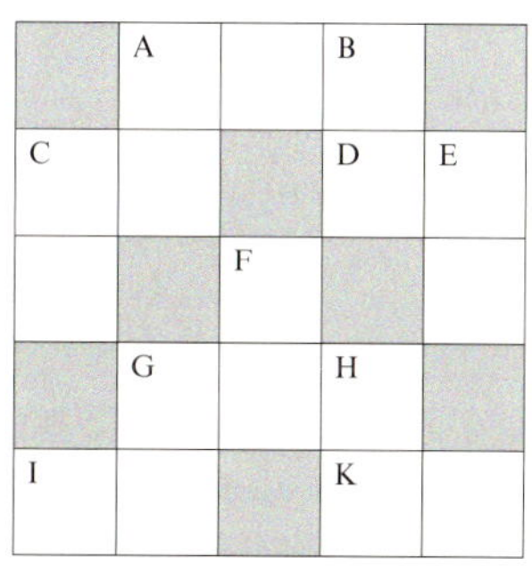

Waagerecht: A Differenz der Zahlen 901 und 799; **C** die Hälfte von 74; **D** ein Vielfaches von 11; **G** die größte dreistellige Zahl; **I** das Produkt der Zahlen 12 und 6; **K** der Quotient der Zahlen 84 und 6.
Senkrecht: A der fünfte Teil von 85; **B** das Quadrat von 5; **C** das Doppelte von 18; **E** eine zweistellige Zahl, die durch 7 und durch 8 geteilt werden kann; **F** die Hälfte von 38; **G** das Vierfache von 23; **H** ein Vielfaches von 13.

Brüche am Zahlenstrahl

1

Du kannst natürliche Zahlen am Zahlenstrahl darstellen und vergleichen. Kannst du auch Brüche am Zahlenstrahl darstellen?

a) Übertrage den dargestellten Zahlenstrahl ins Heft. Vervollständige den Zahlenstrahl mit den natürlichen Zahlen bis 10.

b) Wo liegen die Brüche $\frac{1}{2}$, $\frac{1}{4}$, $\frac{5}{2}$ und $\frac{6}{4}$?

2

Auf dem folgenden Zahlenstrahl ist der Abstand zwischen 0 und 1 in 10 gleiche Teile geteilt, jedes Teilstück stellt demzufolge $\frac{1}{10}$ der Strecke $\overline{AB}$ dar.

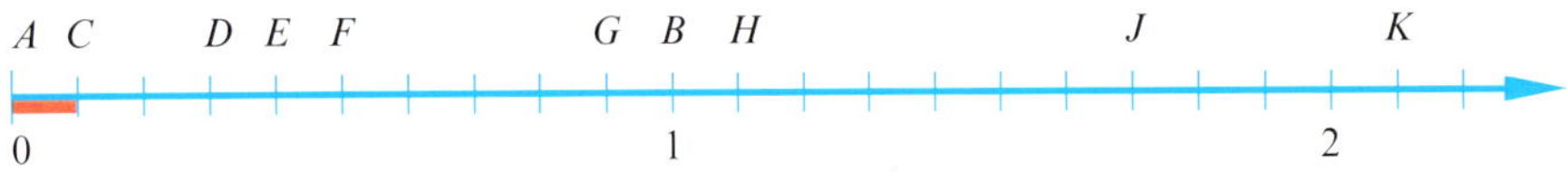

Die rot gekennzeichnete Strecke ist also $\frac{1}{10}$ der Strecke $\overline{AB}$, der Punkt C markiert deswegen den Bruch $\frac{1}{10}$ auf dem Zahlenstrahl. Die Strecke $\overline{AD}$ stellt 3-mal $\frac{1}{10}$, also $\frac{3}{10}$ der Strecke $\overline{AB}$ dar, der Punkt D markiert deswegen den Bruch $\frac{3}{10}$ auf dem Zahlenstrahl.

Welche Brüche gehören an die durch E, F und G markierten Punkte?

3

Peter überlegt: „Jeder Teilstrich markiert ein Vielfaches von $\frac{1}{10}$, z. B. markiert D den Bruch $\frac{3}{10}$. Der Punkt B markiert $\frac{10}{10}$, also 1, und der Punkt H muss dann $\frac{11}{10}$ markieren.“ Welche Brüche markieren dann die Punkte J und K?

4

Zeichne einen Zahlenstrahl und darauf die Punkte 0, 1 und 2 (Abstand 6 cm zwischen 0 und 1). Teile den Abstand zwischen 0 und 1 in 6 gleich große Teile. Markiere die Punkte, die zu den folgenden Brüchen gehören.

a) $\frac{1}{6}$, $\frac{4}{6}$, $\frac{6}{6}$, $\frac{5}{6}$, $\frac{2}{6}$, $\frac{11}{6}$, $\frac{12}{6}$

b) $\frac{1}{3}$, $\frac{3}{3}$, $\frac{5}{3}$, $\frac{1}{2}$, $\frac{2}{3}$, $\frac{4}{3}$

5

Zeichne einen Zahlenstrahl wie in Aufgabe 4. Teile aber den Abstand zwischen 0 und 1 in 12 gleiche Teile. Wohin gehören folgende Brüche?

a) $\frac{1}{12}$, $\frac{7}{12}$, $\frac{24}{12}$, $\frac{11}{12}$, $\frac{4}{12}$, $\frac{13}{12}$, $\frac{15}{12}$, $\frac{18}{12}$

b) $\frac{1}{4}$, $\frac{1}{3}$, $\frac{7}{4}$, $\frac{1}{2}$, $\frac{2}{3}$, $\frac{4}{3}$

WISSEN

Brüche, bei denen der Zähler kleiner ist als der Nenner, z. B. $\frac{3}{4}$, liegen auf dem Zahlenstrahl links von 1.	Sie sind kleiner als 1.	Man nennt sie **echte Brüche.**
Brüche, bei denen Zähler und Nenner gleich groß sind, z. B. $\frac{4}{4}$, markieren die 1.	Sie stellen ein Ganzes dar.	Man nennt sie **unechte Brüche.**
Brüche, bei denen der Zähler größer ist als der Nenner, z. B. $\frac{5}{4}$, liegen auf dem Zahlenstrahl rechts von 1.	Sie sind größer als 1.	

6

a) Schreibe alle echten Brüche mit dem Nenner 5; 9; 12 auf.
b) Schreibe alle unechten Brüche mit dem Zähler 4; 7; 11 auf.

BEISPIEL

Unechte Brüche kann man auch als **gemischte Zahlen** schreiben.

a) $\frac{5}{4}$

$\frac{4}{4}$ sind ein Ganzes.

$\frac{5}{4}$ sind 1 Ganzes und $\frac{1}{4}$.

Dafür schreibt man:
$\frac{5}{4} = 1\frac{1}{4}$

b) $\frac{17}{6}$

$\frac{6}{6}$ sind ein Ganzes.

$\frac{12}{6}$ sind 2 Ganze.

$\frac{17}{6}$ sind 2 Ganze und $\frac{5}{6}$.

Dafür schreibt man:
$\frac{17}{6} = 2\frac{5}{6}$

7

Schreibe als gemischte Zahl.

a) $\frac{8}{5}$ **b)** $\frac{17}{10}$ **c)** $\frac{28}{3}$ **d)** $\frac{41}{12}$ **e)** $\frac{10}{7}$ **f)** $\frac{21}{10}$

g) $\frac{70}{11}$ **h)** $\frac{99}{25}$ **i)** $\frac{0}{10}$ **j)** $\frac{12}{6}$ **k)** $\frac{36}{5}$ **l)** $\frac{3}{77}$

8

Schreibe als Bruch.

a) $2\frac{3}{4}$ **b)** $3\frac{4}{15}$ **c)** $12\frac{1}{2}$ **d)** $4\frac{7}{25}$ **e)** $5\frac{1}{7}$ **f)** $3\frac{87}{100}$

g) $33\frac{2}{3}$ **h)** $9\frac{12}{13}$ **i)** $1\frac{3}{5}$ **j)** $7\frac{2}{16}$ **k)** $3\frac{5}{6}$ **l)** $10\frac{10}{10}$

WUSSTEST DU SCHON,
was das Wort „Bruch" alles bedeuten kann?

Geologie:
vertikale Verschiebung

Jagd:
gebrochener Zweig, der für den Jäger eine bestimmte Bedeutung hat

Landschaftskunde:
ursprünglich mit Erlen und Weiden bewachsenes Sumpfgebiet (Beispiel: Oderbruch)

Medizin:
Knochenbruch, Gewebebruch

Werkstoffkunde:
Zerstörung eines Werkstoffs durch Überschreitung seiner Festigkeit durch Zug- oder Schubbelastung z. B. Glasbruch

Brockhaus-Lexikon von 1898:
Kleidungsstück; eine kurze, nur den Unterleib und einen Teil der Oberschenkel bedeckende Hose; meist ein Unterkleid, das mit Schnürriemen mit den die Beine bedeckenden Strümpfen verbunden ist

Erweitern und Kürzen von Brüchen

1

Wie viele Achtelnoten können zu einem $\frac{3}{4}$-Takt gehören?

2

Lege mit deinen Kreisteilen aus Aufgabe 22 von Seite 172 folgende Brüche und vergleiche sie miteinander.

a) $\frac{1}{2}$; $\frac{2}{4}$ und $\frac{4}{8}$ **b)** $\frac{3}{4}$ und $\frac{6}{8}$ **c)** $\frac{2}{2}$; $\frac{4}{4}$ und $\frac{8}{8}$

BEISPIEL

Im Bild ist der gleiche Bruchteil eines Rechtecks auf zwei Arten dargestellt, erst als $\frac{3}{4}$ und dann als $\frac{6}{8}$.

$\frac{3}{4}$ wird in $\frac{6}{8}$ umgewandelt, indem Zähler und Nenner jeweils mit 2 multipliziert werden.

$3 \cdot 2 = 6$
$4 \cdot 2 = 8$ also $\frac{3}{4} = \frac{6}{8}$

Man sagt: Der Bruch $\frac{3}{4}$ wurde mit 2 **erweitert**.

BEACHTE

- Die Einteilung des Rechtecks wurde verfeinert.
- Der dargestellte Bruch wurde dadurch erweitert.

WISSEN

Einen Bruch erweitern heißt, Zähler und Nenner mit der gleichen Zahl zu multiplizieren. Der neue Bruch ist dann genau so groß wie der alte.

MERKE

Man kann nicht mit Null erweitern.

3

Zeichne 6-mal ein Rechteck mit den Seitenlängen 15 und 20 mm.
Kennzeichne jeweils den angegebenen Bruchteil farbig.
Überlege anschließend, wie viele Zwölftel du jeweils ausgemalt hast.

a) $\frac{1}{3} = \frac{\square}{12}$ **b)** $\frac{1}{4} = \frac{\square}{12}$ **c)** $\frac{1}{6} = \frac{\square}{12}$ **d)** $\frac{3}{4} = \frac{\square}{12}$ **e)** $\frac{2}{3} = \frac{\square}{12}$ **f)** $\frac{5}{6} = \frac{\square}{12}$

BEISPIEL

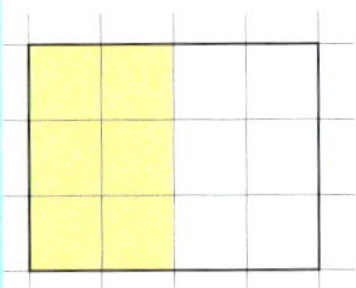

$\frac{1}{2} = \frac{6}{12}$

4

Gehe vor wie in Aufgabe 3 und ergänze die fehlenden Zahlen.

a) $\frac{1}{3} = \frac{\square}{15}$ **b)** $\frac{1}{5} = \frac{\square}{15}$ **c)** $\frac{2}{3} = \frac{\square}{15}$ **d)** $\frac{3}{5} = \frac{\square}{15}$ **e)** $\frac{4}{5} = \frac{\square}{15}$ **f)** $\frac{3}{3} = \frac{\square}{15}$

5

Mit welcher Zahl wurde erweitert?

a) $\frac{1}{7} = \frac{4}{28}$ **b)** $\frac{3}{5} = \frac{15}{25}$ **c)** $\frac{4}{9} = \frac{20}{45}$ **d)** $\frac{2}{6} = \frac{12}{36}$

e) $\frac{3}{8} = \frac{9}{24}$ **f)** $\frac{2}{3} = \frac{12}{18}$ **g)** $\frac{1}{9} = \frac{7}{63}$ **h)** $\frac{4}{5} = \frac{28}{35}$

i) $\frac{8}{7} = \frac{24}{21}$ **j)** $\frac{6}{7} = \frac{48}{56}$ **k)** $\frac{13}{15} = \frac{65}{75}$ **l)** $\frac{7}{8} = \frac{35}{56}$

6

Übertrage in dein Heft und setze die fehlenden Zahlen ein.

a) $\frac{4}{3} = \frac{\square}{15}$ **b)** $\frac{7}{8} = \frac{56}{\square}$ **c)** $\frac{11}{9} = \frac{44}{\square}$ **d)** $\frac{7}{25} = \frac{\square}{150}$

e) $\frac{6}{5} = \frac{24}{\square}$ **f)** $\frac{8}{7} = \frac{\square}{21}$ **g)** $\frac{7}{12} = \frac{48}{\square}$ **h)** $\frac{20}{125} = \frac{\square}{125}$

7

a) Erweitere die Brüche $\frac{7}{2}, \frac{2}{5}, \frac{1}{4}, \frac{7}{10}, \frac{4}{15}$ und $\frac{3}{20}$ so, dass der Nenner 20 (100, 30, 40, 50, 120, 150) wird.

b) Erweitere die Brüche $\frac{3}{2}, \frac{4}{3}, \frac{3}{4}, \frac{5}{6}, \frac{7}{9}$ und $\frac{7}{12}$ so, dass der Nenner 18 (27, 108, 72, 120, 144, 153) wird.

WISSEN

Beim **Erweitern von Brüchen** werden Zähler und Nenner mit der gleichen Zahl multipliziert.

$$\frac{4}{5} = \frac{4 \cdot 3}{5 \cdot 3} = \frac{12}{15}$$

Beim **Kürzen von Brüchen** werden Zähler und Nenner durch die gleiche Zahl dividiert.

$$\frac{6}{8} = \frac{6 : 2}{8 : 2} = \frac{3}{4}$$

BEISPIELE

$\frac{4}{5}$, $\frac{12}{15}$, $\frac{6}{8}$, $\frac{3}{4}$

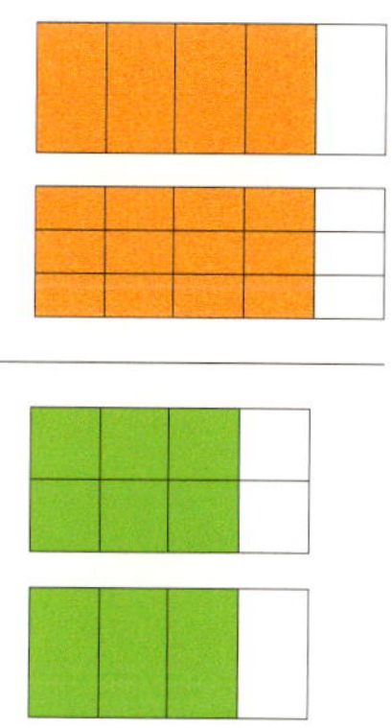

8

a) Kürze mit 4: $\frac{12}{16}, \frac{7}{8}, \frac{4}{92}, \frac{32}{58}, \frac{44}{96}, \frac{52}{30}, \frac{28}{36}, \frac{20}{4}, \frac{48}{56}, \frac{72}{16}, \frac{64}{108}, \frac{128}{68}$

b) Kürze mit 5: $\frac{15}{20}, \frac{60}{65}, \frac{35}{27}, \frac{75}{125}, \frac{115}{1\,000}, \frac{1}{5}, \frac{55}{45}, \frac{125}{30}, \frac{105}{70}, \frac{39}{40}, \frac{93}{120}, \frac{720}{360}$

c) Kürze mit 3: $\frac{18}{3}, \frac{27}{6}, \frac{15}{27}, \frac{33}{9}, \frac{105}{72}, \frac{84}{87}, \frac{120}{93}, \frac{69}{999}, \frac{123}{1023}, \frac{15003}{18}$

9

Gib die im Bild dargestellten Anteile mit möglichst einfachen Brüchen an.

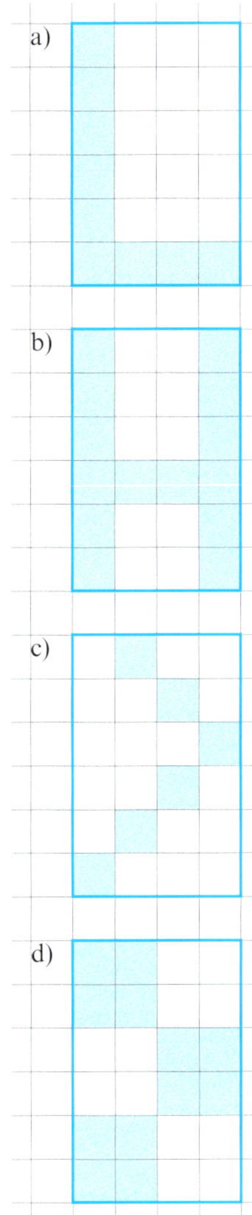

10

Kürze so, dass ein Bruch mit möglichst kleinem Nenner entsteht.

a) $\frac{8}{24}$ **b)** $\frac{28}{56}$ **c)** $\frac{35}{70}$ **d)** $\frac{24}{36}$ **e)** $\frac{12}{16}$ **f)** $\frac{42}{54}$

g) $\frac{6}{18}$ **h)** $\frac{30}{45}$ **i)** $\frac{14}{18}$ **j)** $\frac{33}{99}$ **k)** $\frac{28}{32}$ **l)** $\frac{25}{100}$

BEISPIEL

$\frac{24}{36}$ soll so weit wie möglich gekürzt werden.

1. Weg: Wir können schrittweise vorgehen. $\frac{24}{36} \overset{:2}{=} \frac{12}{18} \overset{:2}{=} \frac{6}{9} \overset{:3}{=} \frac{2}{3}$

2. Weg: Wir suchen der Reihe nach alle von 1 verschiedenen Teiler von 24 und 36.

Teiler von 24	2	3	4	6	8	12	24	
Teiler von 36	2	3	4	6	9	12	18	36

Wir erkennen: 12 ist die größte Zahl, durch die 24 und 36 teilbar sind.
Deshalb kürzen wir gleich mit 12: $\frac{24}{36} \overset{:12}{=} \frac{2}{3}$

11

Kürze so weit wie möglich.

a) $\frac{12}{48}$ **b)** $\frac{25}{100}$ **c)** $\frac{15}{45}$ **d)** $\frac{48}{56}$ **e)** $\frac{90}{54}$

f) $\frac{72}{60}$ **g)** $\frac{80}{100}$ **h)** $\frac{102}{136}$ **i)** $\frac{64}{80}$ **j)** $\frac{14}{77}$

k) $\frac{350}{1\,000}$ **l)** $\frac{56}{96}$ **m)** $\frac{75}{225}$ **n)** $\frac{312}{56}$ **o)** $\frac{51}{154}$

12

a) Erweitere die folgenden Brüche so, dass im Nenner 10, 100 oder 1 000 steht.
$\frac{3}{50}, \frac{17}{20}, \frac{3}{8}, \frac{6}{125}, \frac{15}{4}, \frac{1}{25}, \frac{76}{40}, \frac{7}{5}.$

b) Kürze oder erweitere die Brüche so, dass Zehnerbrüche entstehen.
$\frac{1}{2}, \frac{30}{50}, \frac{20}{25}, \frac{3}{4}, \frac{6}{3\,000}, \frac{7}{8}, \frac{3}{6}, \frac{5}{125}.$

c) Welche der Brüche lassen sich nicht in Zehnerbrüche umwandeln?
$\frac{6}{3}, \frac{15}{4}, \frac{4}{3}, \frac{5}{6}, \frac{11}{7}, \frac{35}{7}, \frac{124}{125}, \frac{3}{333}.$

MERKE
Brüche, die im Nenner eine Zehnerpotenz (10, 100, 1 000 …) haben, heißen **Zehnerbrüche**.

13^L

Erweitere die Brüche auf den angegebenen Nenner bzw. Zähler.

a) $\frac{3}{5} = \frac{\square}{45}$ **b)** $\frac{5}{14} = \frac{\square}{126}$ **c)** $\frac{9}{11} = \frac{\square}{143}$ **d)** $1\frac{2}{3} = \frac{\square}{33}$ **e)** $\frac{21}{49} = \frac{63}{\square}$

f) $2\frac{1}{7} = \frac{45}{\square}$ **g)** $\frac{5}{4} = \frac{\square}{100}$ **h)** $\frac{0}{7} = \frac{\square}{161}$ **i)** $\frac{12}{65} = \frac{60}{\square}$ **j)** $\frac{16}{20} = \frac{\square}{30}$

14^L

Kürze soweit wie möglich.

a) $\frac{9}{21}$ **b)** $\frac{16}{20}$ **c)** $\frac{36}{450}$ **d)** $\frac{12}{10}$ **e)** $\frac{273}{26}$ **f)** $\frac{455}{1000}$

g) $\frac{6}{18}$ **h)** $\frac{8}{44}$ **i)** $\frac{67}{5}$ **j)** $\frac{15}{6}$ **k)** $\frac{147}{273}$ **l)** $\frac{25}{67}$

15

Richtig oder falsch?

a) $\frac{3}{4} = \frac{14}{16}$ **b)** $\frac{25}{1000} = \frac{1}{40}$ **c)** $\frac{31}{10} = 3\frac{4}{40}$ **d)** $\frac{20}{35} = \frac{12}{2}$

e) $\frac{0}{13} = \frac{0}{14}$ **f)** $\frac{21}{14} = \frac{9}{6}$ **g)** $\frac{202}{100} = 2\frac{1}{50}$ **h)** $\frac{19}{8} = \frac{56}{24}$

16

Welche Steine lassen sich aneinanderfügen? Wer es schafft ist …!

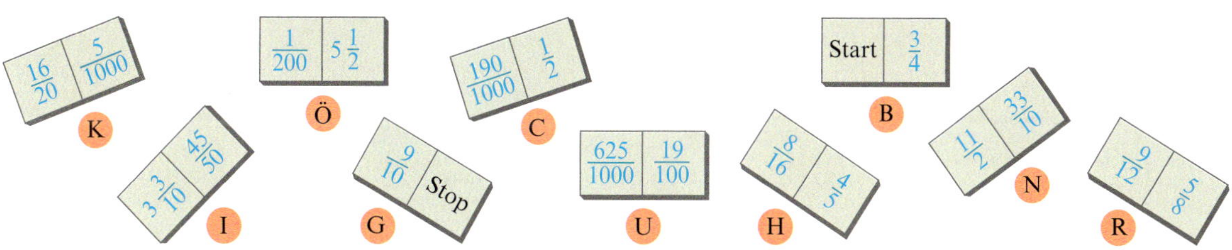

17

Bilde mit den Zahlen 2, 4, 5 und 8 alle möglichen Brüche, die folgende Bedingungen erfüllen:

a) Die Brüche kann man nur mit 2 kürzen.
b) Die Brüche kann man mit 2 und mit 4 kürzen.
c) Die Brüche kann man mit 3 kürzen.
d) Die Brüche sind vollständig gekürzt.

18

Which fraction of the picture is coloured red?
Extra: In the same picture you can see either 6 or 7 cubes. Try to switch your eyes by using the red sides either as top or as bottom of the cubes.

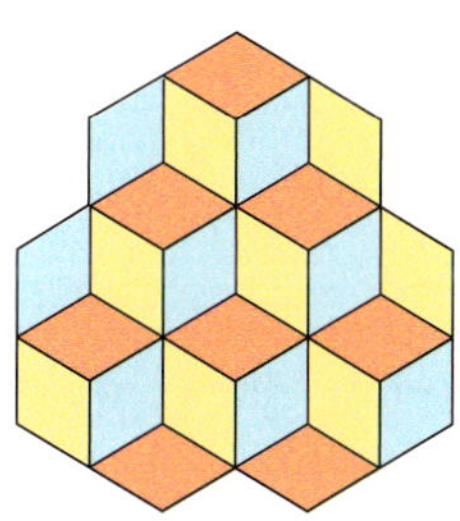

HINWEIS
Vokabeln zu Aufgabe 18:

fraction: Bruchteil
either ... or: entweder … oder
cube: Würfel
to switch: umschalten
bottom: Unterseite

Vergleichen von Brüchen

1

Um Geld für einen Landschulheimaufenthalt zu sammeln, will die Klasse 5d an ihrer Schule einen Kuchenbasar veranstalten. Dazu soll jeder einen Kuchen mitbringen. Auch Matthias und Lukas backen mit ihren Müttern.

a) Welcher Junge benötigt mehr Milch?
Welcher Junge verwendet mehr Sahne?

b) Eine Tüte Mehl enthält 1 kg Mehl.
Reicht es, wenn Matthias und Lukas je eine Tüte kaufen?

c) Wessen Kuchen muss länger im Ofen bleiben?

INFORMATIONEN
zu Aufgabe 1:

In Lukas' Rezept steht:
$\frac{1}{4}$ l Milch, $\frac{3}{8}$ l Sahne, $\frac{3}{4}$ kg Mehl, $\frac{1}{2}$ Stück Butter, 3 Eier.

Lukas' Kuchen ist nach 30 min fertig.

Matthias benötigt:
$\frac{1}{2}$ l Milch, $\frac{1}{3}$ Stück Butter, $1\frac{1}{4}$ kg Mehl, $\frac{1}{4}$ l Sahne, 2 Eier.

Matthias' Kuchen muss eine $\frac{3}{4}$ h im Ofen bleiben.

2

Lukas' Torte teilen die Kinder in 12 Stücke. Susi kauft 3 Stücke, Holger isst 2 Stücke und Herr Keil, der Hausmeister, nimmt vier Stücke für den Nachmittagskaffee mit nach Hause.
Gib jeweils den Bruchteil der Tortenstücke an und vergleiche.

3

Matthias' Kuchen ist ein Blechkuchen. Frau Hanke, die Klassenlehrerin teilt den Kuchen in Einzelstücke.
Frau Lehmann, die Sekretärin, kauft ein Viertel, Hannes und Rita aus der 10. Klasse ein Drittel und der Sportlehrer Herr Junge ein Sechstel des Kuchens. Wer kauft den größten Teil des Kuchens?

4

Gib zu jedem der gegebenen Brüche fünf weitere Brüche an, die den gleichen Bruchteil bezeichnen.

a) $\frac{3}{7}$ **b)** $\frac{2}{10}$ **c)** $\frac{9}{6}$ **d)** $\frac{18}{20}$ **e)** $1\frac{1}{2}$ **f)** $5\frac{3}{4}$

g) $\frac{2}{3}$ **h)** $\frac{15}{12}$ **i)** $2\frac{3}{5}$ **j)** $\frac{19}{18}$ **k)** $\frac{21}{28}$ **l)** $\frac{75}{100}$

5

Gleich viel oder nicht? Entscheide, indem du die Brüche erweiterst oder kürzt.

a) $\frac{80}{100}$ und $\frac{4}{5}$ **b)** $\frac{7}{14}$ und $\frac{1}{2}$ **c)** $\frac{15}{35}$ und $\frac{28}{49}$ **d)** $\frac{6}{4}$ und $\frac{9}{6}$

e) $\frac{8}{16}$ und $\frac{12}{24}$ **f)** $\frac{18}{27}$ und $\frac{4}{6}$ **g)** $\frac{60}{100}$ und $\frac{3}{5}$ **h)** $\frac{1}{3}$ und $\frac{5}{15}$

i) $\frac{6}{8}$ und $\frac{9}{12}$ **j)** $\frac{35}{56}$ und $\frac{24}{64}$ **k)** $\frac{15}{45}$ und $\frac{2}{6}$ **l)** $\frac{14}{8}$ und $\frac{35}{20}$

6

Welche Anteile sind im nebenstehenden Bild jeweils durch die markierten Flächen veranschaulicht? Vergleiche sie der Reihe nach miteinander.

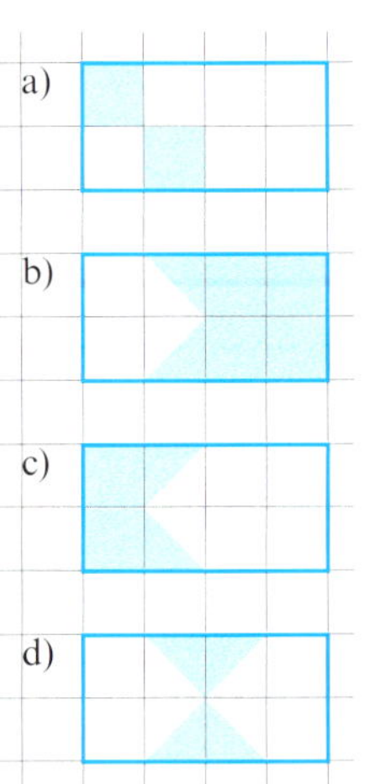

7

Vergleiche die Brüche miteinander.

a) $\frac{1}{8}$; $\frac{4}{8}$ und $\frac{7}{8}$ **b)** $\frac{3}{4}$; $\frac{4}{4}$ und $\frac{1}{2}$ **c)** $\frac{3}{8}$; $\frac{9}{8}$ und $1\frac{5}{8}$ **d)** $\frac{3}{2}$; $1\frac{3}{8}$ und $\frac{5}{4}$

TIPP
Verwende Kreisteile.

WISSEN

Besonders gut lassen sich Brüche mit gleichem Nenner vergleichen, z. B. $\frac{2}{7} < \frac{5}{7}$, $\frac{8}{9} > \frac{7}{9}$.

Brüche mit gleichem Nenner heißen **gleichnamige** Brüche.

Brüche mit unterschiedlichen Nennern heißen **ungleichnamige** Brüche.

BEISPIEL

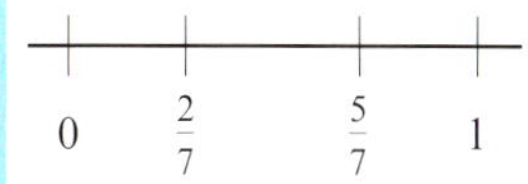

$\frac{2}{7} < \frac{5}{7}$, denn $\frac{2}{7}$ liegt weiter links.

8

Gib zu den folgenden Brüchen jeweils einen Bruch an, der kleiner ist und einen Bruch, der größer ist als der gegebene Bruch.

a) $\frac{2}{5}$ **b)** $\frac{5}{8}$ **c)** $\frac{9}{10}$ **d)** $\frac{13}{12}$ **e)** $1\frac{1}{2}$ **f)** $\frac{1}{6}$

g) $\frac{4}{7}$ **h)** $\frac{10}{11}$ **i)** $\frac{13}{9}$ **j)** $\frac{0}{3}$ **k)** $\frac{1}{5}$ **l)** $2\frac{1}{3}$

9

Vergleiche die Brüche miteinander. Übertrage sie in dein Heft und setze das richtige Zeichen (<, = oder >) ein.

a) $\frac{3}{4}$ ▢ $\frac{1}{4}$ **b)** $\frac{14}{3}$ ▢ $\frac{13}{3}$ **c)** $\frac{7}{9}$ ▢ $\frac{7}{9}$ **d)** $\frac{9}{7}$ ▢ 1

e) $\frac{9}{100}$ ▢ $\frac{99}{100}$ **f)** $\frac{13}{7}$ ▢ 2 **g)** $2\frac{1}{6}$ ▢ $2\frac{5}{6}$ **h)** $\frac{1}{3}$ ▢ $\frac{1}{4}$

i) $\frac{3}{4}$ ▢ $\frac{4}{3}$ **j)** $\frac{1}{2}$ ▢ $\frac{3}{4}$ **k)** $\frac{2}{7}$ ▢ $\frac{4}{7}$ **l)** $\frac{9}{8}$ ▢ $\frac{8}{8}$

m) $\frac{401}{10}$ ▢ $\frac{399}{10}$ **n)** $\frac{5}{4}$ ▢ $1\frac{1}{4}$ **o)** $2\frac{1}{7}$ ▢ $\frac{13}{7}$ **p)** 5 ▢ $\frac{20}{4}$

q) $\frac{3}{4}$ ▢ $\frac{7}{7}$ **r)** $\frac{3}{5}$ ▢ $\frac{3}{10}$ **s)** $\frac{7}{6}$ ▢ $\frac{6}{7}$ **t)** $\frac{1}{3}$ ▢ $\frac{3}{6}$

TIPP
Veranschauliche die Brüche grafisch z. B. mithilfe von Kreisen oder Rechtecken.

10

Zu Irinas Geburtstagsfeier veranstalten ihre Eltern eine Tombola, bei der es keine Nieten gibt, nur Trostpreise und Hauptgewinne.
Eine erste Lostrommel steht im Garten und enthält 24 Lose, von denen 18 Trostpreise sind.
Die zweite Lostrommel verwaltet ihre Mutter in der Küche, in dieser Trommel sind ein Viertel der 20 Lose Hauptgewinne.
Welche Lostrommel bietet eine größere Chance, einen Hauptgewinn zu ziehen?

11[L]

Folgende Brüche sind nicht gleichnamig. Trotzdem kann man sie leicht miteinander vergleichen.
Vergleiche die Brüche miteinander und begründe deine Antwort.

a) $\frac{1}{3}$ und $\frac{1}{5}$ **b)** $\frac{11}{9}$ und $\frac{11}{8}$ **c)** $\frac{3}{5}$ und $\frac{3}{7}$ **d)** $\frac{5}{6}$ und $\frac{7}{7}$

e) $\frac{1}{4}$ und $\frac{1}{8}$ **f)** $\frac{6}{10}$ und $\frac{6}{12}$ **g)** $\frac{2}{3}$ und $\frac{2}{7}$ **h)** $\frac{5}{5}$ und $\frac{9}{7}$

HINWEIS
Durch Erweitern oder Kürzen kann man ungleichnamige Brüche gleichnamig machen, beispielsweise:
$\frac{3}{2}$ und $\frac{5}{4}$ sind ungleichnamig,
$\frac{3}{2}$ erweitert mit 2 ist $\frac{6}{4}$,
$\frac{6}{4}$ und $\frac{5}{4}$ sind gleichnamig.

12

Mache die Brüche zunächst gleichnamig. Vergleiche sie dann miteinander.

a) $\frac{1}{3}$ und $\frac{4}{9}$ **b)** $\frac{3}{4}$ und $\frac{5}{8}$ **c)** $\frac{5}{8}$ und $\frac{1}{2}$ **d)** $\frac{2}{3}$ und $\frac{5}{6}$

e) $\frac{1}{5}$ und $\frac{4}{15}$ **f)** $\frac{7}{10}$ und $\frac{3}{5}$ **g)** $\frac{1}{2}$ und $\frac{3}{6}$ **h)** $\frac{4}{9}$ und $\frac{7}{18}$

13

Übertrage in dein Heft. Setze das richtige Zeichen (<, >, =) ein.

a) $\frac{6}{4} \square \frac{18}{12}$ **b)** $\frac{2}{5} \square \frac{3}{15}$ **c)** $\frac{3}{4} \square \frac{12}{17}$ **d)** $2\frac{3}{5} \square \frac{80}{25}$

e) $\frac{13}{10} \square \frac{99}{100}$ **f)** $\frac{28}{91} \square \frac{4}{43}$ **g)** $\frac{17}{19} \square \frac{41}{43}$ **h)** $\frac{19}{17} \square \frac{43}{41}$

14[L]

Übertrage in dein Heft und setze passende Zahlen ein.

a) $\frac{8}{5} > \frac{\square}{6} > \frac{5}{\square} > \frac{5}{8}$ **b)** $\frac{7}{10} < \frac{7}{\square} < \frac{\square}{7} < \frac{13}{11}$ **c)** $\frac{1}{2} < \frac{\square}{6} < \frac{6}{\square} < 2$

15[L]

Auf einem Glücksrad mit 8 gleich großen Feldern sind die Zahlen 12, 15, 25, 42, 45, 60, 75 und 100 eingetragen.
Beschreibe die Chance für die folgenden Stellungen des Glücksrades jeweils durch einen Bruch und vergleiche sie miteinander.

a) Die Zahl ist gerade oder durch 3 teilbar.
b) Die Zahl ist nicht durch 5 teilbar.
c) Die Quersumme der Zahl ist kleiner als 7.

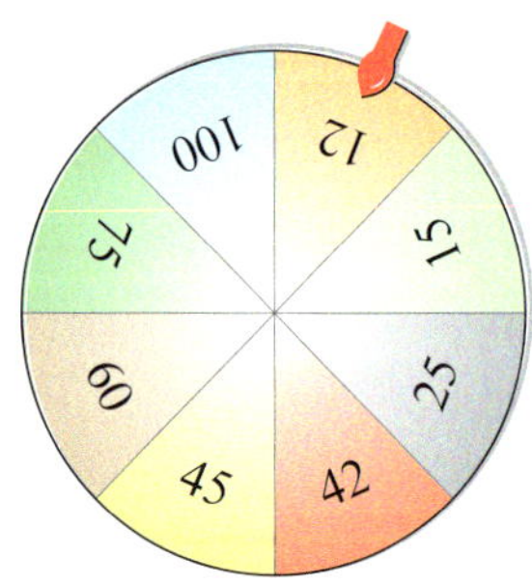

16[L]

Ein Zauberer benötigt für einen Trick weiße, schwarze und rote Kugeln. In der undurchsichtigen Kiste befinden sich 70 Kugeln. $\frac{4}{7}$ davon sind weiße Kugel, $\frac{3}{10}$ davon schwarze.

a) Sind mehr weiße oder mehr schwarze Kugeln in der Kiste?
b) Peter sagt: „Der siebente Teil der Kugeln ist von roter Farbe.“ Hat er Recht? Was meinst du?

Teste dich!

1

Welcher Anteil wurde eingefärbt? Gib jeweils einen Bruch an.

a) 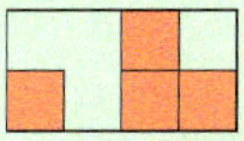
b) 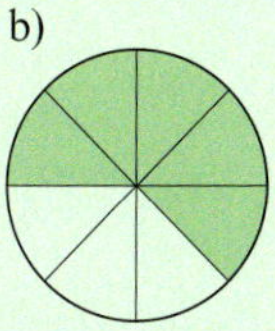
c) 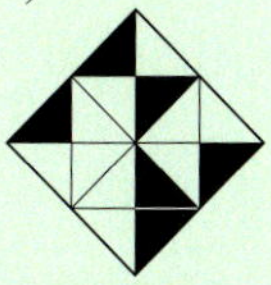
d) 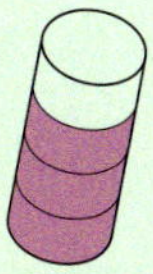
e) 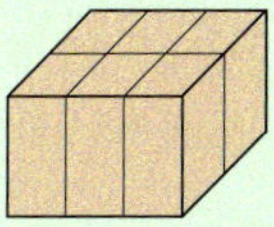
f) 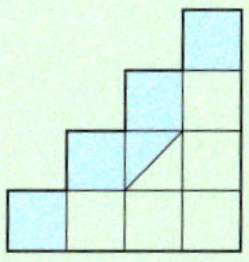

2

Veranschauliche folgende Brüche an Rechtecken.

a) $\frac{1}{2}$ **b)** $\frac{7}{10}$ **c)** $\frac{3}{5}$ **d)** $\frac{75}{100}$ **e)** $\frac{5}{10}$ **f)** $\frac{1}{3}$ **g)** $\frac{7}{5}$ **h)** $\frac{8}{12}$

3

Gib die blau gefärbten Anteile mit jeweils zwei verschiedenen Brüchen an.

a) 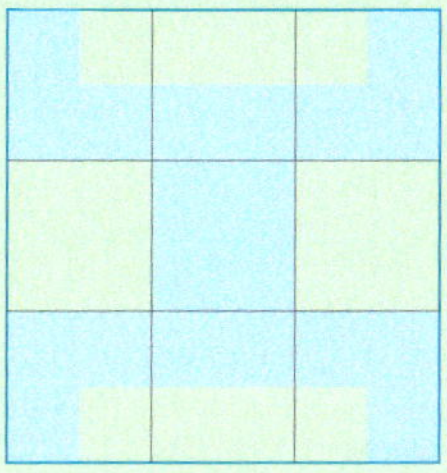
b) 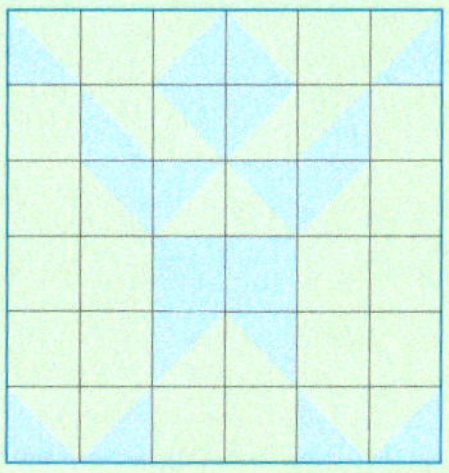
c) 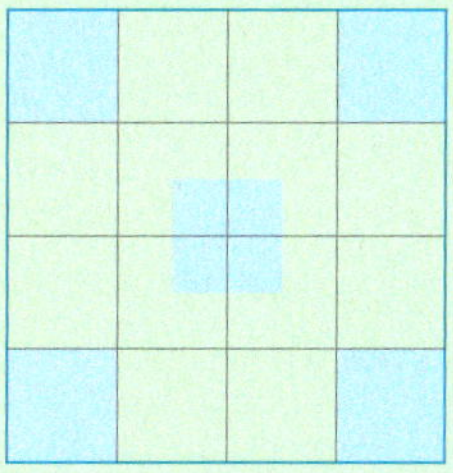

4

Entscheide, ob der zweite Bruch durch Erweitern oder durch Kürzen aus dem ersten hervorgeht. Wenn ja, dann gib die Zahl an, mit der erweitert bzw. gekürzt wurde.

a) $\frac{3}{4} \longrightarrow \frac{15}{20}$ **b)** $\frac{2}{5} \longrightarrow \frac{8}{20}$ **c)** $\frac{12}{3} \longrightarrow \frac{13}{4}$

d) $\frac{45}{125} \longrightarrow \frac{9}{25}$ **e)** $\frac{24}{28} \longrightarrow \frac{7}{6}$ **f)** $\frac{22}{100} \longrightarrow \frac{220}{110}$

5

Welcher Bruchteil ist das? Kürze so weit wie möglich.

a) Susanne hat schon 312 Seiten ihres 390 Seiten langen Romans gelesen.
b) Bei einem Haus sind 126 m² von insgesamt 336 m² Außenfläche verglast.
c) Der Mensch schläft täglich ca. 8 Stunden.
d) Von 12 Flaschen sind schon 8 leer.

HINWEISE

1) Versuche zunächst, die Aufgaben ohne Hilfestellung zu lösen.

2) Wenn du doch Hilfe benötigst, findest du auf der angegebenen Seite ein Beispiel oder eine Anregung zum Lösen der Aufgabe.

Aufgabe	Seite
1	169
2	170
3	170/183
4	183
5	174/183

3) Im Anhang ab Seite 218 findest du die Lösungen der Aufgaben. Vergleiche deine Ergebnisse mit diesen Lösungen und überprüfe so deinen Lernstand.

ZUSAMMENFASSUNG

Brüche

Teile von Ganzen werden durch Brüche bezeichnet.

Zu einem Bruch gehören:

Zähler, Bruchstrich, Nenner: $\frac{5}{6}$

Das Ganze wird in 6 gleiche Teile zerlegt. (Nenner)

5 der 6 gleichen Teile sind ausgewählt. (Zähler)

Beispiel:

$\frac{1}{4}$  $\frac{2}{4}$ 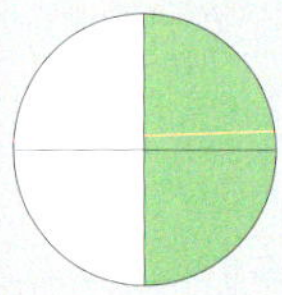 $\frac{3}{4}$ 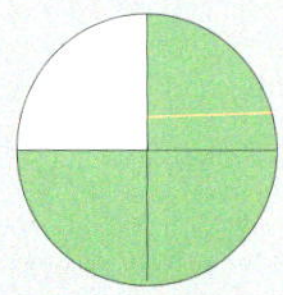 $\frac{4}{4}$ 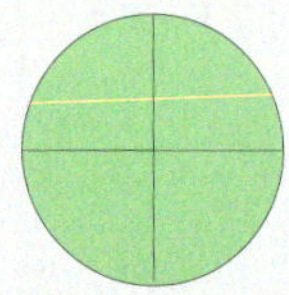

Brüche, bei denen der Zähler kleiner ist als der Nenner, heißen **echte Brüche**.

$\frac{3}{5}$ 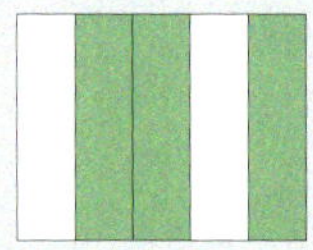 $\frac{3}{4}$ 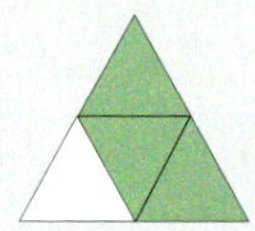

Brüche, bei denen der Zähler größer ist als der Nenner, heißen **unechte Brüche**.

$\frac{4}{3}$ 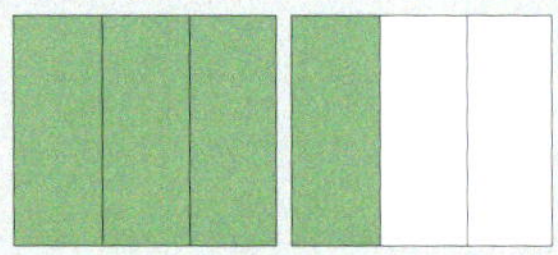 $\frac{3}{2}$ 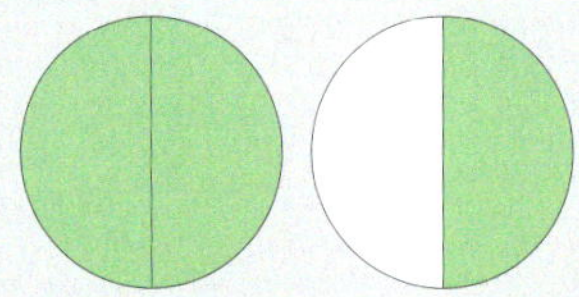

Unechte Brüche lassen sich als **gemischte Zahlen** schreiben.

Beispiele:

$\frac{4}{3}$ sind ein Ganzes und $\frac{1}{3}$. Man schreibt: $\frac{4}{3} = 1\frac{1}{3}$.

$\frac{17}{6}$ sind zwei Ganze und $\frac{5}{6}$. Man schreibt: $\frac{17}{6} = 2\frac{5}{6}$.

Brüche, bei denen Zähler und Nenner gleich groß sind, stellen **ein Ganzes** dar.

$\frac{3}{3}$ 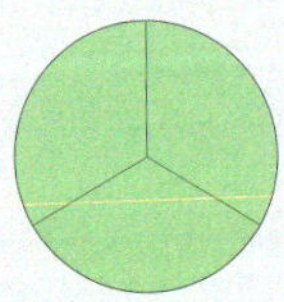 $\frac{2}{2}$  $\frac{4}{4}$ 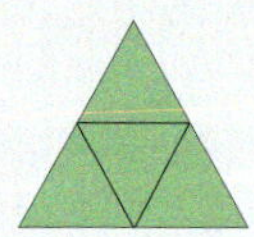

Erweitern und Kürzen

Einen Bruch erweitern heißt, Zähler und Nenner mit der gleichen Zahl zu multiplizieren. Der neue Bruch ist dann genau so groß, wie der alte Bruch.

$$\frac{3}{8} = \frac{3 \cdot 2}{8 \cdot 2} = \frac{6}{16}$$

Einen Bruch kürzen heißt, Zähler und Nenner durch die gleiche Zahl zu teilen. Der neue Bruch ist auch hier genau so groß, wie der alte Bruch.

$$\frac{27}{6} = \frac{27 : 3}{6 : 3} = \frac{9}{2}$$

Daten sammeln und auswerten

Statistische Untersuchungen

1

Untersucht gemeinsam in eurer Klasse, ob es Monate gibt, in denen besonders viele oder besonders wenige Kinder Geburtstag haben.

2

Untersucht das Interesse in eurer Klasse für Tischtennis. Tragt eure Ergebnisse in eine Tabelle wie die folgende ein und stellt sie in einem Diagramm dar.

großes Interesse	gelegentliches Interesse	kein Interesse

BEISPIEL

Die Kinder der Klasse 5 a haben eine Umfrage zu ihren Haustieren durchgeführt. Eine der dabei gestellten Fragen war, wie viele Tiere insgesamt zu Hause gehalten werden. Die Ergebnisse der Umfrage lauten:
1; 0; 0; 8; 2; 1; 2; 0; 11; 1; 2; 0; 1; 6; 3; 1; 2; 0; 1; 1; 2; 0; 2; 0; 1; 1.

Dalmatiner

Da diese **Urliste** der Ergebnisse unübersichtlich ist, erstellen sie zuerst eine **Strichliste** und dann aus der Strichliste eine **Häufigkeitstabelle**.

Anzahl der Tiere	0	1	2	3	6	8	11
Häufigkeit	𝍸 II	𝍸 IIII	𝍸 I	I	I	I	I
Häufigkeit	7	9	6	1	1	1	1

Die jeweils nur einmal vorkommenden Anzahlen 3, 6, 8 und 11 werden in einer Spalte „3 und mehr Tiere“ **zusammengefasst**.

Anzahl der Tiere	0	1	2	3 und mehr
Häufigkeit	7	9	6	4

Um die gesammelten Daten aus dieser Häufigkeitstabelle anschaulich darstellen zu können, kann man dazu noch ein **Streifendiagramm** zeichnen.

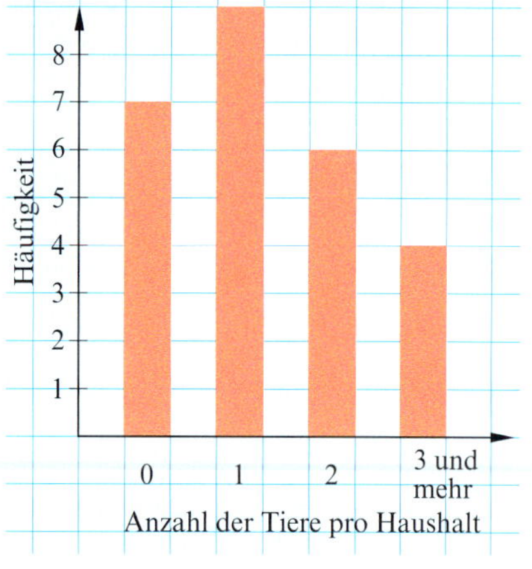

3

a) Führt dieselbe Befragung wie im Beispiel in eurer Klasse durch.
b) Wie viele Stunden verbringt ihr in einer Woche durchschnittlich vor dem Fernseher? Wertet eure Ergebnisse wie im Beispiel aus.

4

Nora, Sophie und Robin arbeiten in der Redaktion einer Schülerzeitung. Sie wollen in der nächsten Ausgabe darüber berichten, wie die Schüler der 5. Klassen die Freizeit verbringen. Dazu haben sie einen Fragebogen entwickelt und die Antworten der Mitschüler ausgewertet (s. unten stehende Übersicht).
Was können Nora, Sophie und Robin in der nächsten Ausgabe berichten?

Frage 1: **Welche Spiele sind dir am liebsten?**

Brettspiele	Sportspiele	Computerspiele	andere
2	15	10	3

Frage 2: **Hilfst du im Haushalt?**

gar nicht	etwas	ziemlich viel	sehr viel
2	13	12	3

Frage 3: **Wofür verwendest du Computer am meisten?**

Spielen	Chatten	Informationen	gar nicht
9	10	6	5

Frage 4: **Wie viel Zeit sitzt du täglich vor dem Fernseher?**

bis 1 h	bis 2 h	bis 3 h	mehr als 3 h
12	15	2	1

5L

Nach dem Ende eines Filmes wurden die Besucher in zwei Kinos gefragt, wie ihnen der Film gefallen hat. Es wurde geantwortet (s. Tabelle):
In welchem Kino gefiel der Film den Zuschauern besser?

	gut	mäßig	gar nicht
Kino 1	50	100	75
Kino 2	30	20	10

6

Die Sportlehrerin der Klasse 5d hat die Weitsprungergebnisse der letzten Sportstunde in einer Tabelle zusammengefasst. Tim behauptet, dass die Jungen der 5d besser abgeschnitten haben als die Mädchen.
Stimmt das?

Beate	3,50
Egon	3,32
Istvàn	3,66
Ute	3,71
Celia	3,25

Jörg	3,54
Anja	3,99
Fritz	3,30
Wolfgang	4,02
Inge	3,98

Sabine	3,85
Nadja	3,60
Susanne	3,87
Ingo	3,46
Otto	2,77

Bernd	3,08
Amaysia	3,59
Konrad	3,10
Philip	3,98
Giovanni	3,36

Ein Blick in die Natur

Die Ostsee – ein Meer stellt sich vor

Ostsee im Überblick

Die Ostsee bei Rügen (Kap Arkona)

Die Ostsee ist ein sehr junges Meer. Sie entstand in ihrer heutigen Form erst nach der letzten Eiszeit, vor etwa 12 000 Jahren, lange nach der Nordsee und den Ozeanen.
In der folgenden Tabelle findest du einige wichtige Daten, um die Ostsee mit anderen Meeren zu vergleichen. Der Vergleich mit dem Roten Meer ist interessant, weil es etwa eine gleich große Oberfläche wie die Ostsee hat.

	Ostsee	Nordsee	Rotes Meer
Wasservolumen in km^3	22 000	54 000	540 000
mittlere Tiefe in m	55	93	1 300
tiefste Stelle in m	473	725	2 635
mittlerer Salzgehalt in Gramm pro Liter	8	35	40

In jedem Jahr fließen etwa 438 km^3 Flusswasser in die Ostsee. Die wichtigsten Flüsse zur Ostsee und ihren Wassereinfluss kannst du dem Diagramm in der Randspalte entnehmen.
Flusswasser ist Süßwasser, Ostseewasser ist dagegen schon seit 10 000 Jahren schwach salzhaltig. Der Salzgehalt kommt von dem ständigen Wasseraustausch mit der angrenzenden salzreichen Nordsee (siehe dazu das Bild zu Aufgabe 5). Alle Lebewesen, vom Bakterium, über das Plankton bis zu den Muscheln und Fischen, sind an den Salzgehalt angepasst. Sie können in ihrer heutigen Vielfalt nur leben, wenn der Salzgehalt nahezu gleich bleibt und keine giftigen Verunreinigungen in die Ostsee gelangen.

Jährlicher Wassereinfluss einiger Flüsse in die Ostsee in km^3

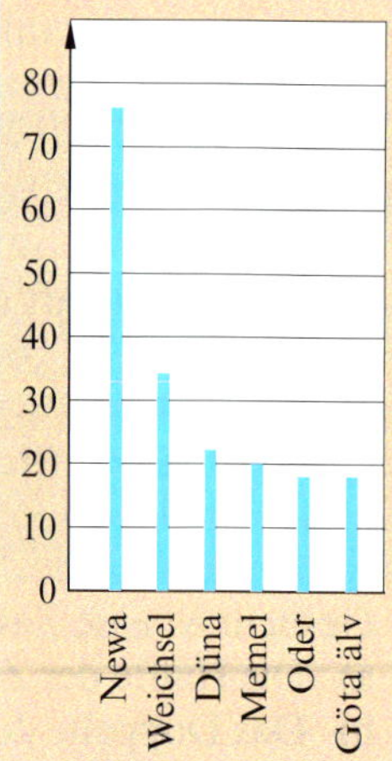

HINWEIS
1 km^3 (Kubikkilometer) kann man sich vorstellen als den Rauminhalt eines Würfels mit 1 km Kantenlänge.

1

Informiert euch und sammelt Material. Bereitet einen kurzen Vortrag vor.

a) Sucht im Atlas eine Karte der Ostsee. Welche Länder liegen an der Ostsee? Sucht auch die im Diagramm genannten Flüsse im Atlas.

b) Wo bestehen Verbindungen zwischen Nord- und Ostsee?

c) Findet ihr im Lexikon, in Zeitschriften oder Büchern weitere interessante Informationen über die Ostsee? Berichtet auch über eigene Erlebnisse an oder auf der Ostsee. Bringt Bildmaterial zur Schule mit.

Fährhafen von Helsingör, Dänemark

2

a) Schätze die Größe der von der Ostsee bedeckten Fläche (s. TIPP).

b) Vergleiche das Wasservolumen der Ostsee mit dem der beiden anderen Meere aus der Tabelle. Gib das Ergebnis als Verhältnis an.

c) Warum enthält das Rote Meer trotz etwa gleich großer Oberfläche so viel mehr Wasser?

TIPP

Zeichne auf Transparentpapier ein Quadratgitter mit 1 cm Linienabstand. Lege es auf die Karte und zähle die Fläche aus. Wie lang ist die Seite eines Quadrates in Wirklichkeit?

3

a) Stelle zum Diagramm „Jährlicher Wassereinfluss einiger Flüsse in die Ostsee" die dazugehörige Wertetabelle auf.

b) Wie viel Liter Süßwasser fließen aus der Newa und aus der Oder durchschnittlich pro Sekunde in die Ostsee? Wie vielen Wassereimern (10 Liter) entspricht das?

4

Stellt selbst kleine Mengen „Ostsee-" und „Nordseewasser" her. Stellt auch Wasser des Toten Meeres her. Das Wasser des Toten Meeres hat einen mittleren Salzgehalt von ca. 250 g pro Liter. Kostet von den Meerwassersorten.

5

a) Erläutere, wieso der Salzgehalt der Ostsee nahezu gleich bleibt.

b) Wie viel Liter „Nordseewasser" benötigt die Ostsee, um 100 Liter Flusswasser in „Ostseewasser" umzuwandeln?

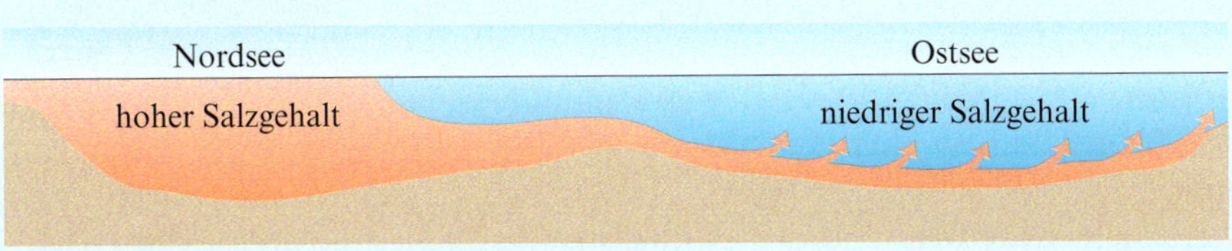

Wasseraustausch zwischen Nord- und Ostsee

INFORMATION

Der größte Teil des Salzes in den Meeren ist Salz, wie du es vom Kochen kennst. In kleineren Mengen kommen aber auch andere Salze vor, die dem Meerwasser u. a. einen bitteren Beigeschmack geben.

Daten darstellen und auswerten

1

Eine Befragung nach der Dauer des Schulweges ergab in Klasse 6 b folgende Urliste (Angaben in Minuten):
7, 5, 6, 10, 12, 8, 13, 12, 9, 8, 21, 24, 10, 12, 5, 18, 14, 7, 9, 15, 6, 20, 11

a) Lege zu den Daten eine Strichliste und eine Häufigkeitstabelle an. Fasse dafür die Wegzeiten 5 min bis 9 min, 10 min bis 14 min, 15 min bis 19 min und 20 min bis 24 min jeweils in einer Spalte zusammen.
b) Veranschauliche das Ergebnis in einem Streifendiagramm.
c) Ermittle das arithmetische Mittel für die Dauer des Schulweges.
d) Vergleiche die Dauer deines Schulweges mit dem Wert aus Aufgabe c).

ERINNERE DICH
Um das **arithmetische Mittel** einer Datenreihe zu berechnen, musst du alle Werte addieren und die Summe durch die Anzahl der Werte dividieren.

2

In Sabines Klasse wurden alle Schultaschen gewogen und die Messergebnisse notiert. Hier die Urliste (Angaben in kg): 2,8; 4,5; 3,2; 5,1; 4,3; 2,9; 4,8; 4,9; 3,9; 4,1; 3,7; 4,3; 4,6; 3,8; 3,4; 2,4; 2,9; 4,2; 2,5; 3,1; 4,0; 4,7

a) Ordne die Werte mithilfe einer Strichliste den folgenden Bereichen zu: „unter 2,5 kg“, „2,5 kg bis 2,9 kg“, „3,0 kg bis 3,4 kg“, „3,5 kg bis 3,9 kg“, „4,0 kg bis 4,4 kg“, „4,5 kg bis 4,9 kg“, „5,0 kg und mehr“.
b) Erstelle ein Streifendiagramm. Nimm für 1 kg zwei Kästchen.
c) Wie groß ist der Unterschied zwischen der schwersten und der leichtesten Schultasche?
d) Ermittle den Mittelwert der Massen der Schultaschen.

WISSEN
Die Differenz zwischen dem größten und dem kleinsten ermittelten Wert nennt man **Spannweite**.

3[L]

Alle Schüler der 5 c haben ihre Körpergröße gemessen. Bianca hat die Werte in der folgenden Urliste zusammengestellt (Angaben in cm).
138, 145, 150, 121, 130, 134, 152, 148, 130, 134, 140, 151, 125, 147, 133, 142, 144, 129, 155, 142, 139, 146, 139, 153, 149, 137, 135, 147

a) Berechne die Spannweite der Körpergrößen.
b) Zerlege den Bereich 121 cm bis 160 cm in vier gleich breite Klassen und ordne die Urlistenwerte in die Klassen ein (Strichliste!).
c) Stelle eine Häufigkeitstabelle auf und zeichne das zugehörige Streifendiagramm. Nimm 1 Kästchen für 10 cm.

4

Sammelt Daten zur Anzahl eurer Pulsschläge während einer Minute.

a) Erstellt eine Häufigkeitstabelle. Überlegt euch dazu, wie ihr die Daten in Klassen unterteilen könnt.
b) Berechnet die Spannweite, den Mittelwert und den Zentralwert der gesammelten Daten. Welche dieser Werte sind aussagekräftig? Begründe.

ERINNERE DICH
5 ist der Zentralwert der Datenreihe 1; 2; 4; 5; 6; 8; 10.

5

a) Geht in verschiedene Lebensmittelläden und notiert euch jeweils den Preis für 250 g Butter, 1 Flasche Cola oder von anderen Dingen, die ihr häufig kauft.
b) Ermittelt für jedes Produkt den mittleren Preis und die Spannweite der Preise.
c) Bildet für jedes Produkt Preisklassen. Erfasst dann deren Häufigkeit in Tabellen und zeichnet Streifendiagramme.

INFORMATION
Wenn statistische Daten nicht direkt zugänglich sind oder die Datenmenge sehr groß ist, untersucht man eine **Stichprobe**. Mit den Ergebnissen der Stichprobe kann man näherungsweise Werte für die gesamte Menge berechnen, z. B. bei Hochrechnungen von Meinungsumfragen.

6^L

Sind eure Ergebnisse aus Aufgabe 13 aussagekräftig, wenn sie als Preisstatistik für die gesamte Bundesrepublik verwendet werden? Begründe deine Meinung.

7

In Deutschland gibt es insgesamt 13 Nationalparks.

Bundesland	Fläche in 1000 km²	Nationalpark	Fläche in km²
Bayern	70,6	Bayerischer Wald	243
		Berchtesgaden	208
Brandenburg	29,5	Unteres Odertal	106
Hamburg	0,8	Hamburgisches Wattenmeer	117
Mecklenburg-Vorpommern	23,2	Jasmund	30
		Müritz	318
		Vorpommersche Boddenlandschaft	805
Niedersachsen	47,6	Harz	158
		Niedersächsisches Wattenmeer	2 342
Sachsen	18,4	Sächsische Schweiz	93
Sachsen-Anhalt	20,4	Hochharz	59
Schleswig-Holstein	15,8	Schleswig-Holsteinisches Wattenmeer	2 730
Thüringen	16,2	Hainich	76

AUFGABE
Ermittelt mithilfe einer Stichprobe, welche Farbe bei Kleidungsstücken von Kindern in euerm Alter am häufigsten auftritt.

a) Berechne die mittlere Fläche eines Nationalparks in Deutschland sowie den Zentralwert der Nationalparkflächen. Vergleiche beide Werte.
b) Ermittle das Bundesland, bei dem der Anteil der Nationalparkfläche an der Gesamtfläche am größten ist.
c) Welche Bundesländer haben keinen Nationalpark?
d) Überprüfe die folgende Aussage: „In den neuen Bundesländern gibt es mehr Nationalparks als in den alten Bundesländern. Außerdem ist der Anteil der Nationalparks an der Gesamtfläche der neuen Bundesländer größer als in den alten Bundesländern.“
(*Hinweis:* Die Gesamtfläche der alten Bundesländer beträgt rund 248 000 km², die der neuen Bundesländer rund 108 000 km².)

SCHON GEWUSST?
Nationalparks sind großräumige Gebiete, in denen die Natur unter besonderem Schutz steht und sich weitgehend ohne Eingriffe des Menschen entwickeln kann. Sie dienen der Erhaltung eines artenreichen heimischen Pflanzen- und Tierbestandes.

8

Das folgende Diagramm ist ein Kreisdiagramm. Kreisdiagramme sind besonders gut geeignet, um Anteile darzustellen. Welche Informationen kannst du dem Diagramm entnehmen?

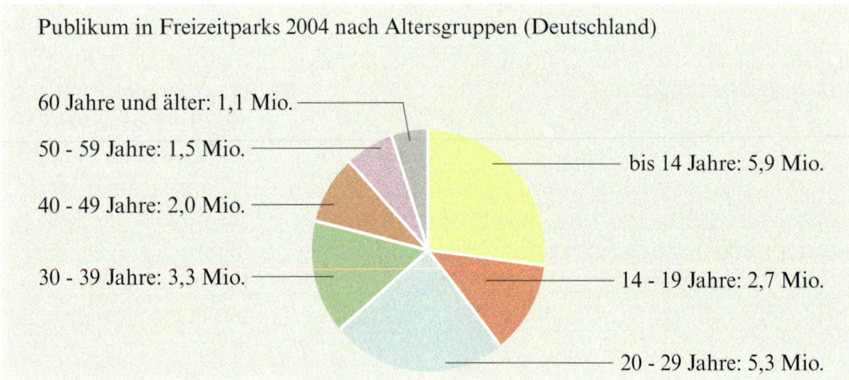

9

Ein Würfel wurde 100-mal geworfen. Die Ergebnisse wurden in der folgenden Strichliste erfasst.

1	2	3	4	5	6
卌 卌 卌 卌 |	卌 卌 卌 |	卌 ||||	卌 卌 卌 |||	卌 卌 ||| 卌 卌	卌 卌 |||

Vergleiche Mittelwert und Zentralwert der aufgetretenen Anzahlen der einzelnen Augenzahlen.

WAS MEINST DU DAZU?
Hältst du den Würfel aus Aufgabe 9 für einen „guten“ Würfel?

AUFGABEN ZUR WIEDERHOLUNG

1. Gib den gefärbten Anteil an der Gesamtfläche als gemeinen Bruch und als Dezimalbruch an.

a)

b)

c)

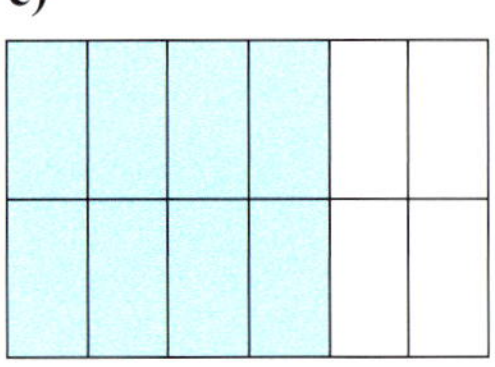

d)

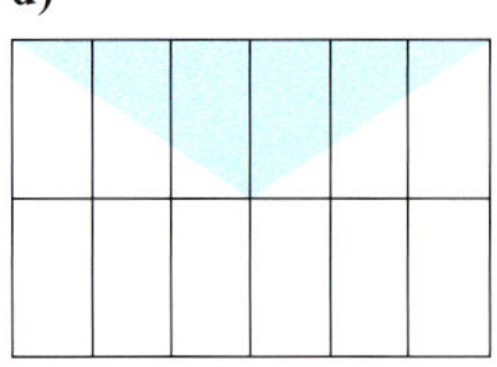

2. Welcher Bruchteil fehlt bei den gefärbten Flächen aus Aufgabe 1 noch zum Ganzen?

3. Berechne. Überprüfe mit dem Taschenrechner.
   a) 0,34 + 0,59 **b)** 1,46 + 6,548
   c) 0,87 – 0,69 **d)** 8,7 – 6,9
   e) 0,25 + 0,003 + 0,03 + 0,3
   f) 2,9 – 0,09 + 3,65 – 1,99
   g) 445,78 + 309,64 – 298,99

4. Berechne. Überprüfe mit dem Taschenrechner.
   a) 0,05 · 14 **b)** 0,5 · 140
   c) (0,3 – 0,19) · 2,5 **d)** 12,5 · 88,8
   e) 125 · 88,8 **f)** 5,6 : 0,8
   g) (0,135 + 0,5 + 0,365) · 12,7
   h) 10,8 : 0,06 **i)** 1,21 : 0,11
   j) 56,65 : 7,2 **k)** 4,23 : 9,05

Teste dich!

1

Jerry hat eine Woche lang um 12.00 Uhr die Außentemperaturen gemessen:

Mo	Di	Mi	Do	Fr	Sa	So
3	8	9	4	0	5	6

(alle Angaben in °C)

a) Berechne die mittlere Mittagstemperatur dieser Woche.
b) Ermittle die größte Abweichung vom arithmetischen Mittel nach oben bzw. nach unten.
c) In welchem Monat könnte Jerry gemessen haben?

2

Wie viele Besucher hatten die Kinos von 1999 bis 2004 durchschnittlich und wie teuer war in diesem Zeitraum durchschnittlich eine Eintrittskarte?

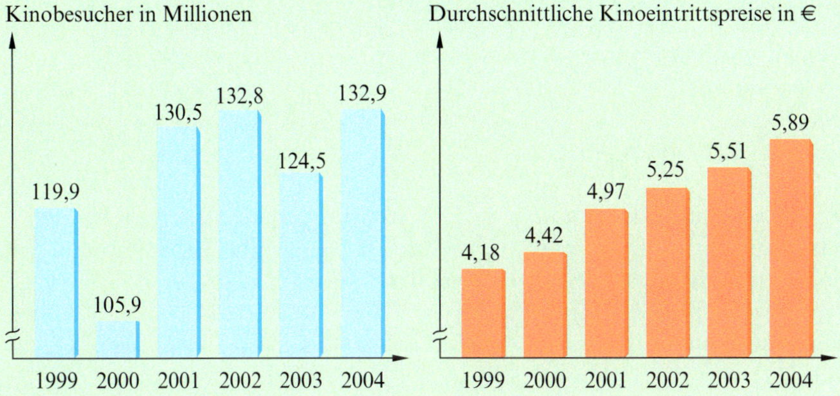

3

In der Klasse 5 b wird der Klassensprecher gewählt. Die Auszählung ergibt, dass sich ein Drittel der Schüler für Heiko und drei Fünftel der Schüler für Michaela entschieden haben. Wie viele der 30 Schüler der 5 b haben sich der Stimme enthalten? Wie viele Stimmen hat Heiko, wie viele Michaela?

4

Ein Versuch zur Lebensdauer einer Pflanzenart hatte folgende Ergebnisse:

Lebensdauer in Monaten	17	18	19	20	21	22	23	24
Häufigkeit	21	36	24	12	5	0	1	1

a) Stelle die Angaben in einem Streckendiagramm grafisch dar.
b) Berechne die durchschnittliche Lebensdauer einer Pflanze dieser Art.
c) Berechne die Differenz aus größter und kleinster beobachteter Lebensdauer.

HINWEISE

1) Versuche zunächst, die Aufgaben ohne Hilfestellung zu lösen.

2) Wenn du doch Hilfe benötigst, findest du auf der angegebenen Seite ein Beispiel oder eine Anregung zum Lösen der Aufgabe.

Aufgabe	Seite
1	194
2	194/198
3	183
4	194/199

3) Im Anhang ab Seite 218 findest du die Lösungen der Aufgaben. Vergleiche deine Ergebnisse mit diesen Lösungen und überprüfe so deinen Lernstand.

ZUSAMMENFASSUNG

Statistische Untersuchungen	**Beispiel**
In **statistischen Untersuchungen** werden zu konkreten Fragen Messungen, Zählungen oder Befragungen durchgeführt.	Wie viele Haustiere gibt es pro Haushalt durchschnittlich?
Die Ergebnisse dieser Untersuchungen liegen oft ungeordnet in Form einer **Urliste** vor.	1, 2; 1, 0; 1; 3; 0; 2; 1; 1 …
Durch eine **Strichliste** kann man die Ergebnisse einer statistischen Untersuchung gut erfassen.	(Strichliste, siehe unten)
Aus der Strichliste ergibt sich eine **Häufigkeitstabelle**.	(Häufigkeitstabelle, siehe unten)

Anzahl	0	1	2	3
Häufigkeit	ǁ	𝍸	ǁ	|

Anzahl	0	1	2	3
Häufigkeit	2	5	2	1

Arithmetisches Mittel und Zentralwert	**Beispiel**
Man berechnet das **arithmetische Mittel** einer Anzahl von Werten, indem man die Summe aller Werte durch die Anzahl der Werte teilt. Das arithmetische Mittel wird mit $\overline{x}$ bezeichnet.	Werte: 9, 12, 17, 23, 24, 29, 33 $\overline{x} = \frac{9 + 12 + 17 + 23 + 24 + 29 + 33}{7}$ $\overline{x} = \frac{147}{7} = 21$
Der Wert in der Mitte einer geordneten Liste von Daten heißt **Zentralwert**. Enthält eine Liste eine gerade Anzahl von Werten, so ist der Zentralwert das arithmetische Mittel aus den beiden in der Mitte stehenden Zahlen.	Der Zentralwert der oben stehenden Werte ist 23 (es gibt 3 kleinere und 3 größere Werte).
Die **Spannweite** ist die Differenz aus größtem und kleinstem Wert.	Die Spannweite der oben stehenden Werte beträgt 24 (= 33 – 9).

Grafische Darstellungen

Die Ergebnisse von Untersuchungen können in Diagrammen sehr anschaulich dargestellt werden.

Streckendiagramm

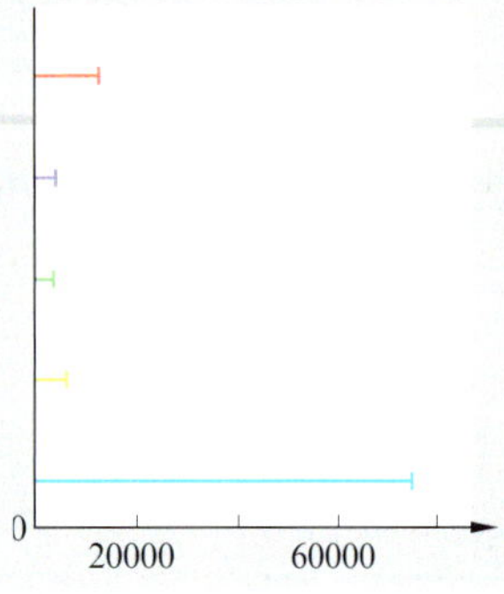

Streifendiagramm

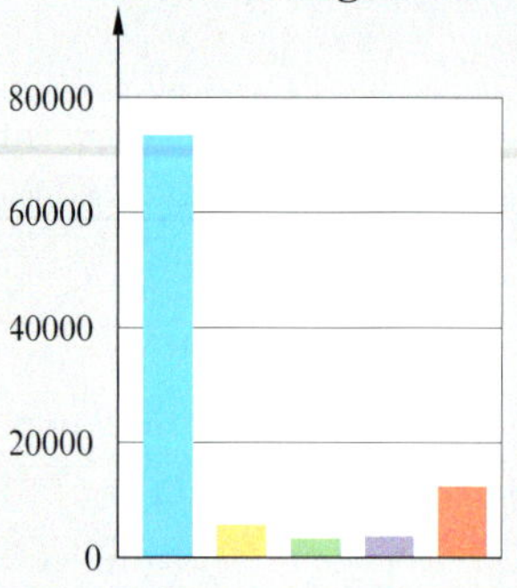

Kreisdiagramm

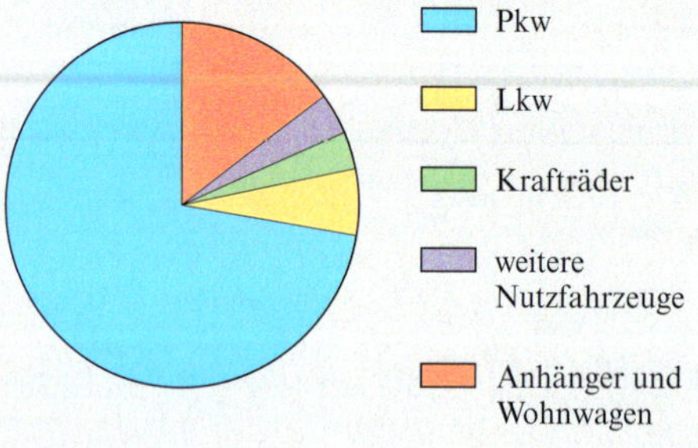

Übungen und Anwendungen

Die Mathematik ist aus vielen Dingen, die uns tagtäglich umgeben, nicht mehr wegzudenken. Kein Geldausgabeautomat, kein Handy, kein Computer funktioniert ohne Mathematik.
Beim Computer spielen die Ziffern 0 und 1 eine besondere Rolle. Alle Informationen werden in Zahlenfolgen umgewandelt, die nur aus diesen beiden Ziffern bestehen. Das Rechenwerk des Computers arbeitet dann im Zweiersystem weiter. Im Alltag rechnen wir im Dezimalsystem.
Im Bild sind einige Ziffern versteckt, von denen jeweils einige die gleiche Form haben (z. B. Zifferntasten vom Computer).
Wie viele verschiedene Zahlen können jeweils aus den Ziffern gleicher Form entstehen, wenn keine Ziffer doppelt vorkommen soll?

1

Frau Möller möchte für eine Urlaubsfahrt 450 € in US-Dollar umtauschen. Der Kurs wird am Umtauschtag mit 1 € = 1,1655 $ angegeben,
Die Bank hat nur Geldscheine zu 100 US-Dollar, 50 US-Dollar und 20 US-Dollar vorrätig. Sie berechnet für den Umtausch 3 € Gebühr.
Wie viel US-Dollar erhält Frau Möller?

2^L

Der Computer eines Büros ist defekt. Ein Techniker kommt und führt von 11.45 Uhr bis 14.25 Uhr Reparaturarbeiten durch. Für die Fahrten zum Büro und zurück berechnet er insgesamt 30 Minuten.
Er benötigt Ersatzteile für 145 €. Für jede angefangene halbe Stunde berechnet er 48,50 €.
Wie hoch ist der Rechnungsbetrag für die Reparatur?

3

Ein Wagen ist mit 1500 kg Heu beladen. Wie lange reicht das Heu, wenn
a) ein Pferd pro Tag 4 kg davon frisst,
b) jedes von 7 Pferden pro Tag 4500 g davon frisst,
c) jedes von 3 Pferden pro Tag 4 kg davon frisst und außerdem jedes von 5 anderen Pferden pro Tag 5 kg davon frisst?

HINWEIS
Im Projekt „Ein eigenes Pferd" unter www.mathe-plus.de kannst du mehr erfahren über Pferde, Futter- und andere Kosten.

4

Claudia schreibt alle Zahlen zwischen 100 und 200 auf.
a) Wie viele Zahlen enden auf die Ziffer 5? Wie viele Ziffern 5 schreibt sie?
b) Wie viele dreistellige Zahlen (100, …, 999) gibt es, in denen die Ziffer 5 nicht vorkommt?
c) In wie vielen dreistelligen Zahlen kommen genau zwei Ziffern 5 vor?

5

a) Wie viele Schülerinnen und Schüler aus deiner Klasse haben im Januar, Februar, …, Dezember Geburtstag? Zeichne ein Streifendiagramm.

b) Erfrage in deiner Klasse, wer an einem Montag, Dienstag, …, Sonntag geboren wurde. Zeichne ein Streckendiagramm.

6

Ein Maler ist auf der Suche nach einem neuen Atelier. Er braucht viel Platz, da seine Bilder sehr groß sind. Ein Makler bietet ihm ein Atelier an, das eine quadratische Grundfläche von 81 m^2 und eine Raumhöhe von 4 m hat.

a) Die Bilder haben eine Größe von 3 m × 3 m. Der Maler weiß aus Erfahrung, dass sie nur an einer Wand zur Wirkung kommen, die mindestens dreimal so groß wie das Bild ist. Ist das bei diesem Atelier der Fall?

b) Wie viele Bilder kann der Maler in seinem Atelier aufhängen, wenn zwischen den Bildern mindestens 1 m Abstand sein soll und eine Wand vollständig als Fenster dient?
Welche Rolle spielt die Tür?
Probiere.

7

Stelle dir einen Würfel mit rechts und links aufgeklappten Seitenflächen vor. Wenn du jetzt noch eine der Kanten durchschneidest, an denen die anderen vier Flächen zusammenstoßen, entsteht ein Würfelnetz.

a) Wie viele verschiedene Würfelnetze entstehen auf diese Weise?

b) Es gibt noch weitere Anordnungen von sechs Quadraten, die du wieder zu einem Würfel zusammenklappen kannst.
Zeichne eine davon auf.

c) Warum kann man aus den sechs Quadraten im Bild keinen Würfel zusammenfalten?

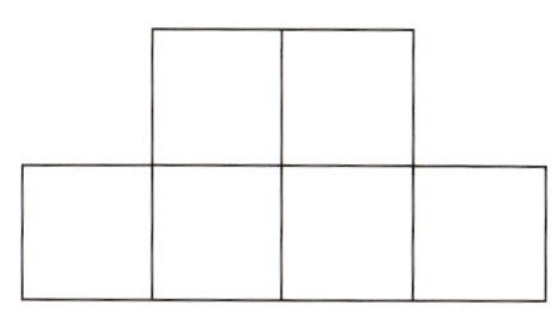

d) Wie viele verschiedene Würfelnetze gibt es insgesamt? Schreibe eine Erklärung dafür in dein Heft.

8

Setze die Zahlenfolge um vier Zahlen fort:

a) 3, 6, 9, 12, …
b) 64, 32, 128, 16, …
c) 3, 6, 10, 15, …
d) 5, 11, 27, 53, 89, …
e) 3, 6, 7, 10, 11, 14, …
f) 8, 3, 1, 5, 9, …

9

a) Das Jahr 1996 war ein Schaltjahr. Der Februar hatte fünf Donnerstage. In welchem früheren Jahr ist genau dies schon einmal vorgekommen?

b) Das Jahr 2000 war ein Schaltjahr, während im Jahr 1900 der Februar nur 28 Tage hatte. Informiere dich, warum das so ist.

10

a) Ergänze:
X_ + X_I = LVI
XX_ + L_ = LXXX
C_CII + CC_I = DIV

b) Berechne:
XL + LX =
XXVI + LXXIV =
XXXII + LXVI =
CXL – LX =
D – XL =
CM – DX =
XD – XM =

11

a) Der Polarstern ist 1090 Lichtjahre von der Sonne entfernt. Berechne die Entfernung in km und schreibe auch das Zahlwort dafür auf.

b) Stelle die Entfernung der Fixsterne in einem Streckendiagramm dar. Welchen Maßstab verwendest du?

c) Sina will die Entfernungen der sechs Fixsterne im Maßstab 1 cm für 100 Lj zeichnen. Kann sie in ihrem Streckendiagramm die Entfernung des Atair (16 Lj) noch eintragen?

Fixstern	Entfernung in Lj
Antares	170
Beteigeuze	650
Castor	45
Kassiopeia	360
Polarstern	1090
Rigel	880

d) Der Fixstern *Ross 248* befindet sich in 97 443 400 000 000 km Entfernung. Schreibe die Zahl in Worten. Runde die Zahl auf Billionen. Wie viele Lichtjahre sind das ungefähr?

e) Der Andromeda-Nebel ist etwa 900 000 Lichtjahre entfernt. Rechne die Entfernung in km um. (In Worten beginnt diese Kilometerzahl mit „8 Trillionen 500 Billiarden".)

ZUR INFORMATION

Die sehr großen Entfernungen im Weltall werden in Lichtjahren gemessen. Das ist die Entfernung, die das Licht in einem Jahr zurücklegt.
1 Lichtjahr (1 Lj) beträgt 9 460 000 000 000 km.

Für sehr große Zahlen kennst du Zahlwörter:
1 Million 10^6
1 Milliarde 10^9
1 Billion 10^{12}
1 Billiarde 10^{15}

12 Milliarden sind entsprechend: $12 \cdot 10^9$

12

Ein Paket mit 500 Blatt A4-Papier (Größe 21,0 cm × 29,7 cm) hat die Höhe 5 cm.

a) Welche Fläche Papier steht damit zum Vollschreiben bereit?

b) Wie dick ist ein Blatt Papier?

13[L]

Auf einem Glücksrad mit 8 gleich großen Feldern sind die Zahlen 12, 15, 25, 42, 45, 60, 75 und 100 eingetragen. Beschreibe die Chance für die folgenden Stellungen des Glücksrades jeweils durch einen Bruch und vergleiche sie miteinander.

a) Die Zahl ist gerade oder durch 3 teilbar.

b) Die Zahl ist nicht durch 5 teilbar.

c) Die Quersumme der Zahl ist kleiner als 7.

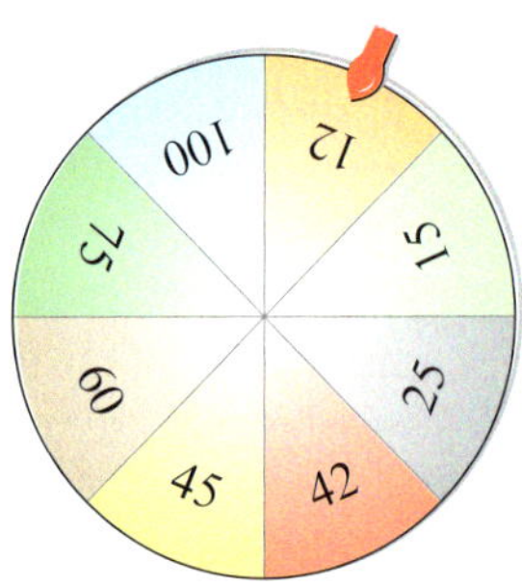

HINWEIS

Da wir gerade beim Glücksspiel sind … Wie groß sind die Chancen, eine bestimmte Wette zu gewinnen?

www.mathe-plus.de

Projekt „Wetten, dass …"

14

Nimm ein DIN-A4-Blatt und falte es mehrmals nacheinander, immer in der Mitte der in diesem Augenblick längeren Seite. Beobachte dabei die Anzahl der Faltgeraden und die Anzahl der Teilflächen, die auf dem Blatt entstehen. Trage die Anzahl der Faltungen, der Faltgeraden und der Teilflächen in die Spalten einer Tabelle ein.

a) Zwei Spalten der Tabelle weisen einen deutlichen Zusammenhang auf. Beschreibe den Zusammenhang und begründe.

b) Versuche zu erläutern, warum die Anzahl der Faltungen mit der anderen Spalte keinen einfachen Zusammenhang hat.

15

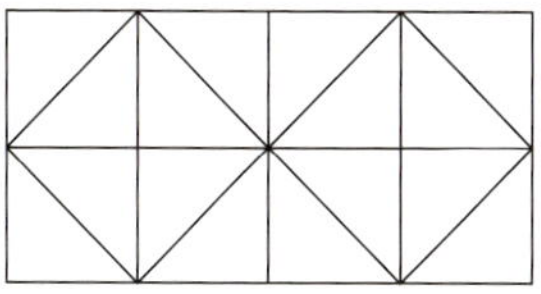

Wie viele Quadrate (Rechtecke, Dreiecke) kannst du im Bild erkennen?

16

Bei einem Körper soll die Anzahl der Ecken mit e bezeichnet werden, die Anzahl der Flächen mit f und die Anzahl der Kanten mit k.
Übertrage die Tabelle in dein Heft und fülle sie dann aus. Was fällt dir auf?

Körper	e	f	k	$e + f$
Würfel				
Quader				

17

Fußball

Ein Fußball ist keine echte Kugel, sondern er ist begrenzt durch Flächen, die Fünfecke und Sechsecke sind.

a) Sieh dir einen Fußball genau an und zähle die Fünfecke und die Sechsecke. Wie viele sind es jeweils?

b) Wie viele Ecken, Flächen und Kanten hat ein Fußball? Ergänze die Tabelle von Aufgabe 16 durch eine weitere Zeile, in die du die Werte für einen Fußball einträgst. Was fällt dir auf?

18

Jahrhundertelang wurde in Mitteleuropa der Kreuzer als Währung benutzt. Im 16. Jahrhundert waren 72 Kreuzer soviel wert wie 1 Gulden.

a) Wandle um in Kreuzer: 3 Gulden, 5 Gulden, 12 Gulden.

b) Gib in Gulden an: 360 Kreuzer, 792 Kreuzer, 180 Kreuzer.

ZUR INFORMATION
Der Kreuzer war eine Silbermünze, die erstmals 1271 in Tirol herausgegeben wurde. Der Name stammt von einem Doppelkreuz auf der Rückseite der Münze.

19

Ein Radiergummi hat als Seitenflächen Rechtecke mit den Seitenlängen 6 cm und 15 mm. Die anderen Flächen sind auch rechteckig. Die Breite des Radiergummis beträgt 2 cm. Zeichne ein Schrägbild.

20

In den Briefpostzentren der Post werden die Briefe durch große Automaten nach ihren Bestimmungsorten sortiert. Dazu bekommt jeder Brief die Postleitzahl in codierter Form aufgedruckt. Jede Ziffer wird in einem System dargestellt, das dem Zweiersystem ähnelt.
Im Unterschied zum Zweiersystem steht die erste Stelle für 0, dann folgen die Werte 1, 2, 4; die fünfte Stelle zählt 7. Bei jeder Ziffer bleiben zwei Stellen unmarkiert (sie sind hier durch Punkte gekennzeichnet). Diese Stellen zählen, die anderen werden durch Balken markiert. Ein zusätzlicher Balken steht am Ende jeder Ziffer.

a) Rechne die Verschlüsselungen der Ziffern 1, 2, …, 9 nach. Für die Ziffer 0 gilt eine Sonderregelung. Welche Zahl wäre dies eigentlich?

b) Die Verschlüsselung der Postleitzahl 44137 ist

.|||.| |..||| ..|||| .||.|| .||.|| ..||||
7   3   1   4   4   1

Die Reihenfolge der Stellen ist umgekehrt, da die Maschinen von rechts nach links lesen.
Den fünf Ziffern wird stets eine Kontrollziffer hinzugefügt (hier die 1).
Entschlüssele die folgenden Postleitzahlen:

.	.		..				..					..				.	.			.	.	
		..	..				.	.						..	.		.			..		
..			.		.		..					.		.	.		.					..

c) Als Kontrollziffer dient die Zahl, die die Summe der Ziffern der Postleitzahl auf ein Vielfaches von 10 ergänzt. Überprüfe das an den Beispielen. Verschlüssele jetzt deine Postleitzahl.

d) Versuche zu erläutern, warum für die 5. Stelle in der Verschlüsselung der Wert 7 anstelle von 8 gewählt wurde.

HINWEIS
Verschlüsselung der Ziffern:

..|||| 1 ||..|| 6
.|.||| 2   .|||.| 7
|..||| 3 |.||.| 8
.||.|| 4 ||.|.| 9
|.|.|| 5 |||..| 0

HINWEIS
Auf den Briefumschlägen siehst du, dass zwischen den verschlüsselten Ziffern keine Zwischenräume stehen.

21

Bilde jeweils die Summe aller Teiler. Schreibe Zahlen und Teilersummen in eine Tabelle. Was fällt dir auf? Erläutere.

Zahl	Teilersumme
1	
2	
4	
8	
16	
32	

22

Zeichne ausreichend groß und spiegele jeweils an den schräg verlaufenden Linien des Buchstabens:
a) A, **b)** N, **c)** V, **d)** M, **e)** K.

23

Anja hat herumgefragt, wie viel Taschengeld ihre Freundinnen und Freunde monatlich erhalten: 12 €, 25 €, 30 €, 9 €, 22 €, 20 €, 9 €, 9 €, 6 €, 15 €, 10 €, 16 €, 8 €, 15 €, 18 €.

a) Berechne die Spannweite des Taschengeldes, das die Kinder erhalten.

b) Bilde selbst geeignete Klassen für die Höhe des Taschengeldes. Fertige eine Häufigkeitstabelle und ein Streifendiagramm zum Taschengeld an.

c) Berechne das arithmetische Mittel des Taschengeldes.

24

a) Ein Quader ist dreimal so lang wie breit und nur halb so hoch wie breit. Welche Kantenlängen hat er, wenn die Summe aller Kantenlängen 180 cm beträgt?

b) Ein Quader hat eine quadratische Grundfläche und ist doppelt so hoch wie breit. Welche Kantenlängen hat er, wenn die Summe aller Kantenlängen 160 cm beträgt?

c) Ein Quader hat eine quadratische Grundfläche und eine quadratische Seitenfläche. Welche Kantenlängen hat er, wenn die Summe aller Kantenlängen 360 cm beträgt?

25

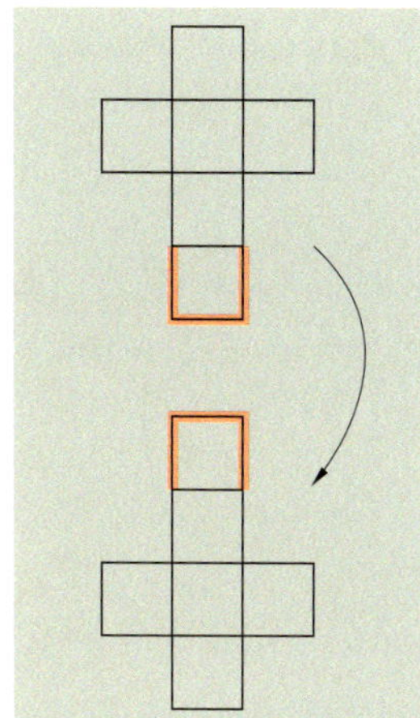

Marlene hat mit Streichhölzern ein Würfelnetz gelegt.

a) Kristin kommt hinzu, legt drei Hölzer um und sagt: „Das ist ein neues Würfelnetz.“ Was meinst du dazu?

b) Kannst du durch Umlegen von drei Hölzern ein anderes Würfelnetz legen?

c) Kannst du sogar durch Umlegen von nur zwei Hölzern ein anderes Würfelnetz legen?

d) Ein Quader soll genau so breit sein wie hoch, aber doppelt so lang wie hoch. Wie viele Holzstäbchen brauchst du, um das Netz des Quaders zu legen, wenn alle Stäbchen gleich lang sind?

e) Lege mit Streichhölzern das Netz eines Quaders wie in Aufgabe d), wenn die Quaderhöhe eine Streichholzlänge sein soll.

26

Im Jahre 1862 wurde der Bau der Union Pacific – der Eisenbahn, die den „Wilden Westen“ durchquert – beschlossen. Die Bahn wurde gleichzeitig von Sacramento (Kalifornien) aus nach Osten und von Omaha (Nebraska) aus nach Westen gebaut.

a) Auf jeweils 9 Meter Schienen wurden 10 Schwellen verlegt. Jede Schwelle kostete damals 3,50 Dollar. Bis 1866 waren von Omaha aus 495 km Schienen verlegt worden. Wie viele Schwellen waren für diese Strecke erforderlich? Welche Kosten entstanden hierfür?

b) Für jeden Kilometer Schienenweg musste man 25 Waggonladungen Baumaterial, Lebensmittel und sonstige Versorgungsgüter heranschaffen. Wie viele Waggonladungen waren erforderlich, um die 1737 km lange Strecke von Omaha nach Ogden (Utah) zu bauen?

c) Der Bau der Union Pacific wurde am 1. Juli 1862 begonnen. Entnimm dem Plakat, wann die Bahnstrecke fertiggestellt war.
Wie lange war die Bauzeit?

d) Die gesamte Länge der Bahnlinie betrug 2 840 km.
Dennis hat gerechnet und meint: „In jedem Monat wurden ungefähr 35 km der Strecke fertig.“
Überprüfe die Rechnung.
Tatsächlich waren nach 42 Monaten erst 650 km fertiggestellt.
Nimm einen Atlas zuhilfe und suche Gründe dafür, dass nicht in jedem Monat dieselbe Bauleistung erbracht werden konnte.

27^L

Bei Telefongesprächen über die Deutsche Telekom kostete am 1.1.1998 eine Tarifeinheit 12 Pfennig (ca. 6 Cent). Dafür konnte man von 9 bis 18 Uhr im Ortsbereich 90 Sekunden telefonieren; in Orte bis zu 50 km Entfernung entsprach eine Einheit vormittags (9 bis 12 Uhr) 26 Sekunden, nachmittags 30 Sekunden.

Das Büro einer Firma ist von 9 bis 12.30 Uhr und von 13 bis 17 Uhr geöffnet.

a) Was hätte es gekostet, wenn jemand während der gesamten Öffnungszeit des Büros ununterbrochen zum Ortstarif telefonierte?

b) Innerhalb einer Woche wurden in dem Büro vormittags Gespräche für 190 Tarifeinheiten im Ortsbereich und 46 Einheiten in die Region geführt, nachmittags fielen 235 Einheiten im Ortsbereich und 34 Einheiten in der Region an. Wie viel kosteten die Gespräche dieser Woche? Wie lange wurde in dieser Woche das Telefon des Büros benutzt?

AUFGABE
Informiere dich über die Kosten, die heute für Telefongespräche gelten, und löse Aufgabe 27 mit diesen Angaben.

Hast du ein Handy? Wie hoch sind die Kosten?

28

a) Wie viele natürliche Zahlen liegen zwischen
(1) 10 und 20, (2) 25 und 30, (3) 840 und 910 ?

b) Johanna will alle Zahlen zwischen 50 und 500 aufschreiben. Sie benötigt für jede Ziffer eine Sekunde. Wird sie in einer halben Stunde fertig?

29

Falte ein DIN-A4-Blatt zweimal, jeweils die gegenüberliegenden Ecken aufeinander. Begründe, warum die Faltgeraden nicht senkrecht zueinander sein können.

30

In dem Buch „Bittersüße Schokolade" von Laura Esquirel wird ein Kuchen beschrieben, für den folgende Zutaten angegeben waren:

Kuchenteig: 175 g feinster Kristallzucker, 300 g feines Mehl (dreifach durchgesiebt), 17 Eier, geriebene Schale einer Zitrone
Füllung: 80 ml Aprikosenmus, 150 g Kristallzucker

Im Buch heißt es:
„Um den Teig für Pedros und Rosauras Hochzeitskuchen zu bereiten, hatten Tita und Nacha allerdings die Mengenangaben des Rezepts erhöhen müssen, denn statt eines Kuchens für 18 Personen sollten sie einen für 180 Personen backen!"

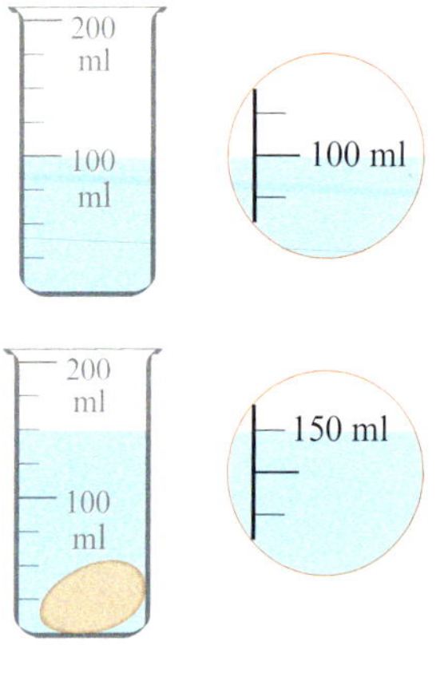

a) Berechne die Zutaten für 180 Personen.

b) Schätze zunächst, welches Volumen das Gefäß zum Anrühren des Kuchenteiges (ohne Füllung) mindestens haben musste.

c) Überprüfe deine Schätzung durch eine Überschlagsrechnung.
(*Hinweise:* Mithilfe der Bildfolge in der Randspalte kannst du ermitteln, welches Volumen ein Ei etwa hat.
An vielen Messgefäßen aus dem Haushalt befinden sich Skalen, an denen du entsprechende Daten zu Mehl und Zucker ablesen kannst.)

31

Strecken, die in einem Viereck (Fünfeck, Sechseck, ...) Eckpunkte verbinden, die nicht benachbart sind, heißen **Diagonalen**.

a) Zeichne ein Fünfeck *ABCDE*. Wie viele Diagonalen besitzt es?
b) Bestätige, dass ein Sechseck *ABCDEF* neun Diagonalen hat.
c) Wie viele Diagonalen besitzt ein Siebeneck *ABCDEFG*?
d) Du kannst die Anzahl der Diagonalen z.B. eines Zehnecks leicht bestimmen, wenn du die Gesetzmäßigkeit erkannt hast. Begründe die Gesetzmäßigkeit so sorgfältig, dass jeder dir zustimmen muss.

BEISPIEL
Das Viereck *ABCD* besitzt die beiden Diagonalen $\overline{AC}$ und $\overline{BD}$.

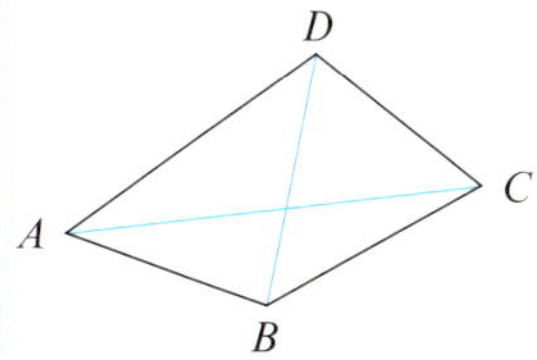

32

Halbiere ein DIN-A4-Blatt in Längsrichtung.

a) Falte den einen Streifen in Längsrichtung vierfach aufeinander, immer in abwechselnder Richtung (wie bei einem Fächer). Zeichne die Halbfigur auf das oberste Feld und schneide sie aus. Schreibe auf, was du beim Auseinanderfalten zu sehen erwartest und was du über die Symmetrie der ausgeschnittenen Figur weißt. Falte jetzt auf und überprüfe deine Erwartungen. Falls du eine falsche Vermutung notiert hast, versuche zu erläutern, wie du auf sie gekommen bist und warum sie nicht zutrifft.
b) Nimm den anderen Streifen und gehe so vor wie in a), falte ihn jedoch fünffach aufeinander. Schreibe deine Erwartungen auf und gib zu jeder Feststellung an, ob du dir sicher bist. Überprüfe dann wie in a).

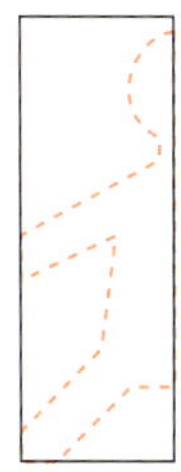

33

Herr Meier will auf einer Badezimmerwand von der Breite 1,75 m Fliesen verlegen. In einem Paket befinden sich 33 Fliesen von der Breite 15 cm und der Höhe 20 cm. Er verlegt die Fliesen mit einem Abstand von 3 mm.

a) Wie hoch reichen die Fliesen, wenn sie direkt auf der 4 cm hohen Fußleiste beginnen und 8 Fliesen übereinander verlegt werden?
b) Herr Meier zerschneidet einige Fliesen, um die Wandbreite genau zu erreichen. Er kann Teile der Fliesen noch verwenden, wenn eine lange Kante heil ist. Wie viele Pakete Fliesen braucht Herr Meier für die Wand? Wie viele (ganze) Fliesen bleiben übrig, wenn es ihm gelingt, die Fliesen ohne Bruch zu zerschneiden?

34

Berechne. Wenn du die Ergebnisse durch die entsprechenden Buchstaben des Alphabets ersetzt, erhältst du ein Wort.

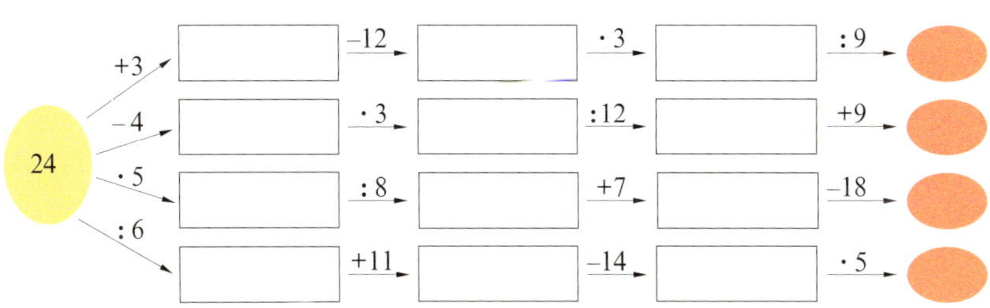

Ausgewählte Lösungen

KAPITEL „GROSSE NATÜRLICHE ZAHLEN“

S. 7: **7 a)** 20 000 050 **b)** 1 000 001 **c)** 5 000 000 111 **d)** 909 000 000 000 008

S. 11: **8 c)** 1 247: 1 250, 1 200, 1 000 bzw. bei Weiterrunden: 1 250, 1 300, 1 000
34 445: 34 450, 34 400, 34 000 bzw. bei Weiterrunden: 34 450, 34 500, 35 000

S. 17: **9 a)** >, <, > **b)** <, >, = **c)** <, >, <

S. 21: **5 a)** 12, 61, 92, 104, 340, 600, 2 020 **b)** 21, 70, 99, 112, 257, 1 700, 2 202
6 a) XVIII, LVII, LXXXVIII, CLXI, DLIII, MCCXXIII, MDCCCLXXV
7 a) XCVIII–C, CXXIII–CXXV, DXCIX–DCI, MCCXLVIII–MCCL, …

S. 23: Teste dich! **1**

	Mrd.			Mio.			Tausend					
	H	Z	E	H	Z	E	H	Z	E	H	Z	E
a)							1	2	7	3	4	5
b)					4	5	6	7	8	5	2	7
c)		2	3	9	6	3	6	5	0	0	0	0

a) Einhundertsiebenundzwanzigtausenddreihundertfünfundvierzig
b) Fünfundvierzigmillionensechshundertachtundsiebzigtausend-fünfhundertsiebenundzwanzig
c) Dreiundzwanzigmilliardenneunhundertdreiundsechzigmillionen-sechshundertfünfzigtausend

2 a) 271 625 **b)** 13 005 000 480 **c)** 76 000 050 060 000
3 a) 99 999 000 998 / 99 999 001 000 **b)** 99 998 999 / 99 999 001
c) 9 999 000 000 998 / 9 999 000 001 000
4 a) 100 000 000 (= 100 Mio.) Es braucht nicht gerundet zu werden.
b) 999 999 999 ≈ 1000 Mio. (= 1 Mrd.)
5 31 Mio.; 34 Mio.; 38 Mio.; 41 Mio.; 41 Mio. 600 000; 45 Mio.; 47 Mio. 900 000
6

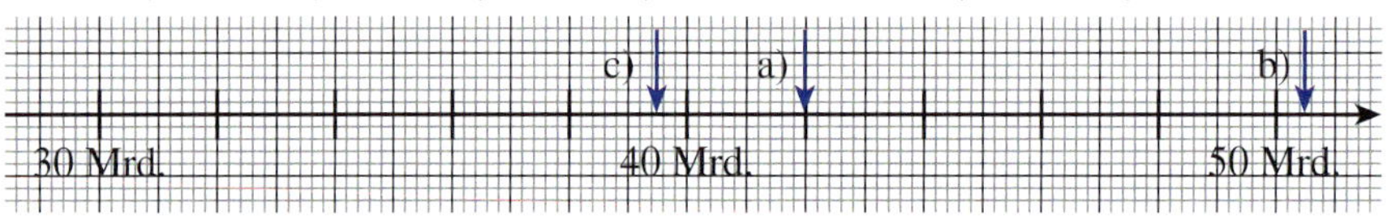

7 a) 246 357 789 < 2 463 577 899 **b)** 345 789 670 000 < 345 789 760 000
c) 25 235 467 589 865 = 25 235 467 589 865 (beide gleich groß)
8 a) 23 004 995 < 23 040 999 < 23 400 999
b) 6 789 000 100 < 6 789 000 300 < 6 798 000 200

KAPITEL „RECHNEN MIT NATÜRLICHEN ZAHLEN“

S. 27: **6 a)**

2	**9**	4
7	5	**3**
6	**1**	8

b)

3	**7**	**8**
11	6	**1**
4	5	9

c)

7	**1**	7
5	**5**	5
3	**9**	3

S. 28: **4 a)** 1 132 cm, 42 400 m, 60 850 m **b)** 909 mm, 4 445 mm, 54 320 mm

S. 29: **6** links: 1 402, 243, 445, 0, 0 rechts: 624, 487, 864, 0, 0

S. 29: **7 a)** Summe: 521, Differenz: 259, Summe + Differenz = 780
b) Summe: 951, Differenz: 375, Summe + Differenz = 1 326
Summe + Differenz ist immer das Doppelte der ersten Zahl

S. 31: **12 a)**

394	221	134	53
173	**87**	**81**	
86	**6**		
80			

b)

418	**206**	**111**	53
212	**95**	58	
117	**37**		
80			

c)

377	**272**	178	**94**
105	94	**84**	
11	10		
1			

S. 33: **6 a)**

100	**50**	**25**	**25**
50	**25**	**0**	
25	**25**		
0			

b)

10+*n*	10	10	**10**
n	**0**	0	
n	**0**		
n			

(*n* ist beliebige natürliche Zahl)

S. 34: **10** die richtigen Ergebnisse: **a)** 383 **b)** 701 **c)** 553 **d)** 643 **e)** 263 **f)** 728
S. 37: **25 a)** 10, 21, 5 050 **b)** 16, 36, 2 500 **c)** 20, 42, 2 550
S. 39: **7 a)** 795 (Ü: 700), 906 (800), 924 (900), 999 (1 000), 697 (600), 1 583 (1 500)
S. 41: **14 a)** 111, 29, 894, 288 **b)** 51, 2, 399, 6 752
16 a) 2 350 **b)** 107 **c)** 150 **d)** 1 330 **e)** 1 332 **f)** 96 969
g) 2 424 **h)** 17 280 **i)** 3 600 **j)** 123 454 321
S. 42: **20 a)** 6 127 **b)** 14 047 **c)** 46 229 **d)** 8 949 **e)** 80 358 **f)** 3 560 **g)** 29 948
S. 43: **21 a)** 2 543 + **6 789** + 9 417 = 18 749
b) 7 345 − **3 868** = 3 477
c) bspw.: 1 **287** + 4 321 + **4 391** = 9 999
d) 17 613 − **8 576** = 9 037
e) 3 **965** + 8 377 + 5 **966** = **18** 308
S. 44: **5** 10-mal **6** 24 verschiedene Kostüme
S. 48: **26 a)** 5-mal, 8-mal, 20-mal **b)** 42-mal, 100-mal, 6-mal **c)** 40-mal, 80-mal, 3 000-mal
S. 50: **39 a)** 19 200 € **b)** ≈ 80 € **c)** 120 000 km **d)** Stunde: 3 600-mal **e)** 15 Fahrten
S. 51: **43 a)** $x = 6$ **b)** $x = 13$ **c)** $x = 24$ **g)** $x = 1428$ **h)** $x = 11$ **i)** $x = 361$
46 a) $L = \{0; 1; \ldots; 8\}$ **b)** $L = \{0; 5; 10; \ldots; 35\}$ **c)** $L = \{1; 2; 4; 8\}$
d) $L = \{0; 1; \ldots; 6\}$ **e)** $L = \{78; 84; 90; \ldots\}$ **f)** $L = \{20; 25; 50; 100\}$
g) $L = \{0; 1; 2; 3; 4\}$ **h)** $L = \{1; 2; \ldots\}$ **i)** $L = \{0; 1; \ldots; 7\}$
S. 53: **9 a)** $x = 2$ **b)** $x = 3$ **c)** $x = 1$ **d)** $x = 0$ **e)** $x = 2$ **f)** $x = 10$ **g)** $x = 2$ **h)** $x = 4$
S. 67: **6 a)** $15 = 15$ **b)** $32 \neq 2$ **c)** $4 = 4$ **d)** $4 \neq 1$
8 a) 16, 10, 16, 4, 28 **b)** 198, 144, 20 538, 984, 1 038
S. 69: **13 a)** n. l. **b)** 0 **c)** 1 **d)** 60 **e)** n. l. **f)** 1 **g)** 0 **h)** n. l.
S. 71: **1 a)** 98 **b)** 88 **c)** 42 **d)** 15
Teste dich! **e)** 55 **f)** 20 **g)** 82 **h)** 56
2 a) 26 483 **b)** 178 266 **c)** 55 831 **d)** 2 592 873 **e)** 5 432 **f)** 449 475

3 a) 76 456 + 89 056 = 165 512 **b)** 234 987 – 579 = 234 408 **c)** $5600 \cdot 56 = 313600$
4 a)
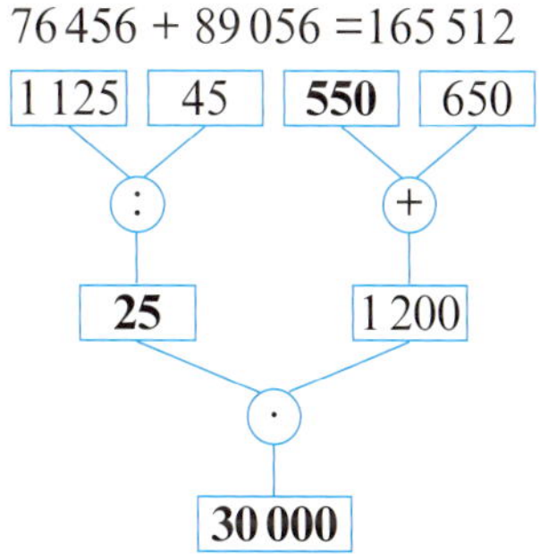

b)
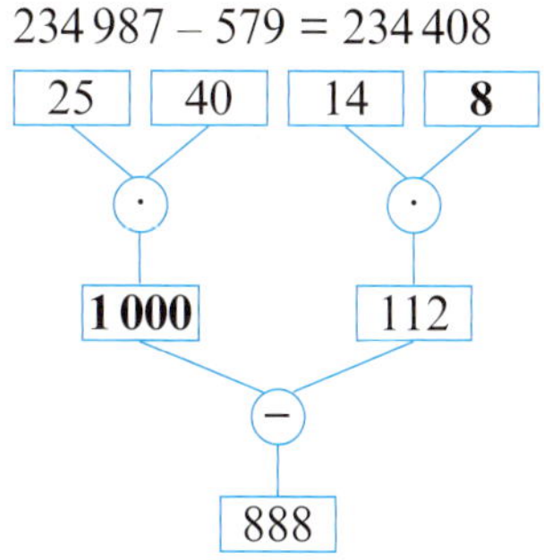

5 a) 650 m **b)** 18 mal **c)** ca. 42 m
6 a) $2^5 = 32$ **b)** $5^4 = 625$ **c)** $7^3 = 343$
7 a) $10 \cdot 10 \cdot 10 \cdot 10 \cdot 10 = 100000$ **b)** $15 \cdot 15 = 225$ **c)** $3 \cdot 3 \cdot 3 \cdot 3 \cdot 3 \cdot 3 = 729$

KAPITEL „TEILBARKEIT“

S. 82: **36 a)** 5|25, also 5|25 · 37 (Produktregel); 5|40, also 5|25 · 37 + 40 (Summenregel)
b) 8|32, also 8|15 · 32 (Produktregel); aber 8 ist kein Teiler von 6, nach der Summenregel also auch kein Teiler von 32 · 15 + 6

S. 85: **9 a)** gemeinsame Teiler: 1, 3; ggT(9; 12) = 3
b) gemeinsame Teiler: 1, 2, 4; ggT(20; 48) = 4

S. 86: **12 a)** ggT(12; 150) = 6 **b)** ggT(75; 144) = 3

S. 87: **17 a)** V_4 = {4; 8; 12; 16; 20; 24; 28; 32; 36; 40; 44; 48; 52; 56; 60; 64; 68; 72; 76; 80; 84; 88; 92; 96; 100; 104; 108; …};
V_{18} = {18; 36; 54; 72; 90; 108; …}
Die ersten drei gemeinsamen Vielfachen von 4 und 18 sind 36, 72 und 108.
19 a) kgV(4; 18) = 36 **b)** kgV(12; 44) = 132 **c)** kgV(72; 120) = 360

S. 89: **7 a)** 30 = 2 · 3 · 5; Teilerpaare: 2 und 15, 3 und 10, 6 und 5
f) 210 = 2 · 3 · 5 · 7; Teilerpaare: 2 und 105, 3 und 70, 5 und 42, 7 und 30, 6 und 35, 10 und 21, 14 und 15

S. 90: **11 a)** ggT(32; 80) = 16, kgV(32; 80) = 160 **m)** ggT(12; 21; 35) = 1, kgV(12; 21; 35) = 420

S. 95: Teste dich! **1 a)** 1**2**/1**6**; 8**0**4/8**0**4/8**4**4/8**6**4/8**8**4; 95**2**/95**6**
b) 8**4**; 13**2**/13**8**; 5433**0**/5433**6**
c) **00/25/50/75**; –; **400/425/450/475**

2

2|200	2|2 520	2|3 642	2 45 603
3 $\nmid$ 200	3|2 520	3|3 642	3|45 603
5|200	5|2 520	5 $\nmid$ 3 642	5 $\nmid$ 45 603
8|200	8|2 520	8 $\nmid$ 3 642	8 $\nmid$ 45 603
9 $\nmid$ 200	9|2 520	9 $\nmid$ 3 642	9|45 603

3 a) 7|4 949, denn 7|4 900 und 7|49. **b)** 12 $\nmid$ 36 049, denn 12 36000 und 12 $\nmid$ 49.
c) 11 $\nmid$ 122, denn 11| 110 und 11 $\nmid$ 12. **d)** 17|170 034, denn 17|170 000 und 17|34.

4 a) T_{12} = {1;2;**3**;4;6;12}; T_{15} = {1;3;5;15}
b) T_{14} = {1;2;7;**14**}; T_{42}={1;2;3;6;7;**14**;21;42}
c) T_{45} = {1;3;5;9;**15**;45}; T_{75} = {1;3;5;15;25;75}
d) T_{36} = {1;2;3;4;6;**9**;12;18;36}; T_9 = {1;3;**9**}

5 a) V_{12} = {12;24;36;49;**60**;72;84;96;108;120;…}; V_{15} = {15;30;45;**60**;75;90;105;120;…}
b) V_{14} = {14;28;**42**;56;70;84;…}; V_{42} = {**42**;84;…}
c) V_{45} = {45;90;135;180;**225**;270;315;360;405;450;…}; V_{75} = {75;150;225;300;375;450;…}
d) V_{36} = {**36**;72;…}; V_9 = {9;18;27;**36**;45;54;63;72;…}

6 a) $72 = 2^3 \cdot 3^2$ **b)** $36 = 2^2 \cdot 3^2$ **c)** $115 = 5 \cdot 23$ **d)** $510 = 2 \cdot 3 \cdot 5 \cdot 17$

KAPITEL „GRÖSSEN“

S. 108: **34** Einige Wägestücke sind doppelt, um alle möglichen Massenwerte abwiegen zu können.

S. 113: **60 a)** 3 h 14 min **b)** 49 min **c)** 1 h 37 min **d)** 15 h 59 min **e)** 2 h 11 min

S. 115: **67 a)** 2 €, 1 €, 10 ct, 5 ct **b)** 10 €, 2 €, 50 ct, 20 ct, 20 ct, 5 ct, 2 ct, 2ct

S. 121: **9** Mutter und Vater jeweils allein im Boot, Kinder allein oder zu zweit; 9 Fahrten sind notwendig.

S. 122: **11** Min: 7,2 kg, Std: 432 kg, Tag: 10 368 kg, Wo: 72 576 kg, Mo: 311 t, Jahr: 3 784 t

S. 123: Teste dich!

1 1 435 mm + 600 mm = 2 035 mm = 2,035 m; 2,035 < 2,10 Herr Lange kann durch die Unterführung fahren, denn Pkw und Dachbox sind zusammen niedriger als die zulässige Höhe.

2 Herr Kurt erhält 43,80 €, Herr Krause 87,60 €.

3 Nur eine Messung ist nötig: Man legt auf jede Seite der Waage eine Kugel. Sinkt eine Waagschale, ist dort die schwerere Kugel. Ist die Waage im Gleichgewicht, ist es die dritte Kugel.

4 2 · 35 cm + 4 · 20 cm + 6 · 15 cm = 240 cm

5 a) 5 670 kg = 5 t 670 kg; 34 600 g = 34 kg 600 g; 56 070 mg = 56 g 70 mg
24 g 17 mg = 24 017 mg; 12 kg 45 g = 12 045 g; 6 t 30 kg = 6 030 kg

6 a) 350 s = 5 min 50 s; 126 min = 2 h 6 min; 256 h = 10 d 16 h
b) 9 min 13 s = 553 s; 12 h 12 min = 732 min; 4 d 6 h = 102 h

KAPITEL „GEOMETRISCHE GRUNDBEGRIFFE“

S. 128: **8** Anzahl der Symmetrieachsen: **a)** 1 **b)** 2 **c)** 3 **d)** 4 **e)** unendlich
S. 130: **2 a)** 9 **b)** 3
S. 136: **11 a)** $S(3|3)$ **b)** $S(3|3)$ **c)** kein Schnittpunkt **d)** $S(4|0)$
S. 138: **4 a)** 12,4 cm … 12,6 cm **b)** 11,2 cm … 11,6 cm **c)** 12 cm
S. 139: **9 a)** 5 cm **b)** 8 cm **c)** 11 cm **d)** 4 dm **e)** 1 m **f)** 20 m **g)** 7 dm **h)** 39 cm **i)** 1,25 m
S. 140: **7 a)** 6 cm^2 **b)** 10 cm^2 **c)** 16 cm^2 **d)** 21 cm^2
S. 141: **6 a)** 98 dm^2 **b)** 120 m^2 **c)** 6 km^2 **d)** 12,25 cm^2 (ohne Zähne)
S. 142: **13 a)** b = 17 mm; u = 42 mm **b)** b = 9 cm; u = 40 cm **c)** a = 5 dm; u = 14 dm
S. 143: **19 a)** 30 cm^2 **b)** 14 cm^2 **c)** 21 cm^2
S. 147: **5 a)** Quader, Zylinder **b)** Kugel, Zylinder, Kegel **c)** Kegel, Pyramide
S. 150: **11 b)** 168 cm **c)** mindestens 2 304 cm^2 (48 cm · 48 cm)
S. 151: **16 a)** 6 Schnitte **b)** 27 **c)** 12 **d)** 1 **e)** 6 (26,7)
S. 159: **6 a)** 94 cm^2 **b)** 1 230 cm^2 **c)** 190 m^2 **d)** 152 dm^2 **e)** 112 cm^2 **f)** 450 cm^2
8 a) 2 cm **b)** 6 cm **c)** 10 cm **d)** 15 cm **e)** 9 cm **f)** 4m **g)** 7 dm **h)** 5 cm **i)** 10 m
S. 162: **7 a)** V = 320 m^3 **b)** h = 2 dm **c)** b = 3 cm **d)** l = 2 mm **e)** V = 150 000 mm^3
8 a) V = 64 cm^3; A_O = 112 cm^2 **b)** V = 120 m^3; A_O = 188 m^2 **d)** V = 21 dm^3; A_O = 62 dm^2
S. 163: **15 a)** 48 cm^3 **b)** 98 cm^3 **c)** 72 cm^3 **d)** 135 cm^3 **e)** 24 cm^3 **f)** 18 cm^3
S. 165: **2 a)** keine **b)** 1 **c)** 1 **d)** 1 **e)** 1 **f)** keine
Teste dich!
3 a) Umfang: 52 m; Fläche: 100 m2 **b)** Umfang: 25,4 m; Fläche: 30,42 m^2
4 a) Quader **b)** Es ergibt sich das Schrägbild eines Quaders (vgl. S.156) mit den Kantenlängen 9 cm (Breite), 5,5 cm (Höhe), 55 cm (Tiefe).
c) Volumen: 1,98 cm^3; Oberflächeninhalt: 9,76 cm^2

KAPITEL „BRÜCHE“

S. 185: **13 a)** $\frac{3}{5} = \frac{27}{45}$ **b)** $\frac{5}{14} = \frac{45}{126}$ **c)** $\frac{9}{11} = \frac{117}{143}$ **d)** $1\frac{2}{3} = \frac{55}{33}$ **e)** $\frac{21}{49} = \frac{63}{147}$
14 a) $\frac{9}{21} = \frac{3}{7}$ **b)** $\frac{16}{20} = \frac{4}{5}$ **c)** $\frac{36}{450} = \frac{4}{50}$ **d)** $\frac{12}{10} = \frac{6}{5}$ **e)** $\frac{273}{26} = \frac{21}{2}$
S: 188: **11 a)** > **b)** < **c)** > **d)** < **e)** > **f)** > **g)** > **h)** <
14 a) z. B. $\frac{8}{5} > \frac{8}{6} > \frac{5}{6} > \frac{5}{8}$ **b)** z. B. $\frac{7}{10} < \frac{7}{8} < \frac{7}{7} < \frac{13}{11}$ **c)** z. B. $\frac{1}{2} < \frac{4}{6} < \frac{6}{6} < 2$
15 a) $\frac{7}{8}$ **b)** $\frac{2}{8}$ **c)** $\frac{5}{8}$
16 a) 40 weiße, 21 schwarze Kugeln **b)** $\frac{1}{7}$ von 70 sind 10, es sind aber 9 rote Kugeln

S. 189: Teste dich!

1 a) $\frac{4}{8}$ **b)** $\frac{5}{8}$ **c)** $\frac{6}{16}$ **d)** $\frac{3}{4}$ **e)** $\frac{6}{6}$ **f)** $\frac{9}{20}$

2 a)  **b)**  **c)** 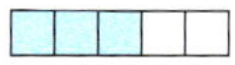 **d)** 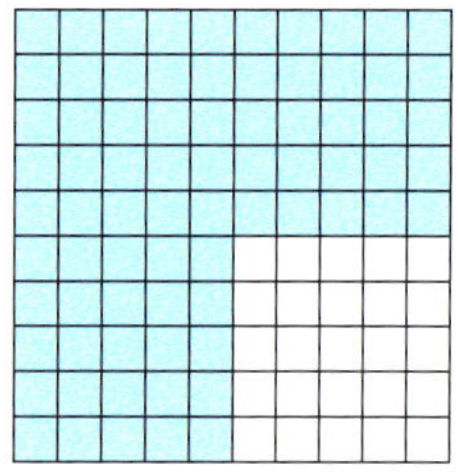 **e)** 

f)  **g)** 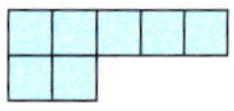 **h)** 

3 a) $\frac{20}{36}$; $\frac{5}{9}$ **b)** $\frac{22}{72}$; $\frac{11}{36}$ **c)** $\frac{20}{64}$; $\frac{5}{16}$

4 a) erweitert mit 5 **b)** erweitert mit 4 **c)** nein **d)** gekürzt mit 5
e) nein **f)** nein

5 a) $\frac{4}{5}$ **b)** $\frac{3}{8}$ **c)** $\frac{1}{3}$ **d)** $\frac{2}{3}$

KAPITEL „DATEN SAMMELN UND AUSWERTEN"

S. 195: **7 a)** Der Mittelwert der Würfelergebnisse der Mädchen ist genauso groß wie der der Jungen. Der Sieger steht also noch nicht fest.

b) Die Berechnung des Mittelwertes hilft nicht weiter. Es müssen weitere Kriterien herangezogen werden. Betrachtet man z. B., in welcher Gruppe die absolut höchste Zahl gewürfelt wurde, haben die Jungen gewonnen, nimmt man als Kriterium, in welcher Gruppe es mehr Ergebnisse gab, die über dem Mittelwert lagen, haben die Mädchen gewonnen. Sortiert man die Ergebnisse jeweils der Größe nach und vergleicht die mittleren Werte, haben auch die Mädchen gewonnen

S. 196: **9 a)** MW: 4; ZW: 4; kein Ausreißer **d)** MW: $5\frac{2}{7}$; ZW: $\frac{5}{4}$; Ausreißer: 30

S. 197: **13 a)** MW: $7\frac{3}{7}$; ZW: 5. Der Zentralwert kennzeichnet die Situation besser, die 23 ist ein Ausreißer und verfälscht den Mittelwert.

b) MW: $5\frac{2}{7}$; ZW: 0. Hier kennzeichnet der Mittelwert die Situation besser, weil die 4 Nullen und auch die anderen Werte nicht als Ausreißer bezeichnet werden können.

S.207: Teste dich!

1 a) 5 °C **b)** Nach oben 4°C; nach unten 5°C **c)** Dezember, Januar, Februar

2 a) 124,4 Mio. **b)** 5,04 €

3 Heiko: 10 Stimmen; Michaela: 18 Stimmen; Enthaltungen: 2

4

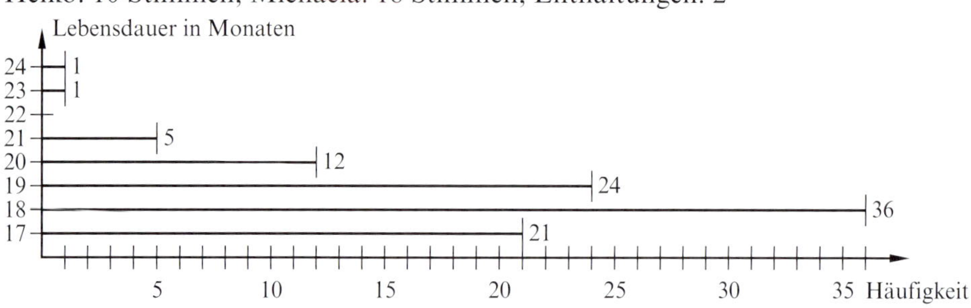

KAPITEL „ÜBUNGEN UND ANWENDUNGEN"

S. 210: **2** 484,5 € S. 212: **13 a)** $\frac{7}{8}$ **b)** $\frac{2}{8}$ **c)** $\frac{5}{8}$

S. 216: **27 a)** 36 DM (ca. 18 €) **b)** 60,60 DM (ca. 30,30 €); ca. 11 Stunden und 14 Minuten

Register

Bildnachweis

Arnulf Betzold GmbH, Lehrmittelverlag, Schulversand, Ellwangen-Neunstadt: 100/2, 108/2, 108/3. Aurich, E., Frankfurt/O.: 12/1. Bamberg, R. (Backnang): 83/1. Banse, S./Borho, D., Berlin: 168/2. Bavaria, München: 73/1 (Shot), 125/1 (TCL). Birnbaum, Dr. P., Berlin: 16/2, 20/2. Blümel, H., Mücka: 192/1. Bodinus, C., Dresden: 99/3. Carl Zeiss, Oberkochen: 144/2 a–c. Corbis: 14/1 (Paul A. Souders). Cornelsen-Verlag, Bildarchiv, Berlin: 7/1, 13/1, 20/3, 26/1, 43/1, 43/2, 146/1. Deutsche Bahn AG, Berlin: 28/1. Deutsche Post AG: 94/1, 107/1. Döring, V., Hohen Neuendorf: 14/3, 14/4, 15/1, 45/1, 45/2, 45/3, 64/2, 64/3, 100/1, 101/3, 106/1, 108/4, 109/1, 112/1, 130/1, 134/1, 145/3, 151/1, 152/1, 153/1, 153/2, 173/1, 194/1, 213/1. dpa: 9/1. Foerster, B., Rüdersdorf: 112/2. Foto: AKG, Berlin: 18/1, 19/1, 64/4, 65/1. HANSANO, Hamburg: 64/1. Hohmann, Dr. H., Berlin: 99/1. Hoffmann, G., Berlin: 130/2, 200/1. Hoyer, E., Galenbeck: 126/1 a, c. IFA Bilderteam, München: 191/1. Japan-Photo-Archiv, Kaarst: 65/3 (Pohling). Klaeber, W., Berlin: 145/1 a–d, 145/2, 168/1. König, K., Berlin: 20/1. Krumbholz, H., Berlin: 99/2, 108/2. Mauritius, Berlin: 202/1 (Schmidt-Luchs), 203/1 (Hardenburg), 216/1 (AGE). Physikalisch-Technische Bundesanstalt, Braunschweig und Berlin: 117/1. Schultheiss-Brauerei Museum, Berlin: 107/2. SCIENCE PHOTO LIBRARY/ FOCUS (Chris Butler), Hamburg: 5/1. Staatlicher Mathematisch-Physikalischer Salon, Dresden: 65/2. Süddeutsche Klassenlotterie, München: 16/1. Superbild, Berlin: 15/2 (Sayama), 97/1 (Superstock), 98/1 (NASA), 181/1 (Zscharnack). Tengler, K., Berlin: 160/1. Theuerkauf, H., Gotha: 144/1. Tony Stone, Hamburg: 25/1, 209/1 (Rogovin), 210/1 (Rogovin). UNION PACIFIC RAILROAD MUSEUM, Omaha: 215/1. Wetteramt, Potsdam: 198/1. www.blickwinkel.de: 14/2 (A. Hartl). zefa visual media: 15/3, 113/1. Zörner, G., Berlin: 76/1, 148/1.

Größen und ihre Einheiten

Zeit

Einheiten	Zeichen	Umrechnung
Tag	d	1 d = 24 h
Stunde	h	1 h = 60 min
Minute	min	1 min = 60 s
Sekunde	s	

Masse

Einheiten	Zeichen	Umrechnung
Tonne	t	1 t = 1000 kg
Kilogramm	kg	1 kg = 1000 g
Gramm	g	1 g = 1000 mg
Milligramm	mg	
alte Einheiten		
Zentner	Ztr	1 Ztr = 50 kg = 100 ℔
Pfund	℔	1 ℔ = 500 g = 0,5 kg

Länge

Einheiten	Zeichen	Umrechnung
Kilometer	km	1 km = 1000 m
Meter	m	1 m = 10 dm = 100 cm = 1000 mm
Dezimeter	dm	1 dm = 10 cm = 100 mm
Zentimeter	cm	1 cm = 10 mm
Millimeter	mm	

Geld

Einheiten	Zeichen	Umrechnung
Euro	€	1 € = 100 ct
Cent	ct